元素の周期表

族周期	1	2	3	4	5	6	7	8	9	10	11	12	13	14	15	16	17	18
1	1 H 1.0079 水素																	2 He 4.0026 ヘリウム
2	3 Li 6.941 リチウム	4 Be 9.01212 ベリリウム											5 B 10.811 ホウ素	6 C 12.0107 炭素	7 N 14.0067 窒素	8 O 15.9994 酸素	9 F 18.9984 フッ素	10 Ne 20.1797 ネオン
3	11 Na 22.9898 ナトリウム	12 Mg 24.3050 マグネシウム											13 Al 26.9815 アルミニウム	14 Si 28.0855 ケイ素	15 P 30.9738 リン	16 S 32.065 硫黄	17 Cl 35.453 塩素	18 Ar 39.948 アルゴン
4	19 K 39.0983 カリウム	20 Ca 40.078 カルシウム	21 Sc 44.9559 スカンジウム	22 Ti 47.867 チタン	23 V 50.9415 バナジウム	24 Cr 51.9961 クロム	25 Mn 54.9380 マンガン	26 Fe 55.845 鉄	27 Co 58.9332 コバルト	28 Ni 58.6934 ニッケル	29 Cu 63.546 銅	30 Zn 65.409 亜鉛	31 Ga 69.723 ガリウム	32 Ge 72.64 ゲルマニウム	33 As 74.9216 ヒ素	34 Se 78.96 セレン	35 Br 79.904 臭素	36 Kr 83.798 クリプトン
5	37 Rb 85.4678 ルビジウム	38 Sr 87.62 ストロンチウム	39 Y 88.9059 イットリウム	40 Zr 91.224 ジルコニウム	41 Nb 92.9064 ニオブ	42 Mo 95.94 モリブデン	43 Tc (98) テクネチウム	44 Ru 101.07 ルテニウム	45 Rh 102.9055 ロジウム	46 Pd 106.42 パラジウム	47 Ag 107.8682 銀	48 Cd 112.411 カドミウム	49 In 114.818 インジウム	50 Sn 118.710 スズ	51 Sb 121.760 アンチモン	52 Te 127.60 テルル	53 I 126.9045 ヨウ素	54 Xe 131.293 キセノン
6	55 Cs 132.9055 セシウム	56 Ba 137.327 バリウム	57〜71 ランタノイド元素	72 Hf 178.49 ハフニウム	73 Ta 180.9479 タンタル	74 W 183.84 タングステン	75 Re 186.207 レニウム	76 Os 190.23 オスミウム	77 Ir 192.217 イリジウム	78 Pt 195.078 白金	79 Au 196.9666 金	80 Hg 200.59 水銀	81 Tl 204.3833 タリウム	82 Pb 207.2 鉛	83 Bi 208.9804 ビスマス	84 Po (209) ポロニウム	85 At (210) アスタチン	86 Rn (222) ラドン
7	87 Fr (223) フランシウム	88 Ra (226) ラジウム	89〜103 アクチノイド元素	104 Rf (261) ラザホージウム	105 Db (262) ドブニウム	106 Sg (263) シーボーギウム	107 Bh (262) ボーリウム	108 Hs (277) ハッシウム	109 Mt (278) マイトネリウム	110 Ds (281) ダームスタチウム	111 Rg (284) レントゲニウム	112 Cn (288) コペルニシウム	113 Uut (284) ウンウントリウム	114 Fl (289) フレロビウム	115 Uup (289) ウンウンペンチウム	116 Lv (289) リバモリウム	117 Uus (289) ウンウンセプチウム	118 Uuo (294) ウンウンオクチウム

原子番号 — 22
元素記号 — Ti
原子量 — 47.867
元素名 — チタン

ランタノイド元素	57 La 138.9055 ランタン	58 Ce 140.116 セリウム	59 Pr 140.9077 プラセオジム	60 Nd 144.24 ネオジム	61 Pm (145) プロメチウム	62 Sm 150.36 サマリウム	63 Eu 151.964 ユウロピウム	64 Gd 157.25 ガドリニウム	65 Tb 158.9253 テルビウム	66 Dy 162.500 ジスプロシウム	67 Ho 164.9303 ホルミウム	68 Er 167.259 エルビウム	69 Tm 168.9342 ツリウム	70 Yb 173.04 イッテルビウム	71 Lu 174.967 ルテチウム
アクチノイド元素	89 Ac (227) アクチニウム	90 Th 232.0381 トリウム	91 Pa 231.0359 プロトアクチニウム	92 U 238.0289 ウラン	93 Np (237) ネプツニウム	94 Pu (244) プルトニウム	95 Am (243) アメリシウム	96 Cm (247) キュリウム	97 Bk (247) バークリウム	98 Cf (251) カリホルニウム	99 Es (252) アインスタイニウム	100 Fm (257) フェルミウム	101 Md (258) メンデレビウム	102 No (259) ノーベリウム	103 Lr (262) ローレンシウム

(注1) ( )内の数字は長半減期をもつ同位体の質量数である。
(注2) 原子量の有効数字が小数点以下4桁以上のものは4桁で記した。

 物理化学入門シリーズ

編集
原田義也・大野公一・中田宗隆

量子化学

大野公一 著

裳華房

Quantum Chemistry

by

Koichi Ohno

SHOKABO

TOKYO

JCOPY 〈(社)出版者著作権管理機構 委託出版物〉

刊 行 趣 旨

　本シリーズは，化学系を中心とした理工系の大学・高専の学生を対象として，基礎物理化学の各分野について2単位相当の教科書・参考書として企画したものである．その目的は，物理化学の最も基本的な題材を選び，それらを初学者のために，できるだけ平易に，懇切に，しかも厳密さを失わないように，解説することにある．特に次の点に配慮した．

1. 内容はできるだけ精選し，網羅的ではなく，基礎的・本質的で重要なものに限定し，それを十分理解させるように努める．
2. 各巻はできるだけ自己完結し，独立して理解し得るようにする．
3. 数学が苦手な読者のために，数式を用いるときは天下りを避け，その意味や内容を十分解説する．なお，ページ数の関係で，数式の導出を簡単にしなければならない場合には，出版社のwebサイトに詳細を載せる．
4. 基礎的概念を十分に理解させるため，各章末に5〜10題程度の演習問題を設け，解答をつける（必要に応じて，詳細な解答を出版社のwebサイトに掲載する）．
5. 各章ごとに内容にふさわしいコラムを挿入し，読者の緊張をほぐすとともに学習への興味をさらに深めるよう工夫する．

　以上の特徴を生かすため，各巻の著者には，物理化学研究の第一線で活躍されている方で，本シリーズの刊行趣旨を十分に理解された方にお願いした．その際，編集委員の少なくとも2名が，学生諸君の立場に立って，原稿をよく読み，執筆者と相談しながら，内容の改善や取捨選択の検討を行った．幸い，執筆者の方々のご協力によって，当初の目的が十分遂げられたと確信している．

　最後に，読者の皆様に本シリーズ改善のために率直なご意見を編集委員会に送っていただくことをお願いする．

「物理化学入門シリーズ」編集委員会

はじめに

　現在，人類が知っている化合物は5000万種類ほどである．多いと思うかもしれないが，世界の人口70億より遥かに少ない．100種類以上ある原子の中から結合が二つできる原子を16個選んで一列につながった化合物をつくったとしよう．何種類できるかは順列・組み合わせとして計算できる．全体の順番が逆転しただけのものを除いて計算すると，$16! \div 2 \simeq 1.0 \times 10^{13}$ であって，約10兆種類という途方もない数である．世界の人口が今の1000倍（70億 × 1000 = 7兆）になっても，皆に1個ずつ配って余りが出る勘定になる．このように，少し考えればわかることだが，化学の世界には，未だ誰も知らない化合物が，膨大に眠ったままになっている．その中には，人類の課題を解決し夢をかなえてくれる物質がいろいろあるに違いない．

　量子化学は，実際に合成してみなくても，どのような物質が存在し得るか，それがどのような性質をもつかを，理論計算で明らかにできる力を秘めている．数十年前には，とても理論計算の対象ではなかったようなことが，いまや量子化学によって手軽に計算できるようになってきている．エネルギー・環境・食料など，人類がかかえるさまざまな課題を解決していくためにも，急速に発展しつつある量子化学の力を有効に活用することが望まれる．

　本書では，一世紀余り前の量子論の誕生から最新の量子化学までを概観し，量子化学の基礎となる考え方や技法を，予備知識が少なくてもしっかりと身につけることができるよう，ていねいに記述することをこころがけた．化学で根本的に重要でありながら，なぜそうなるのかが従来の教科書では説明されていないことについて，本書で学ぶと自ずと目から鱗が落ちるよう，題材の選択と記述の仕方を工夫した．また，最近の学問の進展を踏まえ，今後の発展を支える重要な基礎事項を新たに取り入れて，新しい量子化学の学習書・指導書となるよう内容を精選し，未来を担う読者や指導者の役に立つものとなることを目指した．

はじめに

　本書は,「物理化学入門シリーズ」の1冊としてまとめたものであるが,量子化学を学んだことを広く役立ててもらえるよう,物理化学・理論化学分野を中心にしつつも,広範な化学の応用分野の学習や研究開発に役立つ重要基礎事項を取り入れるように努めた.

　日本人で最初にノーベル化学賞を受賞した福井謙一博士は,とくに数学に長けていたが,高校の先生に紹介された大学の先生から「数学が好きなら化学をやるとよい」と強く勧められたことに従い,数学的センスを生かして化学を学ぶようになり,世界に先駆けて量子論に基づく化学反応理論を展開した.この例に限らず,ほかの分野の学習を踏まえて,誰にもできなかったことを成し遂げた人は数知れない.

　本書で学ぶ読者には,新しい領域を切り開く担い手になっていただきたい.そのために本書では,数学や物理学の基礎を少し取り入れ,発想法や思考のプロセスを重視した記述をこころがけるとともに,化学の中でも物理化学に偏ることなく有機化学や無機化学の基礎事項も取り入れて,解決困難な問題を独自にブレークスルーする力量や知識が幅広く身に付くように努めた.章末に配置した問題の演習によって,より深く,よりしっかりと,量子化学をマスターすることができるよう,問題を精選し解答・解説に工夫を加えた.なお,いくつかの個所の詳しい解説や式の証明は裳華房のwebページ (http://www.shokabo.co.jp/mybooks/ISBN978-4-7853-3419-2.htm) に掲載したので,興味のある読者は参照されたい.

　本書が,これからどのような分野に進む人にも,意欲を沸き立たせるきっかけとなり,未開の地を切り開くときの原動力の涵養に,いささかなりとも役立つことができればと願っている.

2012年8月

著　者

目　次

第1章　量子論の誕生

1.1　熱放射 …………………… 1
1.2　エネルギー量子 …………… 2
1.3　光電効果 …………………… 3
1.4　原子スペクトル …………… 5
1.5　原子模型 …………………… 6
1.6　準位間の遷移とスペクトル …… 9
演習問題 ……………………………… 12

第2章　波動方程式

2.1　波動 ………………………… 13
2.2　物質波 ……………………… 14
2.3　波動方程式 ………………… 16
2.4　ハミルトニアンのつくり方 …… 20
2.5　波動関数の意味と性質 …… 21
2.6　定常状態 …………………… 24
2.7　固有値，期待値，不確定性 …… 25
演習問題 ……………………………… 29

第3章　箱の中の粒子

3.1　一粒子の波動方程式 ……… 30
3.2　一次元の箱の中の粒子 …… 31
3.3　二次元・三次元の箱の中の粒子 …………………… 38
演習問題 ……………………………… 42

第4章　振動と回転

4.1　二粒子系の波動方程式 …… 44
4.2　調和振動子 ………………… 46
4.3　分子振動 …………………… 49
4.4　剛体回転子 ………………… 52
4.5　分子回転 …………………… 54
演習問題 ……………………………… 57

第5章　水素原子

5.1　水素類似原子の波動方程式 …… 58
5.2　水素類似原子のエネルギー準位と波動関数 …………… 60
5.3　原子軌道 …………………… 61
演習問題 ……………………………… 68

第6章　多電子原子

6.1　静電遮蔽効果と有効核電荷 …… 70
6.2　多電子原子の原子軌道と
　　エネルギー準位 ………… 71
6.3　電子スピン …………… 73
6.4　多電子系の波動関数 ………… 75
6.5　多電子原子の電子配置と構成原理
　　………………………… 77
6.6　原子の性質の周期性 ……… 81
演習問題 …………………… 85

第7章　結合力と分子軌道

7.1　結合力と反結合力 ………… 87
7.2　原子核に働く静電気力 …… 88
7.3　分子のハミルトニアンと断熱近似
　　………………………… 90
7.4　分子軌道 ……………… 93
7.5　基底関数とクーロン積分・
　　共鳴積分 ………………… 96
7.6　重なり積分と軌道の重なり …… 99
演習問題 …………………… 103

第8章　軌道間相互作用

8.1　結合性軌道と反結合性軌道 …… 104
8.2　軌道間相互作用の基本原理 …… 108
8.3　2対1の軌道間相互作用 …… 114
8.4　分子軌道の組み立て方 ……… 116
演習問題 …………………… 120

第9章　分子軌道の組み立て

9.1　AH型分子 ……………… 121
9.2　AH_2型分子 ……………… 125
9.3　A_2型分子 ……………… 130
演習問題 …………………… 137

第10章　混成軌道と分子構造

10.1　軌道の混成 …………… 138
10.2　不対電子と原子価 ……… 142
10.3　多原子分子の構造 ……… 144
演習問題 …………………… 149

第 11 章　配位結合と三中心結合

11.1　配位結合 ………………… 151
11.2　三中心結合 ………………… 153
11.3　橋架け結合 ………………… 156
11.4　水素結合 ………………… 158
演習問題 ………………… 161

第 12 章　反応性と安定性

12.1　電子配置と反応性 ………… 162
12.2　物理的安定性 ……………… 165
12.3　HOMO-LUMO 相互作用とフロンティア軌道 ………… 167
12.4　化学的安定性 ……………… 168
演習問題 ………………… 172

第 13 章　結合の組換えと反応の選択性

13.1　環状付加反応 ……………… 173
13.2　反応の選択性 ……………… 178
13.3　電子環状反応 ……………… 181
演習問題 ………………… 186

第 14 章　ポテンシャル表面と化学

14.1　化学式，同素体，異性体 …… 187
14.2　平衡構造の探索 …………… 188
14.3　遷移状態の探索 …………… 191
14.4　反応経路網の探索 ………… 193
14.5　H_2CO_2 の反応経路網 ……… 193
14.6　不斉合成の遷移状態の探索 … 195
14.7　ポテンシャル表面の探索と化学の新世界 ………………… 197
演習問題 ………………… 199

A．付　録

A.1　三角関数と複素数 ………… 200
A.2　ベクトルの内積と外積 …… 203
A.3　行列と行列式 ……………… 204
A.4　運動エネルギー，位置エネルギー，エネルギー保存則 ……… 206
A.5　力のつり合いと合成 ……… 208
A.6　円運動と向心力 …………… 210
A.7　運動量と角運動量 ………… 211
A.8　演算子，固有値，固有関数 … 212
A.9　確率，分布，平均 ………… 212
A.10　極座標のラプラシアンと体積要素 ……………………… 213
A.11　角運動量成分の演算子の極座標表示 ………………… 218
A.12　角運動量演算子の固有方程式 ………………………… 221

参 考 書……223　　演習問題略解……224　　索　引……246

コラム

バルマーの謎……………………11
神のサイコロ……………………28
神出鬼没…………………………41
宇宙物質からの電波……………56
KLMN と spdf…………………67
メタステーブルアトム…………84
ハートリーと SCF 法………… 102

計算の高速化………………………119
分子軌道の観測……………………135
分子模型……………………………148
貴ガス（希ガス）とその化合物……160
閉殻構造……………………………171
シンメトリーの効力と量子化学……185
検索・探索とアルゴリズム…………198

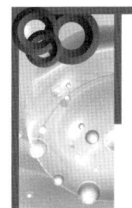

第1章
量子論の誕生

　私たちが普段見慣れている巨視的（マクロな）世界に対し，原子や電子などの微粒子の活躍の場を微視的（ミクロな）世界という．19世紀後半から20世紀前半にかけて，電磁波が粒子のように振舞うなど不思議な現象が見つかり，ミクロの世界を解明する新しい学問として量子論が誕生した．

 ## 1.1　熱　放　射

　太陽の表面の温度は約 6000℃ である．温度計を差し込むこともできないのにどうしてわかるのだろうか．太陽まで誰も行けないし，行けたとしても，温度計も何もかも溶融し蒸発するか反応してしまう．

　18世紀後半から19世紀後半に産業革命が進み，鉄と石炭が大量に使われた．良質の鉄鋼の製造には溶鉱炉の温度管理が重要であった．鉄は，熱するにつれ，暗い赤色から明るい橙色に変わり，まばゆい白色に近づく．19世紀半ばには，元素が出す光を波長成分に分けるスペクトル分析が盛んに行われ，製鉄技術者も高温の鉄が出す光のスペクトルの研究を詳しく行っていた．

　一般に，熱くなった物質が出す光（電磁波）は**熱放射**と呼ばれ，そのスペクトルは**図1.1**のようになる．熱放射には，以下のような面白い特徴がある．
(1) 熱放射のスペクトルの形は温度だけで決まり，物質の種類によらない．これを**キルヒホフの法則**[†1] (1859年) という．
(2) 熱放射のスペクトルの最大値を与える波長 λ_{max} は温度が高いほど短くなり，波長 λ_{max} と絶対温度[†2]（脚注次ページ）T の積 $\lambda_{max} T$ の値はほぼ一定になる．これを**ウィーンの変位則** (1894年) という．

[†1] キルヒホフは，ブンゼンと一緒に元素のスペクトル分析を創始して物質の個性を暴いたが，熱放射では物質の個性が反映されないことを明らかにした．

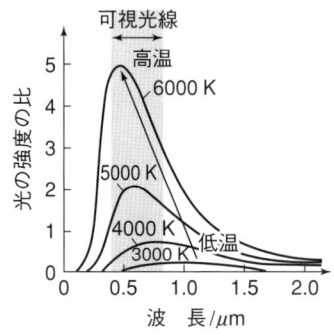

図 1.1 熱放射のスペクトル
$(1\,\mu\mathrm{m} = 10^{-6}\,\mathrm{m})$

$$\lambda_{\max} T = 一定 \qquad (1.1)$$

この関係式を用いると，一度右辺の定数を決めておけば，温度計を使わなくても，スペクトルを測定して $\lambda_{\max}$ を調べることで温度がわかる．溶鉱炉の中の鉄や太陽の表面の温度も $\lambda_{\max}$ から計算で求めることができる．

(3) 熱放射で放出されるエネルギーは，絶対温度の 4 乗に比例する．これを**シュテファンの法則**（1879 年）という．温度が低い物体の熱放射は無視できるが，少し温度が高くなると急激に熱放射のエネルギーが増加する．

1.2 エネルギー量子

19 世紀の終わりごろ，プランクは熱放射のスペクトルが温度でどう変わるかを理論的に説明する公式を導こうと苦心していた．いろいろな試行錯誤の後，光（電磁波）が物質に出入りするときのエネルギーの授受の大きさ E が，光の振動数 ν に比例する飛び飛びの値しか許されないものと仮定すると，実験結果にぴったり合う公式が得られることに気付いた (1900 年)．すなわち，エネルギー E は，どんな値でも可能というわけではなく，振動数 ν に比例するエネルギー $h\nu$ の整数倍に一致する値だけが特別に許される．

$$E = nh\nu \qquad (1.2)$$

ここで，n は $1, 2, 3$ 等の整数，h は**プランク定数**である．実験から求められた h の値は，$h = 6.6261 \times 10^{-34}\,\mathrm{J\,s}$ である．$h\nu$ は振動数 ν の光に関係したエネルギーの粒であり，これをプランクの**エネルギー量子**という．

光の波長 λ と振動数 ν の関係は重要である．波長は波の頂点（一番高い場

[†2] 絶対温度は，熱力学温度ともいう．絶対温度を T（単位 K(ケルビン)）とすると，現在使用されているセルシウス温度 θ（単位 ℃）は，$\theta = T - 273.15$ と定義されている．

所）から次の頂点までの距離であり，振動数は1秒間に波が上下に振動する回数である．光の波が1回振動する距離 λ と1秒間の振動数 ν の積 $\lambda\nu$ は，光が1秒間に進む距離，すなわち**光速度** c ($c = 2.9979 \times 10^8$ m s^{-1}) に等しい．

$$\lambda\nu = c \qquad (1.3)$$

この関係を**電磁波の基本式**という．これと同様の関係は電磁波以外の一般の波にも適用でき，その場合は波の速度を v とすると，

$$\lambda\nu = v \qquad (1.4)$$

となる．これを**波の基本式**という．

1.3 光電効果

　光（電磁波）が物質に当たったとき物質から電子が飛び出る現象を**光電効果**という．飛び出た電子は**光電子**と呼ばれる．**図1.2**のような光電管を用いて調べてみる（図の右の矢印を電池の＋側にする）と，たいへん不思議なことに，光の波長が長すぎると，その光をどんなに強くしても光電効果は起こらない．一方，十分に短い波長の光を用いると，非常に弱い光でも光が当たるとすぐに光電子が飛び出る．物質中の電子が電磁波の作用で激しくゆすぶられて物質から飛び出て来ると考えると，光電子が，どんなに強い光でも出ず，非常に弱い光でもすぐに出るという事実は，まったく理解できない．

　光電効果を起こす限界となる波長を**限界波長**という．限界波長 λ_t に対応す

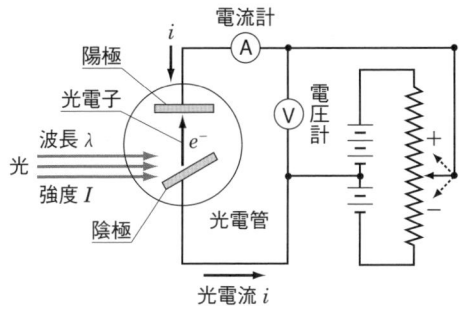

図1.2　光電効果を調べる光電管と電気回路

る振動数 $\nu_t = c/\lambda_t$ を**限界振動数**という．いろいろな物質について調べてみると，限界波長や限界振動数は物質の種類に依存することがわかる．限界波長は，アルカリ金属やアルカリ土類金属とその合金では可視光線の領域にあるが，ほかの多くの物質では紫外線の領域になる．

限界振動数 ν_t は，**図 1.2** のような光電管につないだ電気回路に流れる電流（光電流という）i を調べると，決めることができる．光電子を出す電極（陰極）と光電子を受け取る電極（陽極）の間に負の電圧をかけ（図の右の矢印を電池の －側にする），その電圧 V を徐々に大きくしていくと，ある大きさの電圧 V_0（阻止電圧）で光電子の流れが完全に阻止され，光電流が 0 になる．このとき，電子1個がもつ電気量の大きさ e（**電気素量または素電荷**という：$e = 1.602 \times 10^{-19}$ C）と阻止電圧 V_0 との積 eV_0 は，電極から飛び出た直後の光電子の運動エネルギー（電子の質量を m，光電子の速度を v とすると $(1/2)mv^2$）の最大値 $E_{\max}$ に等しい．

$$E_{\max} = eV_0 \tag{1.5}$$

いろいろな振動数の光を用いて光電子がもつ運動エネルギーの最大値 $E_{\max}$ の大きさを調べてみると，次の関係式が成り立つことがわかる．

$$E_{\max} = h\nu - W \tag{1.6}$$

この関係式は，アインシュタインが 1905 年に発表した**光電効果の公式**である．アインシュタインは，式 (1.6) の ν の係数 h はプランク定数であり，W は**仕事関数**と呼ばれる各物質に固有の量であることを明らかにした．物質中に拘束されている電子を物質の外に取り出すには，仕事関数 W に等しい大きさの仕事（エネルギー）を加える必要がある．また，物質中の電子には光のエネルギー量子 $h\nu$（**光量子**または**光子**という）が加えられ，W を差し引いた残りが，飛び出た光電子の運動エネルギーになる．これは，光子1個と電子1個の間のエネルギー授受について全体のエネルギーが一定に保たれること，すなわち**エネルギー保存則**が成り立つことを示している．物質中に電子があるときは，取り出すのに W 以上の仕事が必要であるから，電子は $-W$ 以下のエネルギー状態（図 1.3 の斜線）にあり，これに W より大きなエネルギーをもつ光子のエネ

ルギー $h\nu$ が加わるので，斜線部分の一番上の $-W$ のところから飛び出る電子が運動エネルギーの最大値 $E_{\max} = h\nu - W$ を与える．アイシュタインのこの考えは**光量子説**と呼ばれ，最初は仮説であったが，その後の実験で正しいことが確認された．

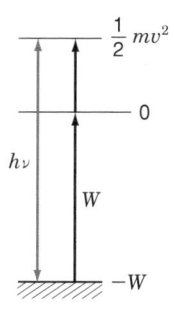

図 1.3 光電効果と電子のエネルギー

式 (1.6) を用いると，光電効果が起こるぎりぎりの状態では $E_{\max} = 0$ となるので，限界振動数 ν_t は次式で与えられることが導かれる．

$$\nu_\mathrm{t} = \frac{W}{h} \tag{1.7}$$

仕事関数 W は，銅では $4.65\,\mathrm{eV}$（電子ボルト[†1]），セシウムでは $1.95\,\mathrm{eV}$ であり，遷移金属よりアルカリ金属の方が限界振動数は小さく限界波長は長い．

1.4 原子スペクトル

水素ガスを入れた放電管に高電圧をかけると，放電して光を出す．その光を分光器で波長成分に分けてみると，**図 1.4** のような飛び飛びの波長のスペクトル線になる．これは水素原子のスペクトル線であり，その波長 λ は次の公式に従う．

$$\frac{1}{\lambda} = R\left(\frac{1}{m^2} - \frac{1}{n^2}\right) \quad (n > m > 0) \tag{1.8}$$

[†1] $1\,\mathrm{eV}$（電子ボルト）は，電子 1 個分の電気量をもつ電荷を $1\,\mathrm{V}$（ボルト）だけ電位差（電圧）の高いところに移すのに必要な仕事（エネルギー）に等しい．たとえば，電子 1 個が $1\,\mathrm{V}$ の電位の上昇で獲得する位置エネルギーの増加は $1\,\mathrm{eV}$ である．一方，静止している電子に $1\,\mathrm{V}$ の電圧をかけて加速するとき，電子が獲得する運動エネルギーは $1\,\mathrm{eV}$ である．$1\,\mathrm{C}$ の電荷を電位差が $1\,\mathrm{V}$ 高いところに移動させるのに必要なエネルギーは $1\,\mathrm{CV}$ であり，それは $1\,\mathrm{J}$（ジュール）に等しいことと，電子の電気量の大きさ $1.602 \times 10^{-19}\,\mathrm{C}$ を用いると，$1\,\mathrm{eV} = 1.602 \times 10^{-19}\,\mathrm{J}$ となる．J 単位では非常に小さな値になるため，電子が関係するエネルギーには eV がよく用いられる．

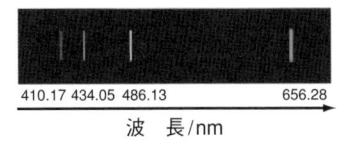

図 1.4 水素原子のスペクトル
(バルマー系列) (1 nm = 10^{-9} m)

この式は，図 1.4 の 4 本のスペクトル線についてバルマーが 1885 年に見つけた式 (本章コラム参照) を，リュードベリが 1890 年に一般化したスペクトル公式である．m と n は各スペクトル線に割り当てられる二つの整数であり，すべてのスペクトル線に共通する定数 $R = 1.097373 \times 10^7\,\mathrm{m}^{-1}$ は**リュードベリ定数**と呼ばれる．

図 1.4 のスペクトル線はバルマー系列と呼ばれ，$m = 2$，$n = 3, 4, 5, 6$ に相当する 4 本の線が可視光線の領域に観測されているが，紫外線の領域まで調べると n が 7 以上に対応する線も存在し，$n \to \infty$ まで続いている．また，$m = 2$ 以外のスペクトル線系列も，紫外線や赤外線など，別の波長領域 (裏表紙見返しの図参照) に観測されている．

1.5 原子模型

水素原子のスペクトル線の波長が式 (1.8) で正確に表されることを原子の構造に基づいて説明しようとする試みが，ミクロの世界を支配する基本法則解明への大きなきっかけとなった．ボーアは，原子スペクトルの解明を目的として，1913 年に原子模型 (**ボーアの原子模型**) を提案した．

ボーアがまず着目したのは，ラザフォードが 1911 年に提案した原子模型である．ラザフォードは，放射線の一つの α 線 (正の電荷をもつ α 粒子の高速の流れ) が金箔に当たって散乱されるとき，元来た方向に跳ね返される現象に驚き，正電荷をもつ α 粒子を強く跳ね返す原因は，原子の中心に正の電荷をもつ非常に小さな原子核が存在することにあると結論した．そして，原子核の周りを負の電荷をもつ電子が，太陽の周りを惑星が回るように回っているため，α 粒子の散乱にほとんど関係しないと考えた．

ボーアは，ラザフォードの原子模型に基づき，水素原子について**図 1.5** のような原子模型を考案した．水素原子の場合の原子核は陽子であり，原子番号 Z

1.5 原子模型

が1であるが，ここでは，原子番号がZの原子核の周りに電子が1個ある場合に一般化して考える．

まず，力について考えよう．円形の軌道に沿って回転運動をする電子には，中心方向に向心力が働く（付録A.6節参照）．この向心力の原因は原子核と電子の間に働く静電気的な引力（**クーロン力**）であるため，次式が成り立つ．

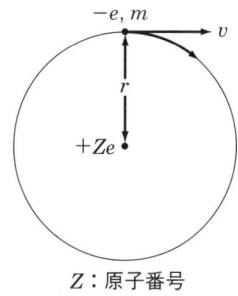

図1.5 ボーアの原子模型

$$\frac{mv^2}{r} = \frac{Ze^2}{4\pi\varepsilon_0 r^2} \quad (1.9)$$

ここで，左辺は，質量mの電子が速度vで半径rの円周上を運動しているときの向心力である．クーロン力は，一般に二つの電荷の電気量Q_1とQ_2の積に比例し，両者の距離rの2乗に反比例する次の公式で与えられる．

$$(クーロン力) = \frac{Q_1 Q_2}{4\pi\varepsilon_0 r^2} \quad (1.10)$$

$Q_1 = Ze$，$Q_2 = -e$として，この公式からクーロン力の大きさを求めると式 (1.9) の右辺が得られる．

次に，位置エネルギーと運動エネルギーの和で与えられる全体のエネルギーEを考える．クーロン力の位置エネルギーは，距離がrの位置から∞までクーロン力を積分した次の式で与えられる（A.4節参照）．

$$\begin{aligned}(クーロン力の位置エネルギー) &= \int_r^\infty \frac{Q_1 Q_2}{4\pi\varepsilon_0 r^2} dr \\ &= \left[-\frac{Q_1 Q_2}{4\pi\varepsilon_0 r}\right]_r^\infty = \frac{Q_1 Q_2}{4\pi\varepsilon_0 r} \quad (1.11)\end{aligned}$$

$Q_1 = Ze$，$Q_2 = -e$の場合の位置エネルギーは，$-Ze^2/4\pi\varepsilon_0 r$となる．この位置エネルギーに電子の運動エネルギー $(1/2)\, mv^2$ を加えると，図1.5のボーアの模型のエネルギーEは次式のようになる．

$$E = \frac{1}{2}mv^2 - \frac{Ze^2}{4\pi\varepsilon_0 r} \quad (1.12)$$

ここまでの議論では，まったく量子論の考えが使われていないので，このままではスペクトルの公式を導くことができない．ボーアは困った末に，その当時エーレンフェストが提唱していた「角運動量もエネルギーと同様に飛び飛びの値に量子化される」という考えを採用し，次の条件を導入した．

$$mvr = \frac{nh}{2\pi} \quad (n = 1, 2, 3, \cdots) \tag{1.13}$$

これを**ボーアの量子条件**という．

　運動する粒子は速度 v と質量 m の積で与えられる運動量 $p = mv$ をもち，回転半径 r，運動量 p で回転運動する粒子の角運動量は $pr = mvr$ で与えられる（A.7節参照）．つまり，式 (1.13) は，角運動量がプランク定数 h を円周 1 回りの角度 2π で割った $h/2\pi$ の整数倍に限定される，という量子条件になっている．この量子条件の式 (1.13) に，力に関する式 (1.9) とエネルギー E の式 (1.12) を組み合わせると，エネルギー E_n が整数 n に依存する式が得られる．

$$E_n = -\frac{Z^2 W}{n^2} \tag{1.14}$$

ここで，W は次の式で表され，後で説明するように，水素原子から電子を取り去るのに必要な**イオン化エネルギー**に等しい．

$$W = \frac{me^4}{8\varepsilon_0^2 h^2} \tag{1.15}$$

　n の値に従って飛び飛びの値をもつエネルギー E_n を**エネルギー準位**といい，n を**量子数**という．式 (1.14) から原子のスペクトルが見事に説明されるのだが，それは次節にゆずり，ここでは，ボーアが求めた原子模型の軌道の大きさから原子のおよその大きさがわかることに注目しよう．

　式 (1.9) と式 (1.13) から電子の速度 v を消去すると，量子数 n のそれぞれについて，ボーア模型における電子の円運動の軌道半径 r_n が求められる．

$$r_n = \frac{n^2 a_0}{Z} \quad (1.16) \qquad a_0 = \frac{\varepsilon_0 h^2}{\pi m e^2} \quad (1.17)$$

ここで，式 (1.17) で与えられる a_0 は $Z = 1$，$n = 1$ のときの軌道半径であり，

ボーア半径と呼ばれる．ボーア半径は水素原子の最小軌道半径を表し，その大きさは $a_0 = 0.0529$ nm である．したがって，原子の大きさはおおよそ 0.1 nm (10^{-10} m = 1 Å（オングストローム）) の程度である．ただし，r_n は量子数 n の2乗に比例するので，量子数が大きくなると軌道半径は急激に大きくなる．また，原子番号 Z が大きくなると電子はより強く原子核に引き付けられるので，軌道半径は原子番号 Z に反比例して小さくなる．

1.6 準位間の遷移とスペクトル

ボーアの原子模型から飛び飛びのエネルギー準位が出てきた．原子のスペクトル線の公式 (1.8) は，このエネルギー準位に基づいて説明することができる（図1.6）．式 (1.14) で与えられるエネルギー準位のうち，量子数 $n=1$ の状態はエネルギーが最低の状態であり，これを**基底状態**という．基底状態より高いエネルギーの状態は，**励起状態**と呼ばれる．$n=\infty$ のときのエネルギー E_∞ は 0 になる．E_∞ の状態は，電子が原子核の引力から解放されて無限に遠

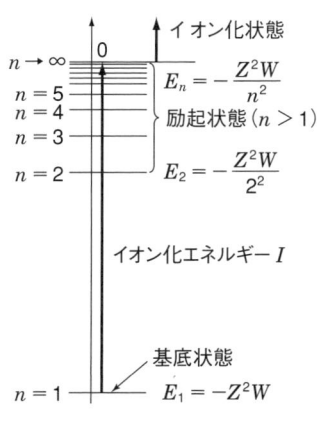

図1.6 エネルギー準位

くに離れ，位置エネルギーと運動エネルギーがともに 0 になった状態である．エネルギーが 0 以上（$E \geq 0$）の状態は，電子が原子から離れてしまってイオン化した状態，すなわち**イオン化状態**を表している．

イオン化エネルギー I は，基底状態から電子を取り去るのに必要な最小のエネルギーであり，次式によって求められる．

$$I = E_\infty - E_1 = Z^2 W \tag{1.18}$$

ここで，水素原子のイオン化エネルギー I_H は $Z=1$ の場合であるから，

$$I_H = W \tag{1.19}$$

であり，その大きさは 13.6 eV である．

ボーア模型でエネルギー準位の高低を決めているのは電子である．電子が半径の一番小さい軌道を回っている状態が基底状態であり，量子数 n が大きくなって電子が半径の大きい軌道を回るようになると励起状態になり，イオン化エネルギー以上のエネルギーを電子が受け取ると電子が原子から飛び出してイオン化状態 ($H^+ + e^-$) になる．

原子にはエネルギーの高い状態や低い状態があり，エネルギーを受け取ればエネルギーの高い状態に移り，エネルギーを放出すればエネルギーの低い状態に変わる．このようなエネルギーの出入りとして，原子が光を放出したり吸収したりすることが，原子のスペクトルの原因である．

振動数 ν の光子のエネルギー $h\nu$ がエネルギー準位の間隔に一致し，次式が成り立つとき，光の吸収や放出が可能になる．

$$E_n - E_m = h\nu \tag{1.20}$$

すなわち，エネルギーの高い準位から低い準位へと飛び移るとき，その間隔に等しいエネルギーをもつ光子が放出され，逆に低い準位からその間隔に等しい光子を吸収すると，高いエネルギー準位に飛び移ることができる．このように，エネルギー準位の間を飛び移ることを**遷移**するという（**図 1.7**）．

原子のスペクトル線は，光子の吸収・放出によるものであり，その振動数 ν は，エネルギー準位の間隔をプランク定数 h で割ったものに等しい．

$$\nu = \frac{E_n - E_m}{h} \tag{1.21}$$

これを，遷移を起こすために必要な**ボーアの振動数条件**という．ここで，左辺に $c = \lambda\nu$ を用い，右辺に水素原子 ($Z=1$) のエネルギー準位の公式 ($E_n = -W/n^2$) を用いて両辺を c で割ると，次のスペクトル公式が得られる．

$$\frac{1}{\lambda} = \frac{W}{hc}\left(\frac{1}{m^2} - \frac{1}{n^2}\right) \tag{1.22}$$

これはリュードベリの公式 (1.8) に相当するので，比較により，リュードベリ定数 R につ

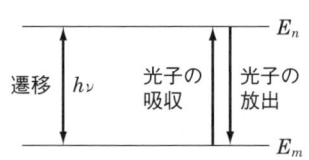

図 1.7 エネルギー準位間の遷移

いて次式が得られる.

$$R = \frac{W}{hc} \qquad (1.23)$$

式 (1.19) より，水素原子のイオン化エネルギーとリュードベリ定数は互いに比例関係にあることがわかる.

$$I_H = W = Rhc \qquad (1.24)$$

こうしてボーアの原子模型によって原子のスペクトル公式の謎が解決したが，そればかりではなく，原子の大きさがわかり，リュードベリ定数やイオン化エネルギーの値を理論的に導きだすことができた．さらに，このことはミクロの世界を支配する新しい基礎理論の誕生へとつながった．

◉ コラム ◉

バルマーの謎

バルマー系列と呼ばれる図 1.4 のスペクトル線の波長 ($\lambda_1 = 656.28$ nm, $\lambda_2 = 486.13$ nm, $\lambda_3 = 434.05$ nm, $\lambda_4 = 410.17$ nm) には，不思議な規則性がある．電子 (electron) の命名者であるストーニーは，1871 年に次の関係を指摘した．

$$\lambda_1 \times 20 = \lambda_2 \times 27 = \lambda_4 \times 32 = 13126 \text{ nm}$$

バルマー
(Wikipedia より)

λ_3 が含まれていないことには拘泥せずに，ストーニーの関係式 $\lambda \times n = 13126$ の n の値 20, 27, 32 の次にどんな整数が来るのか推理してみよう．差をとると $27 - 20 = 7$, $32 - 27 = 5$ であるから，次は $35 - 32 = 3$, その次は $36 - 35 = 1$ となる．7, 5, 3, 1 の次を仮に -1 とすると $35 - 36 = -1$ となり，一つ前に戻ってしまうので，$n = 36$ でおしまいにし，$\lambda \times 36 = 13126$ nm とおくと $\lambda = 364.6$ nm が得られる．この λ の値を用い，各スペクトル線の波長 λ_k と λ の比をとると，

$$\frac{\lambda_1}{\lambda} = 1.800 = \frac{9}{5} \qquad \frac{\lambda_2}{\lambda} = 1.333 = \frac{4}{3} = \frac{16}{12}$$

$$\frac{\lambda_3}{\lambda} = 1.190 = \frac{25}{21} \qquad \frac{\lambda_4}{\lambda} = 1.125 = \frac{9}{8} = \frac{36}{32}$$

となる．右端の分数の分子と分母がスペクトル線の番号 $k = 1, 2, 3, 4$ とどういう関係にあるか調べてみると，分子が「$k+2$ の 2 乗」で，分母は「分子から 4 を引いたもの」になっており，次の公式にたどりつく．

$$\lambda_k = \frac{\lambda(k+2)^2}{(k+2)^2 - 4} \quad (k = 1, 2, 3, 4) \quad \lambda = 364.6\,\text{nm}$$

これは 1885 年にバルマーが見つけた公式にほかならないのだが，バルマーが実際にどうやってこの公式にたどりついたかは謎となっている．

演習問題

1.1 真空容器中で 453 ℃ に熱せられた半導体が出す熱放射のスペクトルの $\lambda_{\max}$ は 4000 nm である．$\lambda_{\max}$ が 3600 nm のとき半導体の温度は何 ℃ か．

1.2 もしも太陽表面の絶対温度が 20 % 高くなると，地球全体に届く太陽光のエネルギーはおよそ何倍になるか．

1.3 波長が $100\,\text{nm} = 1.00 \times 10^{-7}\,\text{m}$ の紫外線の振動数を求めよ．

1.4 波長 600 nm の光子 1 個のエネルギー $h\nu$ は何 J か．

1.5 1 eV のエネルギーをもつ光子の波長は何 nm か．

1.6 ヘリウムの放電で出てくる 21.22 eV の光をある金属に当てたところ，光電子の運動エネルギーの最大値は 16.80 eV であった．この金属の仕事関数を，eV 単位と kJ mol^{-1} 単位で求めよ．ただし，アボガドロ定数は $6.022 \times 10^{23}\,\text{mol}^{-1}$ とする．

1.7 仕事関数が 4.26 eV の銀では，光電効果の限界波長は何 nm か．

1.8 水素の放電で，バルマー系列よりも短波長の領域に現れるスペクトル線系列（ライマン系列という）の一番長波長のスペクトル線の波長を求めよ．

1.9 基底状態のヘリウムの 1 価陽イオン He$^+$ から電子を取り除いて He^{2+}（ヘリウム原子核）にするのに必要なエネルギーを eV 単位で求めよ．（ヒント：ボーアの原子模型で $Z = 2$ の場合に相当する．）

1.10 $n = 2$ の状態の水素原子から放出される光（ライマン α 線という）が，$n = 2$ の状態にあるもう一つの水素原子に当たって光電効果を起こしたときに放出される光電子の運動エネルギーを，電子ボルト（eV）単位で求めよ．

第 2 章
波 動 方 程 式

不思議なことに，ミクロの世界では電子が水面の波のような波動として振舞い，その干渉作用が化学結合の形成や切断の原因になる．この章では，波動の基礎事項とミクロの世界の波動現象について学ぶ．このため，高校程度の三角関数や波動を導入するが，予備知識が少なくても，付録を参照することにより，ミクロの世界の真髄にふれることができるであろう．

2.1 波　動

水面にできる波のように，平均値からのずれ（**変位**という）が位置や時刻に対し周期的に変化する現象を**波動**という．変位を Ψ（プサイ），位置を x，時刻を t で表した代表的な波動は，次式のような**正弦波**である．

$$\Psi(x, t) = A \sin 2\pi \left(\frac{x}{\lambda} - \frac{t}{T} \right) = A \sin 2\pi \left(\frac{x}{\lambda} - \nu t \right) \qquad (2.1)$$

ここで，A は**振幅**，λ は**波長**，T は**周期**，$\nu = 1/T$ は**振動数**であり，$\theta = 2\pi (x/\lambda - t/T) = 2\pi (x/\lambda - \nu t)$ を**位相**という．

波動の特徴はグラフにするとわかりやすい．図 2.1 から明らかなように，正弦波は山と谷を交互に繰り返す周期的な変化を示す．式 (2.1) で $t = 0$ とおくと位置 x について変動する波 (a) になり，位置が波長 λ だけ進むと同じ形が反復される．また，式 (2.1) で $x = 0$ とおくと時刻 t について変動する波 (b) になり，時間が周期 T だけ進むと同じ形が反復される．

二つの波動（波）が重ね合わされると面白いことが起こる．位相のそろった（**同位相の**）二つの正弦波 $\sin \theta$ と $\sin \theta$ を重ね合わせると，$\Psi = \sin \theta + \sin \theta = 2 \sin \theta$ となり，山頂と山頂，谷底と谷底がぴったり一致して互いに強め合い，振幅が 2 倍の大きな波になる．一方，位相が π だけずれた（**逆位相の**）二つの

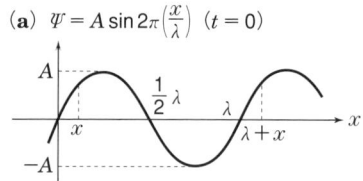

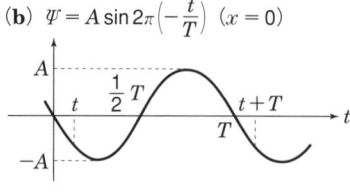

図 2.1 正弦波の特徴

正弦波 $\sin\theta$ と $\sin(\theta+\pi)=-\sin\theta$ を重ね合わせると，$\Psi = \sin\theta + \sin(\theta+\pi) = \sin\theta - \sin\theta = 0$ となり，一方の山頂に他方の谷底が重なり，二つの波が互いに打ち消し合って消えてしまう．一般に，複数の波が重ね合わされて強め合ったり弱め合ったりする現象を**干渉**という．このような干渉がミクロの世界にも見られる．

ここで学んだ波動は三角関数の正弦と呼ばれるものだが，三角関数には余弦と呼ばれるものもあり，さらには複素数の波動もある（付録 A.1 節参照）．

● 2.2 物 質 波

ミクロの世界では電子のような粒(つぶ)子(なみ)が波の性質をもつ．物質粒子が波動性を示すことは，マクロの世界からは想像がつかない．このような考えは，第 1 章で学んだ，電磁波（波）が光子（粒）として振舞う現象，すなわち波が粒の性質をもつことの裏返しである．

アインシュタインは，1905 年に光が $E = h\nu$ をもつエネルギー量子，すなわち光子として粒子のように振舞うものとみなして光電効果を説明したが，同じ 1905 年にアインシュタインが発表した相対性理論によると，エネルギー E と運動量 p の間に次の関係がある．

$$E^2 = c^2(m^2c^2 + p^2) \tag{2.2}$$

ここで m は粒子の質量であるが，光子では $m=0$ であるから $E = pc$ となり，$E = h\nu$ と $\lambda\nu = c$ を用いると，光子は次式の運動量 p をもつと予想される．

$$p = \frac{h\nu}{c} = \frac{h}{\lambda} \tag{2.3}$$

実際，コンプトンは，1923 年に電子が X 線の光子によって散乱される現象（コ

ンプトン効果と呼ばれる) を注意深く観察し，このことを確かめた．

式 (2.3) がもつ重大な特徴は，少し書き換えて次のように表すと明確になる．
$$p\lambda = h \tag{2.4}$$
すなわち，粒子性を代表する運動量 p と波動性を代表する波長 λ の積は，量子の世界を代表するプランク定数 h に等しい．

コンプトンの発表に刺激されたド・ブロイは，電磁波が光子としての粒子性をもつように，ふつうは粒子とみなされる電子にも波動性があると考えた (1924 年)．一般に物質粒子が示す波動性を**物質波**といい，電子が示す波動性を**電子波**という．ド・ブロイは，式 (2.3) や式 (2.4) と数学的には等価であるが，波動性を代表する波長 λ を左辺に置いて表した次の形の式に注目した．
$$\lambda = \frac{h}{p} \tag{2.5}$$
これを**ド・ブロイの関係式**という．

ド・ブロイが発表した物質波の考えは，当初は仮説であったが，わずか数年後にそれが現実のものであることが実証された．規則的な結晶格子で電磁波が回折すると同様に物質波も回折することが，1927 年にデヴィソンとジャーマーや G.P. トムソンによる電子回折の実験で確認された．こうして，ミクロの世界では，粒子も波動性をもつことが実際に明らかになった．

ド・ブロイの関係式から電子波の波長を求めてみよう．質量 m の電子に電圧 V をかけて加速し，速度が v になったとすると，その運動量は $p = mv$ になり，運動エネルギーは $(1/2)\,mv^2 = eV$ になる．式 (2.5) を用いて波長 λ を求めると，次の公式が得られる．
$$\lambda = \frac{h}{\sqrt{2meV}} \tag{2.6}$$
この公式から，加速電圧が 150 V のとき，電子の波長は 10^{-10} m = 1.0 Å = 0.1 nm となることがわかる．これは原子の大きさとほぼ同程度であり，結晶構造解析に用いられる X 線の波長 (Cu の Kα 線 ($\lambda = 0.15418$ nm) や Mo の Kα 線 ($\lambda = 0.071073$ nm)) とも同程度である．

● 2.3 波動方程式

量子論の基礎となる方程式は，1926年にシュレーディンガーによって発見された**波動方程式**である．その発見に至る思考経路をたどることは，量子力学と呼ばれる新しい力学の基本を身につける最善の方法である．また，優れた先人の思考経路を学ぶことは，創造力を養うよいトレーニングになる．

すでに学んだように，量子論では二つの重要な式がある．第一に，エネルギー量子 E は，プランク定数 h と振動数 ν の積で表される．

$$E = h\nu \tag{2.7}$$

第二に，粒子性を代表する運動量 p と波動性を代表する波長 λ の積は，量子性を代表するプランク定数 h に等しい．

$$p\lambda = h \tag{2.8}$$

これらの2式が量子論でとくに重要であることは，多くの実験事実が説明できることから明らかであるが，この2式をいくら眺めていても，エネルギー E や運動量 p が実際にどうなるのか，現実の問題を予測することはできない．現象を予測するためには基礎方程式が必要である．ニュートンがその礎を築いた力学には，ニュートンの運動方程式がある．マクスウェルが打ち立てた電磁気学には，マクスウェルの方程式がある．シュレーディンガーは，量子論にも基礎方程式が存在するはずだと考えて，その導出に挑戦した．

シュレーディンガーは，波動性が関係するからには，必ず波動方程式が存在するはずだと考えた．それではどうやってその波動方程式を見つければよいのか．求める波動方程式は一般的なものでなければならない．しかし，どんな場合をも含む一般的な式というのは，多数の変数が関係して非常に複雑なものになりそうである．困難を避け，見通しをよくするため，できるだけ単純でありながら一般性を秘めた波動の式を探すことにしよう．

2.1節で，波動性を表す代表的な数式として正弦波 $\sin\theta$ が出てきた．正弦の $\underset{\text{サイン}}{\sin}$ は三角関数を代表するものであるが，余弦と呼ばれる $\underset{\text{コサイン}}{\cos}$ も同様に重要な三角関数である．$\sin$ だけを取り上げたのでは片手落ちになることは避けられない．それではどうしたらよいか．こういうときは，すでに知られていること

を調べてみると役立つ．sin と cos の両方を含む波動として，**オイラーの式**と呼ばれる次の関係式が知られている（A.1 節参照）．

$$e^{i\theta} = \cos\theta + i\sin\theta \tag{2.9}$$

これは，虚数単位 i を含む複素数であるが，sin と cos のどちらか一方のみの場合よりも一般的な波動なので，ここから出発するとよさそうである．

波動を表す数式 (2.9) に物理的意味をもたせるため，空間座標 x と時刻 t を導入しよう．2.1 節で学んだように，波の位相 θ は，波長 λ，振動数 ν（周期 T の逆数），座標 x，および時刻 t を用いて次式のように表される．

$$\theta = 2\pi\left(\frac{x}{\lambda} - \frac{t}{T}\right) = 2\pi\left(\frac{x}{\lambda} - \nu t\right) \tag{2.10}$$

この θ の式には，波動性を表す λ と ν が含まれているが，量子論の二つの関係式 $E = h\nu$ と $p\lambda = h$ を用いて，粒子性を表す E と p を含む形にしてみよう．

$$\theta = \frac{2\pi(px - Et)}{h} = \frac{px - Et}{\hbar} \tag{2.11}$$

ここで，表記を簡単にするため $\hbar$（エイチバー）という記号を導入した．$\hbar$ は量子論で頻繁に出てくる定数であり，プランク定数 h と円周 1 回転の角度 2π との比に等しい．

$$\hbar = \frac{h}{2\pi} \tag{2.12}$$

波の位相を表す式 (2.11) を複素数の波動を表す式 (2.9) の左辺に代入すると，次の**波動関数** Ψ が得られる．

$$\Psi(x, t) = e^{i(px - Et)/\hbar} \tag{2.13}$$

この波動関数は単純ではあるが，量子論の二つの重要な関係式 (2.7) と (2.8) を反映し，粒子と波動の量子論的関係を代表していると考えられる．そこで，この式を足がかりにして量子論の基礎方程式の導出を試みよう．

式 (2.13) の波動関数が，時刻 t や座標 x とどのような関係にあるかをはっきりさせるためには，それぞれの変数 t または x で微分してみるとよい．

まず式 (2.13) を時刻 t で微分すると，次式が得られる．

$$\frac{\partial \Psi}{\partial t} = i\left(-\frac{E}{\hbar}\right)\Psi \qquad (2.14)$$

ここで∂は，変数が複数あるときに特定の変数について（ほかの変数は定数とみなして）微分することを表すために使う記号（偏微分の記号）である．変数が一つのときは1変数の微分記号dと同じなので，∂をdと書いても間違いではない．∂/∂tは，「いくつかの変数のうち t についてだけ微分せよ」という意味であると理解すればよい．

∂/∂t（あるいはd/dt）は，それより右側にある量を変数 t で微分することを表す数学的操作の記号である．一般に，数学的操作のことを**演算**といい，演算を表す記号のことを**演算子**という（A.8節参照）．∂/∂t も d/dt も，微分を表す演算子（**微分演算子**）である．

次に式(2.13)を空間座標 x で微分すると，次式が得られる．

$$\frac{\partial \Psi}{\partial x} = i\left(\frac{p}{\hbar}\right)\Psi \qquad (2.15)$$

式(2.14)と式(2.15)を，$i^2 = -1$，$1/i = -i$ となることに注意して書き換えると，以下の2式が得られる．

$$i\hbar\frac{\partial \Psi}{\partial t} = E\Psi \quad (2.16) \qquad -i\hbar\frac{\partial \Psi}{\partial x} = p\Psi \quad (2.17)$$

式(2.16)では，左辺の Ψ の前に時間についての微分を含む演算子 $i\hbar\partial/\partial t$ があり，エネルギー E はこの微分演算子の**固有値**と呼ばれる（演算子と固有値の関係については，2.7節およびA.8節参照）．一方，式(2.17)では，左辺の Ψ の前に座標についての微分を含む演算子 $-i\hbar\partial/\partial x$ があり，運動量 p はこの微分演算子の固有値である．式(2.16)や式(2.17)のように微分を含む方程式は，**微分方程式**と呼ばれる．式(2.16)と式(2.17)はどちらも Ψ を含むので，この2式は連立微分方程式である．

連立方程式の解き方はいろいろあるが，その一つに代入法というのがある．一つの未知数に，それを除くほかの未知数で表した式を代入すれば，その未知数が消去されて，連立方程式の式の数を一つ減らすことができ簡単になる．そ

れと同様のことが式 (2.16) と式 (2.17) で可能であれば，連立微分方程式を一つの微分方程式にまとめることができる．

式 (2.16) には右辺に E が，式 (2.17) には右辺に p がある．通常，E と p の間には簡単な関係式が成り立つ．たとえば，質量が m の 1 個の粒子が自由に運動しているとき，$E = p^2/2m$ である（$E = (1/2)mv^2$ であり，$p = mv$ であるから，$E = p^2/2m$）．このように，エネルギー E を運動量 p で表した式 $E(p)$ は物理学では古くから知られており，**ハミルトン関数**と呼ばれ H で書き表される．

$$H = E(p) \tag{2.18}$$

このハミルトン関数 H を式 (2.16) の右辺に代入すると，エネルギー E が消去されて運動量 p を含む式に変わる．一方，式 (2.17) は $(-i\hbar\,\partial/\partial x)\Psi = p\Psi$ とも表すことができ，

$$p = -i\hbar\frac{\partial}{\partial x} \tag{2.19}$$

となっている．そこで，式 (2.19) の右辺の演算子「$-i\hbar\,\partial/\partial x$」をハミルトン関数の式 (2.18) の p に代入すると，次式の $\hat{H}$ が得られる．

$$\hat{H} = E\left(-i\hbar\frac{\partial}{\partial x}\right) \tag{2.20}$$

ここで左辺は，H と書く代わりに H の上に ^（ハットと読む）を付けて $\hat{H}$ としてあるが，上に付けた ^ は，その下の量が演算子であることを示すための記号である．$\hat{H}$ はもはや p の関数ではなくなって，x に関する微分を含む演算子になっている．したがって $\hat{H}$ は，**ハミルトン演算子**または**ハミルトニアン**と呼ばれる．この $\hat{H}$ を式 (2.16) の右辺の E に代入すると，式 (2.16) と式 (2.17) を一つにまとめた式として次式が得られる．

$$i\hbar\frac{\partial \Psi}{\partial t} = \hat{H}\Psi \tag{2.21}$$

これが量子力学と呼ばれる新しい力学の基礎方程式となる波動方程式であり，**シュレーディンガー方程式**と呼ばれている．

式 (2.21) は，単純ではあるが一般性を秘めた波動の式と量子論の二つの関

係式から出発して,シュレーディンガーが1926年に発見したものである.その後の研究から,これがミクロの世界の一般的な基礎方程式であることが確かめられ,様々な現象の解明と予測に広く応用されるようになった.

● 2.4 ハミルトニアンのつくり方

ハミルトニアン $\hat{H}$ をつくるには,運動量 p を用いてエネルギー E を表した式 $E(p)$ の中に含まれる運動量 p に,座標の微分を含む演算子「$-i\hbar\partial/\partial x$」を代入すればよい.具体的にこの操作を行うには,まずエネルギー E を運動量 p で表さなくてはならない.

エネルギーは,通常,運動エネルギーと位置エネルギーの和で表される.ここでは簡単のために,座標は一次元とし,粒子は1個とする.質量が m で速度が v の粒子の運動エネルギーは $(1/2)\,mv^2$ であり,位置エネルギーは通常位置座標だけに依存するので $U(x)$ とすると,一次元一粒子のエネルギー E は,次のようになる.

$$E = \frac{1}{2}mv^2 + U(x)$$

ハミルトニアンをつくるには,このエネルギー E を運動量 p の関数として表す必要がある.質量が m で速度が v の粒子の運動量は $p=mv$ であることを用いると,$(1/2)\,mv^2 = p^2/2m$ と表される.よって次の式が導かれる.

$$E(p) = \frac{p^2}{2m} + U(x) \qquad (2.22)$$

ここで,p に「$-i\hbar\partial/\partial x$」を代入すると,一次元一粒子の $\hat{H}$ が得られる.

$$\hat{H} = E\left(-i\hbar\frac{\partial}{\partial x}\right) = \frac{(-i\hbar\,\partial/\partial x)^2}{2m} + U(x) = -\frac{\hbar^2}{2m}\frac{\partial^2}{\partial x^2} + U(x) \qquad (2.23)$$

$\partial^2/\partial x^2 = (\partial/\partial x)^2$ は,x についての2次微分の演算子であるが,これは数学でよく使われる演算子 ∇(ナブラ)の2乗であり,$\nabla^2 = \Delta$ は**ラプラシアン**と呼ばれる[†1].このため,$\hat{H}$ は次のように簡潔に表すことができる.

[†1] ∇ や Δ は一次元だけでなく二次元以上にも適用でき,統一的表記に便利である.

$$\hat{H} = -\frac{\hbar^2}{2m}\Delta + U \tag{2.24}$$

ここまでは一次元について考えてきたが，三次元に拡張するのは簡単である．空間座標には，x に加え y や z があり，運動量にも x 成分 p_x，y 成分 p_y，z 成分 p_z があり，そのそれぞれを「$-i\hbar\,\partial/\partial x$」と同じ形の以下の運動量演算子 $\hat{p}_x$，$\hat{p}_y$，$\hat{p}_z$ で置き換えてやればよい．

$$\hat{p}_x = -i\hbar\frac{\partial}{\partial x},\ \ \hat{p}_y = -i\hbar\frac{\partial}{\partial y},\ \ \hat{p}_z = -i\hbar\frac{\partial}{\partial z} \tag{2.25}$$

三次元では，$\hat{p}^2 = \hat{p}_x^2 + \hat{p}_y^2 + \hat{p}_z^2$ を式 (2.22) に代入し，各成分を式 (2.25) の対応する演算子で置き換えると，式 (2.24) のラプラシアンの部分は次のようになる．

$$\Delta = \frac{\partial^2}{\partial x^2} + \frac{\partial^2}{\partial y^2} + \frac{\partial^2}{\partial z^2} \tag{2.26}$$

また，位置エネルギー U や波動関数 Ψ は変数が増えるだけである．

$$U = U(x, y, z) \quad (2.27) \qquad \Psi = \Psi(x, y, z, t) \quad (2.28)$$

このように，三次元になれば空間座標の変数が増えるので，式 (2.26) 〜 (2.28) のように拡張して考えればよく，式 (2.24) のハミルトニアンは一般式としてそのまま用いてかまわない．また，式 (2.21) のシュレーディンガー方程式もそのまま一般式として通用する．

粒子数が 2 個以上の多粒子系の場合でも，変数が増えるだけで，量子論の基礎方程式を拡張するのはたやすい．粒子の数が増えれば，それぞれの粒子の座標や運動量が出てくるが，各粒子の運動量について，一粒子の場合とまったく同様に，運動量を各座標成分に関する微分を含む演算子で置き換えれば，粒子が何個あっても簡単にハミルトニアンをつくることができる (7.3 節参照)．

2.5 波動関数の意味と性質

量子論（量子力学）における波動関数 Ψ の意味については，とくにシュレーディンガーを悩ませたといわれている．ここで，波動が示す重要な実験につい

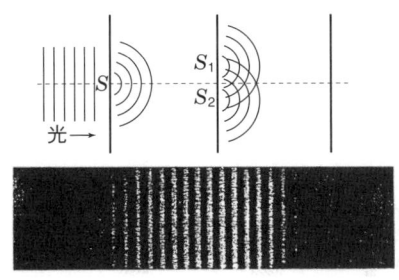

図 2.2 二重スリットの回折実験 (単色光)

て見てみよう．

ヤングは 1805 年ごろ，図 2.2 に示すような二重スリットを用いて単色光の回折実験を行い，二つのスリット (S_1, S_2) を通った波が干渉して等間隔の縞模様を生じることを見出した．これは光が波動であることを示している．

これと同様のことは，電子でも 1961 年にイェンソンによって観測された．図 2.3 のように，二つのスリット (S_1, S_2) を一定の速度をもつ電子が物質波として通過し，スクリーン上に明暗の縞模様をつくることが明らかにされ，光と同様に電子も回折現象を起こす波動性をもつことが確認された．

ここで，スクリーン上に写真乾板を置き，写真撮影の時間（露出時間といい，この場合は写真乾板を電子にさらす時間）を変えると，露出時間が短いときは，きれいな縞模様にはならず点状のスポットができる．これは，電子が当たったところが感光したもので，電子は粒子として測定されている．ところが，露出時間を長くすると，粒子として観測される電子のスポットが集積されて縞模様が現れる．この事実は，回折像の濃淡が，その場所に電子が到達する頻度を表すことを示している．

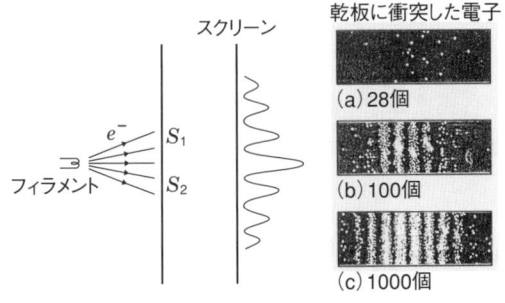

図 2.3 二重スリットの回折実験 (一定速度の電子)

2.5 波動関数の意味と性質

　光の回折実験では，縞模様の明暗はそこに当たった光の強さを意味し，これは波の振幅の2乗に比例する．したがって，上の回折実験から，波動関数 Ψ の2乗は粒子の観測確率の大小を表すことがわかる．

　波動関数 Ψ が複素数の場合，Ψ とその共役複素数 Ψ^* を掛け合わせた $\Psi\Psi^* = \Psi^*\Psi = |\Psi|^2$，すなわち絶対値の2乗 $|\Psi|^2$ が観測確率に関係し，それに微小区間 dx を掛けた $|\Psi|^2 dx$ が，x と $x+dx$ の範囲に粒子を見出す確率を表すことになる．三次元の場合は，微小な立方体 $dxdydz$ に粒子を見出す確率が $|\Psi|^2 dxdydz$ で表される．ここで，その中に粒子を見出す確率を考える微小領域 $d\tau$（一次元では dx，二次元では $dxdy$，三次元では $dxdydz$）を**体積要素**という[†1]．

　波動関数は粒子を観測する確率と関係していることがわかったが，その結果，波動関数は特別な数学的性質をもつことになる．$|\Psi|^2$ が確率密度になるので，それを全空間にわたって（各変数それぞれ，$-\infty$ から $+\infty$ まで）積分した結果は，確率の総和であるから1に等しくなければならない．

$$\int |\Psi|^2 d\tau = 1 \quad \text{（規格化条件）} \tag{2.29}$$

これを波動関数の**規格化条件**といい，この条件を満たすように波動関数を決めることを**規格化**という．規格化条件は，一次元では $\int |\Psi(x)|^2 dx = 1$，二次元では $\iint |\Psi(x,y)|^2 dxdy = 1$，三次元では $\iiint |\Psi(x,y,z)|^2 dxdydz = 1$ となる．

　確率が二通りあると困ったことになる．また，無限大の確率や不連続な確率も具合が悪い．このため，波動関数には，通常，<u>一価で有限で連続な関数</u>という制約がつく．**連続性の条件**は，たとえば，$x < a$ と $x > a$ の両側から $x = a$ に近づくとき関数の値が $x = a$ における関数値と同じになることで，これを**境界条件**という．境界条件は波動方程式を解くときに用いられる．

[†1] 体積要素 (volume element) には dv や dV が使われることもあるが，速度 (velocity) との混乱を避けるため本書では $d\tau$ を使う．

●2.6 定常状態

量子力学の基本方程式であるシュレーディンガー方程式 (2.21) は，時間微分を含んでいるので，それを解いて得られる波動関数は，空間座標だけでなく一般に時刻 t にも依存する．したがって，式 (2.21) は**時間に依存する波動方程式**とも呼ばれる．

量子論では，エネルギー E が時間に依存しない状態がとくに重要であり，そのような状態を**定常状態**という．定常状態では，時間に対してエネルギー E が一定なので，式 (2.21) の右辺の $\hat{H}$ は定数 E になり，次式が成り立つ．

$$i\hbar \frac{\partial \Psi}{\partial t} = E\Psi \tag{2.30}$$

これは，Ψ と t 以外はすべて定数なので，

$$\frac{1}{\Psi}\frac{\partial \Psi}{\partial t} = -\frac{i}{\hbar}E$$

のように書き換えると右辺が定数になるので，簡単に積分することができ次式が得られる．

$$\ln \Psi = -\frac{iEt}{\hbar} + C$$

ここで，C は t を含まない積分定数であり，$C = \ln \phi$ [†1] とおき両辺を指数にすると，$e^{\ln a} = a$，$e^{A+B} = e^A e^B$ であるから次式が得られる．

$$\Psi(x, y, z, t) = \phi(x, y, z)\, e^{-i(E/\hbar)t} \tag{2.31}$$

これが式 (2.21) を満たすべきものであることを用いると次式が得られる．

$$\hat{H}\phi(x, y, z)\, e^{-i(E/\hbar)t} = E\phi(x, y, z)\, e^{-i(E/\hbar)t}$$

両辺にある $e^{-i(E/\hbar)t}$ は 0 にはならないから，

$$\hat{H}\phi(x, y, z) = E\phi(x, y, z) \tag{2.32}$$

となる．これは，時間には依存せず空間座標にだけ依存する関数 $\phi(x, y, z)$ が満たすべき方程式である．式 (2.32) を**定常状態の波動方程式**といい，$\phi(x, y, z)$

[†1] ln は自然対数，ϕ は小文字のプサイで t に依存しない空間座標の関数であり，一次元では $\phi(x)$，三次元では $\phi(x, y, z)$ である．

を**定常状態の波動関数**という．

　この結果は，「定常状態ではエネルギー E が時間に依存せず一定である」ということから得られたものであることに注意しよう．定常状態の波動関数 $\phi(x, y, z)$ がもつ意味は，粒子を見出す確率を考えてみるとはっきりする．

　定常状態の関係式 (2.31) を用いて粒子を見出す確率密度を計算してみよう．
$$|\Psi(x, y, z, t)|^2 = |\phi(x, y, z)\, \mathrm{e}^{-i(E/\hbar)t}|^2 = |\phi(x, y, z)|^2 |\mathrm{e}^{-i(E/\hbar)t}|^2 = |\phi(x, y, z)|^2 \tag{2.33}$$
指数部分の絶対値の 2 乗は E や t の大きさとは無関係に常に 1 になるので，$|\Psi(x, y, z, t)|^2$ は $|\phi(x, y, z)|^2$ に等しいこと，すなわち，粒子を任意の時刻 t に見出す確率密度は定常状態の波動関数の絶対値の 2 乗に等しく，これは時刻 t に依存しないことが導かれた．

　つまり，定常状態では，粒子を観測する確率はまったく時間に依存しなくなり，時間に依存する波動関数の代わりに，定常状態の波動関数を用いて計算することができる．したがって，<u>定常状態を問題にするときには，時間を含む波動方程式を解かずに，定常状態の波動方程式を解くだけでよい</u>ことがわかった．以下本書では，とくに断らないかぎり，定常状態を取り扱うこととし，式 (2.32) の波動方程式と，定常状態の波動関数を扱うことにする．

● 2.7　固有値，期待値，不確定性

　定常状態の波動方程式 $\hat{H}\phi(x, y, z) = E\phi(x, y, z)$ は，演算子 $\hat{H}$ を波動関数 $\phi(x, y, z)$ に演算した結果が，同じ関数 $\phi(x, y, z)$ の定数倍 (E 倍) に等しいという形になっている．このとき，E を $\hat{H}$ の**固有値**，ϕ を E に属する $\hat{H}$ の**固有関数**といい，次の形の式を**固有方程式**という (A.8 節参照)．

$$(演算子) \times (固有関数) = (固有値) \times (固有関数) \tag{2.34}$$

より一般に，演算子 $\hat{F}$ の固有値 f に属する固有関数を $\overset{\text{ファイ}}{\phi}$ とすると，その固有方程式は次のように表される．

$$\hat{F}\phi = f\phi \tag{2.35}$$

　量子論で問題にする演算子には，2.4 節で学んだハミルトニアンや運動量演

算子のほかに，位置座標演算子，角運動量演算子（A.11 節参照）などがある．これらは，数学で**エルミート演算子**[†1]と呼ばれるものになっていて，その固有値は必ず実数になる．固有値は，固有方程式を満たすので「許される値」という意味があり，実際に観測される可能性のある値であるから，それが実数になるのは当然である．

定常状態の波動方程式 $\hat{H}\phi = E\phi$ の固有値 E は，問題としている系に許されるエネルギーの値を表しており，**エネルギー固有値**と呼ばれる．エネルギー固有値がわかれば，系が取りうるエネルギー準位がわかる．

固有方程式を満たす固有関数と固有値の組み合わせは，一般に多数あり，固有値 f_1 に属する固有関数 ϕ_1 のように呼ばれるが，同一の固有値 f に n 個の固有関数 $\phi_1, \phi_2, \cdots, \phi_n$ が存在する場合は，その固有値が n 重に**縮重**（または**縮退**）しているといい，何重に縮重しているかを**縮重度**という．

縮重があるときには，固有値 f に属する固有関数が複数（$\phi_1, \phi_2, \cdots, \phi_n$）あるが，それらの関数の線形結合（$\phi = c_1\phi_1 + c_2\phi_2 + \cdots + c_n\phi_n$），すなわち固有関数（$\phi_1, \phi_2, \cdots, \phi_n$）に定数（$c_1, c_2, \cdots, c_n$）を掛けて足し合わせると，その結果も同じ固有値 f の固有関数になる．そのことは，演算子を掛けるとどの固有関数からも同じ固有値 f が出てくるので，容易に確かめることができる．

演算子 $\hat{F}$ に対応する量（$\hat{F}$ が $\hat{H}$ ならばエネルギー）の観測を行うと，$\hat{F}$ の固有値のどれか一つが観測される．測定を何度も繰り返して測定値の平均値 $\overline{F}$ を求めるとどうなるだろうか．波動関数が Ψ で表される状態において，$\overline{F}$ は，次式で与えられる演算子 $\hat{F}$ の**期待値** $\langle F \rangle$ に等しくなることが知られている．

$$\langle F \rangle = \int \Psi^* \hat{F} \Psi \, d\tau \quad (2.36) \qquad \overline{F} = \langle F \rangle \quad (2.37)$$

なお式 (2.36) において，Ψ は規格化された波動関数，$d\tau$ は体積要素であり，積分の範囲は規格化条件と同じで空間の全領域にわたって行う．

[†1] 量子論では，観測の対象となる量はすべて演算子であり，位置座標 x, y, z も演算子であるが，位置座標の演算子 $\hat{x}, \hat{y}, \hat{z}$ の「演算」は，単純に x, y, z を「そのまま掛け算するだけ」なので，演算子であることを忘れてもかまわない．

測定される量が平均値の周りでどの程度ばらつくかを表す**不確定さ** ΔF は，次式で与えられる．

$$\Delta F = \sqrt{\langle F^2 \rangle - \langle F \rangle^2} \tag{2.38}^{\dagger 1}$$

ミクロの世界の観測対象について，不確定さを小さくしようとすると，困ったことが生じる．よく知られているように，光学顕微鏡では光の波長より細かなものを見ることができない．このため，観測に光を用いて位置を正確に決めるには，波長をできるだけ短くする必要がある．ところが，波長を短くすると，ド・ブロイの関係式 (2.5) によって運動量が大きくなる．運動量の大きな光子が観測対象にぶつかると，その影響でミクロの観測対象は運動量を変化させてしまう．その変化は，ぶつかる光子の運動量が大きいほど大きくなる．このため，位置を正確に決めようとして観測に用いる光の波長を短くするとその光子の運動量が大きくなり，その結果観測対象の運動量の変化が大きくなり，運動量を正確に決められなくなってしまう．逆に，運動量を正確に決めようとして光の波長を長くすると，今度は位置を正確に決められなくなる．つまり，位置と運動量を同時に正確に決めることは，ミクロの世界では不可能である．このことについて，位置座標 x と運動量成分 p_x の不確定さの積が次の関係式に従うことが知られている．

$$\Delta x \, \Delta p_x \geq \frac{1}{2} \hbar \tag{2.39}$$

同様の関係は y 成分や z 成分にも成り立ち，<u>座標とそれに対応する運動量成分を同時に確定させることはできない</u>$^{\dagger 2}$（脚注次ページ）．式 (2.39) のような関係を**不確定性関係**という．エネルギー E と時間 t についても，同じ形の不等

$\dagger 1$ 式 (2.38) は，$\hat{F}$ と平均値 $\overline{F}$ との差，すなわち統計的な偏差に相当する $\hat{F}-\overline{F}$ の 2 乗の期待値の平方根 $\sqrt{\langle (\hat{F}-\overline{F})^2 \rangle}$ に等しい．つまり，式 (2.38) で表される ΔF は，$\hat{F}$ の観測値の平均値からのずれの大きさの平均を表している．$\langle (\hat{F}-\overline{F})^2 \rangle = \langle F^2 \rangle - \langle F \rangle^2$ となることは，式 (2.36) と式 (2.37) および Ψ が規格化されていること ($\int \Psi^* \Psi d\tau = 1$) を用いて，次のように容易に示すことができる．$\langle (\hat{F}-\overline{F})^2 \rangle = \int \Psi^* (\hat{F}-\overline{F})^2 \Psi d\tau = \int \Psi^* (\hat{F})^2 \Psi d\tau - \int \Psi^* (\hat{F}\overline{F}) \Psi d\tau - \int \Psi^* (\overline{F}\hat{F}) \Psi d\tau + \int \Psi^* (\overline{F})^2 \Psi d\tau = \langle F^2 \rangle - \langle F \rangle^2 - \langle F \rangle^2 + \langle F \rangle^2 = \langle F^2 \rangle - \langle F \rangle^2$

式が知られている．

$$\Delta E \, \Delta t \geqq \frac{1}{2}\hbar \tag{2.40}$$

　座標と運動量やエネルギーと時間について，二つの量を同時に確定させることができないことを，ハイゼンベルクの**不確定性原理**という．

　本章では量子力学の重要な基礎事項について述べてきたが，実験によってその正しさが実証されている．なお，量子力学の基礎をさらに掘り下げて理解するには，巻末 (p.223) に示した参考書で学ぶとよい．

[†2] x と $\hat{p}_y$ のように，対応しない成分どうしは同時に確定させることができる．同時に確定させられるかどうかは，演算子 $\hat{F}$ と $\hat{G}$ の順番を交換して掛け合わせた $\hat{F}\hat{G}$ と $\hat{G}\hat{F}$ が演算子として同等（交換可能）かどうかで決まり，交換可能でないと測定値を同時に確定させることができない．

● コラム ●

神のサイコロ

アインシュタイン
（Wikipedia より）

　アインシュタインは，「神はサイコロを振らない」と主張し，量子論の成果として出てくる波動関数の確率解釈に強く反対した．実験事実は，アインシュタインの意に反し，波動関数の絶対値の2乗が粒子の出現確率に比例することを示した．事前にサイコロの目が何になるかは予測できそうにないが，サイコロを振る回数を増やせば，どの目が出る確率も正確に6分の1に近づく．

　量子論は，サイコロのどの目が出るかを予言するものではないが，どの目が出る確率も6分の1であることを主張できるのと同様に，粒子がどの位置にどのような頻度で出現するかの確率を予言することができる．

　通常サイコロの目の予測は困難と思われているが，実はできるとする説もある．サイコロの目がどう出るかの予測が困難なのは，サイコロを振る人がどのようにサイコロを振るかを予測することが困難だからで，もしもサイコロの振り方や周囲の条件が全部わかっていれば，力学の法則を用いてサイコロの目がどこに落ち着くか

を完璧に予測することができても不思議ではない．つまり，サイコロの目がどう出るか予測困難な理由は情報不足にある．これと同様に，量子論によって確率的予測しかできないのは情報不足のせいであり，ミクロの世界を決定的に予言できる可能性があるとする学説もある．この学説の旗色はあまりよくないが，根強い支持も続いている．はて，さて．

~~~~~~

演習問題

2.1 1 cm 当たりの波の数を**波数**といい，単位は cm^{-1} である．また，1 秒当たりの振動数 (単位は s^{-1}) は**周波数**とも呼ばれ，単位は Hz (ヘルツ) で表される．2.40 GHz = 2.40×10^9 Hz のマイクロ波の波数を求めよ．

2.2 波長 $\lambda = 30.0\,\mu\mathrm{m} = 3.00 \times 10^{-5}$ m の赤外線の周期を求めよ．

2.3 タングステンのフィラメントでできた電子銃から出てくる 600 eV の電子線 (線状の電子の流れ) の波長は何 pm か (1 pm = 10^{-12} m)．

2.4 位置エネルギーが $(1/2)\,kx^2$ である x 軸上を運動する粒子のハミルトニアンを書け．ただし，質量を m とする．

2.5 どの場所でも位置エネルギーが 0 である二次元空間 (座標は x と y) を運動する粒子のハミルトニアンを書け．ただし，質量を M とする．

2.6 三次元空間で，原点からの距離が r のときの位置エネルギーが $-Ze^2/4\pi\varepsilon_0 r$ で表される場合について，質量が m の粒子の定常状態の波動方程式を書け．

2.7 x-y 平面上に拘束されて運動する粒子の定常状態の波動関数 $\phi(x, y)$ が満たすべき規格化条件の式を書け．

2.8 オイラーの式および $\mathrm{d}\cos\theta/\mathrm{d}\theta = -\sin\theta$, $\mathrm{d}\sin\theta/\mathrm{d}\theta = \cos\theta$ を用い，$\mathrm{d}e^{i\theta}/\mathrm{d}\theta = ie^{i\theta}$ となることを示せ．次に $F = ae^{i\theta} + be^{-i\theta}$ が $\mathrm{d}^2F/\mathrm{d}\theta^2 = -F$ を満たすことを示せ．

2.9 $\phi(x)$ が規格化された一次元の波動関数ならば，$e^{iA}\phi(x)$ (A は任意の実数) も規格化された一次元の波動関数であることを示せ．

2.10 $\hat{H}\phi_1 = 3\phi_1$, $\hat{H}\phi_2 = 3\phi_2$ が成り立つとき，$\Psi = A\phi_1 + B\phi_2$ (A, B は 0 でない任意の定数) も $\hat{H}$ の固有関数であり，その固有値は 3 であることを示せ．

第3章
箱の中の粒子

シュレーディンガーが発見した波動方程式を具体的な問題に適用してみると，私たちが直接体験できないミクロの世界の不思議な姿を知ることができる．本章では，波動方程式の解き方を学ぶとともに，ミクロの世界の様子を調べてみることにしよう．

3.1 一粒子の波動方程式

波動方程式を解く手始めには，できるだけ簡単な方が取り組みやすい．そこで粒子は1個だけとし，その質量を m としよう．

一粒子系のハミルトニアンは，第2章で学んだように次式で与えられる．

$$\hat{H} = -\frac{\hbar^2}{2m}\Delta + U \tag{3.1}$$

また，定常状態の波動方程式は $\hat{H}\psi = E\psi$ であり，式 (3.1) のハミルトニアンを代入すると次のように書ける．

$$\left[-\frac{\hbar^2}{2m}\Delta + U\right]\psi = E\psi \tag{3.2}$$

この波動方程式は，Δ, U, ψ を適切に扱えば，一次元から三次元までどの次元にも適用できる．三次元の場合ラプラシアンは $\Delta = \partial^2/\partial x^2 + \partial^2/\partial y^2 + \partial^2/\partial z^2$，位置エネルギーは $U = U(x, y, z)$，定常状態の波動関数は $\psi = \psi(x, y, z)$ となる．二次元や一次元では，変数の数が減るため簡単になる．

ここでは一次元の場合について，波動方程式の形を詳しく調べておこう．変数を x とすると，$\Delta = d^2/dx^2$, $U = U(x)$, $\psi = \psi(x)$ となり，一次元一粒子の波動方程式は次のようになる．

3.2 一次元の箱の中の粒子

$$\left[-\frac{\hbar^2}{2m}\frac{\mathrm{d}^2}{\mathrm{d}x^2} + U(x)\right]\phi(x) = E\phi(x) \tag{3.3}$$

左辺の $\mathrm{d}^2/\mathrm{d}x^2$ はその右にある $\phi(x)$ を x について二回微分するので，次のように書くことができる．

$$-\frac{\hbar^2}{2m}\frac{\mathrm{d}^2\phi(x)}{\mathrm{d}x^2} + U(x)\,\phi(x) = E\phi(x) \tag{3.4}$$

また，$\hbar = h/2\pi$ を用いると次のようになる．

$$-\frac{h^2}{8\pi^2 m}\frac{\mathrm{d}^2\phi(x)}{\mathrm{d}x^2} + U(x)\,\phi(x) = E\phi(x) \tag{3.5}$$

式 (3.3)〜(3.5) は一次元一粒子の波動方程式として同等なのでどれを用いてもよい．波動方程式を解くと，問題としている系に許されるエネルギー固有値としてエネルギー準位が定められ，粒子がどの位置にどのように出現する確率をもつかが波動関数 $\phi(x)$ の絶対値の 2 乗 $|\phi(x)|^2$ として求められる．

● 3.2 一次元の箱の中の粒子

ミクロの世界の粒子がどのような振舞いをするかを見るには，一定の空間領域に粒子を閉じ込めてみるとよい．そこで，x 軸上の $x = 0$ から $x = L (L > 0)$ までの区間の中に閉じ込められた質量 m の粒子を考えることにしよう．

［一次元の箱］

粒子を閉じ込めるには「囲い」が必要である．それには，位置エネルギーを次のように取ればよい（**図 3.1**）．

$\quad\quad x \leqq 0$ の領域（箱の外）で，$\quad U(x) = +\infty$

$\quad\quad 0 < x < L$ の領域（箱の中）で，$\quad U(x) = 0$

$\quad\quad x \geqq L$ の領域（箱の外）で，$\quad U(x) = +\infty$

こうすることで，粒子を一次元の「箱」の中に閉じ込めることができる．

波動方程式 (3.3)〜(3.5) のどれでもよいが，箱の外の領域の位置エネルギー $U(x) = +\infty$ を代入すると，もしも波動関数 ϕ が 0 でないなら，左辺が無限大に発散するため等号が成立しなくなる．したがって，箱の外の $U(x) =$

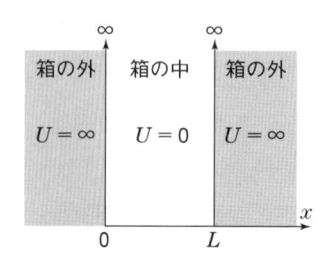

図 3.1 一次元の箱の $U(x)$

$+\infty$ となる領域では $\phi = 0$ でなければならず，そうなれば箱の外では常に $|\phi|^2 = 0$ であり，箱の外に粒子を見出す確率は完全に 0 になる．つまり，粒子は箱の外にはまったく出られず，箱の中 $(0 < x < L)$ に閉じ込められる．

[波動方程式と一般解]

粒子が箱の中でどのように振舞うかを調べるには，箱の中では $U(x) = 0$ となることを用いて波動方程式を解けばよい．式 (3.5) に $U(x) = 0$ を代入すると，

$$-\frac{h^2}{8\pi^2 m}\frac{d^2\phi(x)}{dx^2} = E\phi(x) \tag{3.6}$$

となり，解きやすくするため，左辺に定数が含まれない形にすると，

$$\frac{d^2\phi(x)}{dx^2} = -\frac{8\pi^2 mE}{h^2}\phi(x) \tag{3.7}$$

となる．この微分方程式は前章の問題 2.8 と同じであり，「$F = ae^{i\theta} + be^{-i\theta}$ が $d^2F/d\theta^2 = -F$ を満たすこと」を応用することができる．すなわち式 (3.7) の微分方程式の解 $\phi(x)$ は，変数の違いを考慮して $\theta = kx$ とおくと次の形になる．

$$\phi(x) = ae^{ikx} + be^{-ikx} \tag{3.8}$$

ここで，

$$\frac{d^2 e^{\pm ikx}}{dx^2} = \frac{d(\pm ik e^{\pm ikx})}{dx} = (\pm ik)^2 e^{\pm ikx} = -k^2 e^{\pm ikx}$$

となるから，式 (3.8) を式 (3.7) に代入すると，

$$-k^2\phi(x) = -\frac{8\pi^2 mE}{h^2}\phi(x)$$

となり，よって式 (3.9)，(3.10) が導かれる．

$$k^2 = \frac{8\pi^2 mE}{h^2} \tag{3.9} \qquad k = \sqrt{\frac{8\pi^2 mE}{h^2}} \tag{3.10}$$

式 (3.10) の右辺の平方根の前に負号 ($-$) がついても式 (3.9) を満たすが，式 (3.8) の係数の a と b が入れ替わるだけであるから省略してかまわない．

[エネルギー準位]

波動方程式 (3.7) の一般解が得られれば，数学的には答えが出たことになるが，量子論において非常に大事なことを忘れてはならない．ミクロの世界における波動関数の意味である．波動関数の絶対値の 2 乗には，粒子を個々の位置座標に見出す確率が関係し，その結果，波動関数は一価で有限で連続な関数でなければならず，規格化条件や境界条件を満たす必要がある．つまり，量子論の問題として波動方程式を解くときには，その波動方程式を満たす数学的な解を求めたところで終わるのではなく，さらに規格化条件や境界条件を満たす解を定めるところまでやる必要がある．

そこで，波動方程式の一般解として与えられた式 (3.8) に戻って考えてみよう．式 (3.8) の波動関数は $U(x) = 0$ である箱の内側に関するものであるが，箱の両端 ($x = 0$ と $x = L$) では，境界条件によって，箱の外側の波動関数 $\psi(x) = 0$ と連続的につながらなくてはならない．

$$x = 0 \text{ で}, \ \psi(0) = a + b = 0$$
$$x = L \text{ で}, \ \psi(L) = ae^{ikL} + be^{-ikL} = 0$$

よって式 (3.11)，(3.12) が導かれる．

$$a = -b \quad (3.11) \qquad a\left(e^{ikL} - e^{-ikL}\right) = 0 \quad (3.12)$$

ここで式 (3.10) の $k = \sqrt{8\pi^2 mE/h^2}$ に戻って考えると，右辺に含まれるエネルギー固有値 E のことが気にかかる．箱の中では $U = 0$ であり，E は運動エネルギーに相当するから負にはならないと考えてよい[†1]．そこで，エネルギー固有値 E として，$E = 0$ と $E > 0$ の場合に分けて調べてみよう．

($E = 0$ の場合) 式 (3.10) から $k = 0$ となり，式 (3.8) は恒等的に $\psi(x) =$

[†1] $E < 0$ となる解が存在しないことは，次の議論からもわかる．$E < 0$ とすると，式 (3.10) より k は純虚数となり，$e^{ikL} = e^{-|k|L} < 1$, $e^{-ikL} = e^{|k|L} > 1$ となるから，式 (3.12) では左辺のカッコ内が負になって 0 にはならないので $a = 0$ が得られ，式 (3.11) と合わせると $a = b = 0$ となる．すると，式 (3.8) は $\psi(x) = ae^{ikx} + be^{-ikx} = 0$ となって恒等的に 0 になり，粒子が存在しなくなってしまう．よって，$E < 0$ となる解はあり得ない．

$a+b=0$ となって粒子が存在しなくなる．よって，$E=0$ は解にはなり得ない．

（$E>0$ の場合） 式 (3.10) から $k>0$ なので，式 (3.12) の左辺のカッコ内が 0 になり得る．よって次式のようになる．

$$\mathrm{e}^{ikL} = \mathrm{e}^{-ikL} \quad \text{あるいは} \quad \mathrm{e}^{2ikL} = 1 \tag{3.13}$$

$\mathrm{e}^{i\theta}=1$ となるためには，位相 θ が 2π の整数倍でなければならない（A.1 節参照）．$k>0$ であることに注意して式 (3.13) を解くと，次の結果が得られる．

$$kL = n\pi \quad (n=1, 2, 3, \cdots) \tag{3.14}$$

この式 (3.14) と k の定義式 (3.10) より，エネルギー固有値 E の公式が得られる．

$$E_n = \frac{n^2 h^2}{8mL^2} \quad (n=1, 2, 3, \cdots) \tag{3.15}$$

これが一次元の箱の中に閉じ込められた粒子のエネルギー準位の公式である．エネルギーの値が式 (3.15) から少しでも外れると解は存在しない．このようにエネルギー準位が飛び飛びになることをエネルギーの**量子化**という．量子化されたエネルギー準位 E_n は，正の整数 $n=1, 2, 3, \cdots$ によって区別される．この n のように，量子化された状態を区別する意味をもつ数を**量子数**という．

式 (3.15) と次の［波動関数］の項で得られる式 (3.16) から，箱の中の粒子がどのように量子化された状態（**量子状態**）を取るかがわかる．**図 3.2** にその様子を示す．式 (3.15) から，箱の中の粒子に許されるエネルギーは，図 3.2 のように飛び飛びのエネルギー準位になる．この結果は，有限な空間に閉じ込められた粒子のエネルギーが飛び飛びになって量子化されることを示している．ここで注目すべきことは，エネルギーが最低の基底状態，すなわち $n=1$ の状態でも，エネルギー E_1 が 0 にはならないことである．このエネルギーを**零点エネルギー**といい，基底状態での運動を**零点運動**という．一次元の箱の中の粒子の零点エネルギー $E_1 = h^2/8mL^2$ は，分母に含まれる m や L の大きさがミクロの世界では非常に小さいので顕著に現れる．一方，私たちが目にするマクロの世界では m や L が非常に大きいため，$h^2/8mL^2$ は無視できるほど小さく

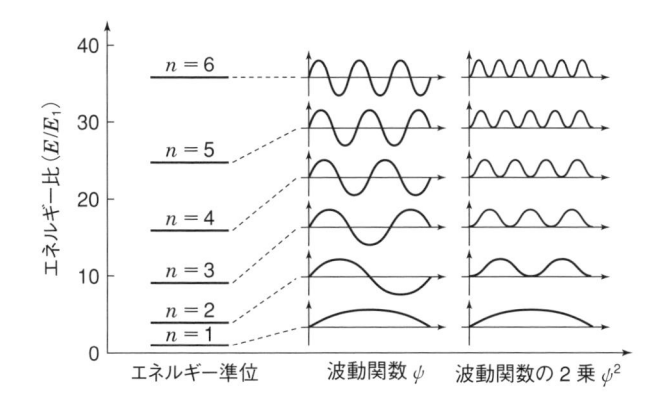

図 3.2 一次元の箱の中の粒子の量子状態

なり，零点エネルギーや零点運動は考慮しなくてよい．また，ミクロの世界では，準位の間隔が無視できないためエネルギー準位は飛び飛びであるが，マクロの世界では，準位の間隔が無視できるためエネルギーが実質的に連続になり，エネルギー準位として考える必要がなくなる．

[波動関数]

エネルギー準位が求められたので，今度は波動関数を求めてみよう．それぞれのエネルギー準位 E_n に対応する波動関数 $\phi_n(x)$ は，式 (3.8)，(3.11)，(3.14) などから，次のようにして求められる．

箱の外 ($x \leqq 0$ または $x \geqq L$)　$\phi_n(x) = 0$

箱の中 ($0 < x < L$)　$\phi_n(x) = a\,(\mathrm{e}^{ikx} - \mathrm{e}^{-ikx}) = c \sin \dfrac{n\pi x}{L}$

ここで，オイラーの式より $\mathrm{e}^{ikx} = \cos kx + i\sin kx$ となることを用い，$2ai = c$ とおき $k = n\pi/L$ を用いた．c の値は，次の規格化条件を用いて決定される．

$$\int_{-\infty}^{\infty} |\phi(x)|^2 \mathrm{d}x = 1$$

箱の外では $\phi(x) = 0$ であるから，積分は 0 から L までの範囲に狭めてもよいことに注意して，箱の中に対する $\phi_n(x)$ の式を代入して計算すると，

$$|c|^2 \int_0^L \sin^2 \frac{n\pi x}{L} \, \mathrm{d}x = 1$$

となる．左辺に含まれる積分の値は $L/2$ になるので，$c^2(L/2) = 1$，$c = \sqrt{2/L}$ となり[†1]，箱の中での波動関数として次式が得られる．

$$\phi_n(x) = \sqrt{\frac{2}{L}} \sin \frac{n\pi x}{L} \quad (n = 1, 2, 3, \cdots) \quad (0 \leq x \leq L) \quad (3.16)$$

この式は，箱の両端での境界条件 $\phi_n(0) = 0, \phi_n(L) = 0$ を満たしているから，箱の中と境界を合わせた領域 ($0 \leq x \leq L$) について成り立つ．式 (3.16) で与えられる波動関数は，図 3.2 の中央に示したように，エネルギー準位を区別する量子数 n の値が増えるにつれ上下の振動がはげしくなる．波動関数の値が 0 になる位置を **節**(ふし)という．節になる位置は，ϕ でも ϕ^2 でも同じであり，図 3.2 の右に示した ϕ^2 の図から明らかなように，節の位置に粒子が観測される確率は 0 である．ϕ_n に対する箱の中の節の数は $n-1$ に等しく，量子数の増加につれて一つずつ増加する．波動には，節の数が増えるほどエネルギーが高くなる性質がある．この特徴は，物質中の電子波について考察するときに役立つ．

式 (3.16) で与えられた波動関数には，重要な数学的特徴がある．量子数が n と m の二つの波動関数，$\phi_n(x)$ と $\phi_m(x)$ の間に次の関係が成り立つ．

$$\int_{-\infty}^{\infty} \phi_n(x)^* \phi_m(x) \, \mathrm{d}x = \delta_{nm} \quad (3.17)$$

[†1] $c^2(L/2) = 1$ の解は，数学的には $c = \pm\sqrt{2/L}$，より厳密には $c = \mathrm{e}^{ia}\sqrt{2/L}$ (a は任意の実数) と表される．A.1 節からわかるように，$a = 0$ とすると $\mathrm{e}^0 = 1$ なので $c = \sqrt{2/L}$ となり，$a = \pi$ とすると $\mathrm{e}^{i\pi} = -1$ なので $c = -\sqrt{2/L}$ となる．$c = \mathrm{e}^{ia}\sqrt{2/L}$ とすると，任意の実数値 a に対し規格化条件が満足され，$\phi_n(x) = \mathrm{e}^{ia}\sqrt{2/L} \sin(n\pi x/L)$ は式 (3.7) を満たす立派な解であるが，数学的表現にこだわるなら，一般的な解を示すべきであろう．ところが，$|\phi_n(x)|^2$ を計算してみると，数学的にこだわってもあまり意味がないことがわかる (前章問題 2.9 参照)．$|\mathrm{e}^{ia}|^2 = 1$ であるので，a の値の如何にかかわらず $|\phi_n(x)|^2$ の値は変化しない．粒子を見出す確率において，$\phi_n(x) = \mathrm{e}^{ia}\sqrt{2/L} \sin(n\pi x/L)$ に含まれる e^{ia} の a の値はどう取っても同じ結果を与える．まったく物理的意味が同じ解を複数求めたり，わざわざ複雑な式で表現したりする必要はないので，$a = 0$ ($\mathrm{e}^{ia} = 1$) として $\phi_n(x) = \sqrt{2/L} \sin(n\pi x/L)$ を解として採用する．

δ_{nm} はクロネッカーのデルタと呼ばれ,その値は $n = m$ のとき1に等しく,$n \neq m$ のとき0に等しい.式 (3.17) を波動関数どうしの**規格直交関係**といい,波動関数のこの性質を**規格直交性**という.規格直交性を満たす関数の集団を一般に**規格直交系**という.式 (3.17) を知っていると,求めた波動関数が正しいかどうかの判定や,波動関数を用いた計算に役立つ.

式 (3.17) を求めてみよう.箱の外 ($x \leqq 0$ または $x \geqq L$) では $\phi(x) = 0$ であるから,積分の範囲は 0 から L まで ($0 \leqq x \leqq L$) に限定してよい.

$$\int_{-\infty}^{\infty} \phi_n(x)^* \phi_m(x)\, \mathrm{d}x = \int_0^L \phi_n(x)^* \phi_m(x)\, \mathrm{d}x = I_{nm}$$

この積分 I_{nm} は,式 (3.16) を代入すると次のようになる.

$$I_{nm} = \int_0^L \phi_n(x)^* \phi_m(x)\, \mathrm{d}x = \int_0^L \frac{2}{L} \sin \frac{n\pi x}{L} \sin \frac{m\pi x}{L}\, \mathrm{d}x$$

ここで,三角関数の公式 (加法定理;A.1 節参照) より

$$\cos(A \pm B) = \cos A \cos B \mp \sin A \sin B$$

(復号同順,以下同様) であるから,

$$\sin A \sin B = \frac{1}{2}\{\cos(A - B) - \cos(A + B)\}$$

となる.よって,積分 I_{nm} に含まれる sin 関数の積は cos 関数の和に分解され,次のような cos 関数の単純な積分の和に帰着する.

$$I_{nm} = I(-) + I(+)$$

$$I(\pm) = \frac{1}{L} \int_0^L \cos \frac{(n \pm m)\pi x}{L}\, \mathrm{d}x$$

$\theta = \pi x/L$ とおいて変数を変換し,$\mathrm{d}\theta = (\pi/L)\, \mathrm{d}x$ であることを用いると,

$$I(\pm) = \frac{1}{\pi} \int_0^\pi \cos\{(n \pm m)\theta\}\, \mathrm{d}\theta$$

となる.$n \pm m \neq 0$ なら cos の積分は $-\sin$ の形になり,$\sin n\pi$ は任意の整数 n に対し0になるから,次式のように積分値は0になる.

$$I(\pm) = \left[\frac{1}{\pi}\left(\frac{1}{n\pm m}\right)\sin(n\pm m)\theta\right]_0^\pi = 0$$

よって，$n \neq m$ の場合 $I_{nm} = 0 - 0 = 0$ であり，式 (3.17) が 0 になること (**直交関係**, **直交性**) が示された．

また，$n = m$ のときは $n - m = 0$ となるから，

$$I(-) = \frac{1}{\pi}\int_0^\pi d\theta = \frac{1}{\pi}[\theta]_0^\pi = \frac{\pi}{\pi} = 1$$

となる．よって $I_{nm} = 1 - 0 = 1$ であり，式 (3.17) が 1 になることが示された．$n = m$ のとき $\phi_n(x)^*\phi_m(x) = \phi_m(x)^*\phi_m(x) = |\phi_m(x)|^2$ であるから，式 (3.17) は規格化条件そのものであり，式 (3.16) の波動関数は規格化条件を満たすことが示された．以上より $I_{nm} = \delta_{nm}$ であり，式 (3.16) の $\phi_n(x)$ が規格直交性を満たすことが証明された．

◉3.3　二次元・三次元の箱の中の粒子

次元を一つ増やして，二次元の箱の中の粒子の振舞いを調べてみよう．二次元では，座標として x に加え y を導入すると，ラプラシアンの部分が $\Delta = \partial^2/\partial x^2 + \partial^2/\partial y^2$ となるから，波動方程式は次のようになる．

$$\left[-\frac{\hbar^2}{2m}\left(\frac{\partial^2}{\partial x^2} + \frac{\partial^2}{\partial y^2}\right) + U(x, y)\right]\phi(x, y) = E\phi(x, y) \quad (3.18)$$

これが二次元一粒子系の波動方程式であるが，演算子が直接関数に作用する形に書き換えると次式が得られる．

$$-\frac{h^2}{8\pi^2 m}\left\{\frac{\partial^2\phi(x, y)}{\partial x^2} + \frac{\partial^2\phi(x, y)}{\partial y^2}\right\} + U(x, y)\phi(x, y) = E\phi(x, y) \quad (3.19)$$

箱の中に粒子を閉じ込めるためには，一次元の場合と同様，位置エネルギー $U(x, y)$ の形に工夫がいる．x 方向の長さが L_x，y 方向の長さが L_y の長方形の中に粒子を閉じ込めるには，$0 < x < L_x$ かつ $0 < y < L_y$ であるとき $U(x, y) = 0$，それ以外の場合は $U(x, y) = +\infty$ とすればよい (**図 3.3**)．

一次元の場合同様，$U(x, y) = +\infty$ となる箱の外および箱の端では，

$\phi(x, y) = 0$ であり，粒子は存在できない．粒子が存在できるのは箱の中の領域だけである．箱の中，すなわち $0 < x < L_x$ かつ $0 < y < L_y$ である場合は $U(x, y) = 0$ であるから，式 (3.19) より次式が得られる．

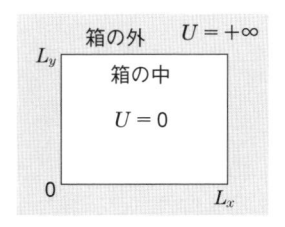

図 3.3 二次元の箱の $U(x, y)$

$$-\frac{h^2}{8\pi^2 m}\left\{\frac{\partial^2 \phi(x, y)}{\partial x^2} + \frac{\partial^2 \phi(x, y)}{\partial y^2}\right\} = E\phi(x, y) \quad (3.20)$$

この微分方程式は，変数が増えたこともあって，少し工夫を加えないと簡単には解けない．微分方程式を解くために解の形を仮定するとうまくいくことがあるので，ここでは波動関数 $\phi(x, y)$ を一変数の関数 $X(x)$ と $Y(y)$ の積の形に分解できるものとして議論を進める．

$$\phi(x, y) = X(x)\,Y(y) \quad (3.21)$$

この波動関数を式 (3.20) に代入し，x や y の 2 次微分を式 (3.21) の右辺に適用すると次式が得られる．

$$-\frac{h^2}{8\pi^2 m}\left\{Y(y)\frac{\partial^2 X(x)}{\partial x^2} + X(x)\frac{\partial^2 Y(y)}{\partial y^2}\right\} = EX(x)\,Y(y) \quad (3.22)$$

ここで両辺を $\phi(x, y) = X(x)\,Y(y)$ で割ると次の形の式になる．

$$-\frac{h^2}{8\pi^2 m}\frac{1}{X(x)}\frac{\partial^2 X(x)}{\partial x^2} - \frac{h^2}{8\pi^2 m}\frac{1}{Y(y)}\frac{\partial^2 Y(y)}{\partial y^2} = E \quad (3.23)$$

左辺は x だけに依存する項と y だけに依存する項の和になっており，x や y が変化しても左辺が右辺のエネルギーに常に等しくなるためには，左辺の二つの項はそれぞれ定数にならなければならない（このように，それぞれの変数しか含まれない形の式に整えることを**変数分離**といい，複数の変数を含む方程式を解くときに頻繁に利用される）．そこで次のように置いてみよう．

$$-\frac{h^2}{8\pi^2 m}\frac{1}{X(x)}\frac{\partial^2 X(x)}{\partial x^2} = E_x \quad (3.24)$$

$$-\frac{h^2}{8\pi^2 m}\frac{1}{Y(y)}\frac{\partial^2 Y(y)}{\partial y^2} = E_y \tag{3.25}$$

$$E_x + E_y = E \tag{3.26}$$

式 (3.24) は次のように書き直すことができる．

$$-\frac{h^2}{8\pi^2 m}\frac{\partial^2 X(x)}{\partial x^2} = E_x X(x) \tag{3.27}$$

これは，一次元の箱の中の粒子の波動方程式 (3.6) とまったく同じ形であり，境界条件も同様に考えてよいので，E_x と $X(x)$ について以下の解が得られる．

$$E_x = \frac{n_x^2 h^2}{8mL_x^2} \quad (n_x = 1, 2, 3, \cdots) \tag{3.28}$$

$$X(x) = \sqrt{\frac{2}{L_x}}\sin\frac{n_x \pi x}{L_x} \quad (n_x = 1, 2, 3, \cdots) \quad (0 \leqq x \leqq L_x) \tag{3.29}$$

y 座標が関係する部分についても同様にして，

$$E_y = \frac{n_y^2 h^2}{8mL_y^2} \quad (n_y = 1, 2, 3, \cdots) \tag{3.30}$$

$$Y(y) = \sqrt{\frac{2}{L_y}}\sin\frac{n_y \pi y}{L_y} \quad (n_y = 1, 2, 3, \cdots) \quad (0 \leqq y \leqq L_y) \tag{3.31}$$

これらの結果を式 (3.26) と式 (3.21) に代入すると，二次元の箱の中の粒子のエネルギー準位と波動関数が，それぞれ次のように得られる．

$$E = \frac{h^2}{8m}\left(\frac{n_x^2}{L_x^2} + \frac{n_y^2}{L_y^2}\right) \quad (n_x, n_y = 1, 2, 3, \cdots) \tag{3.32}$$

$$\phi(x, y) = \sqrt{\frac{4}{L_x L_y}}\sin\frac{n_x \pi x}{L_x}\sin\frac{n_y \pi y}{L_y} \quad (n_x, n_y = 1, 2, 3, \cdots) \tag{3.33}$$

ここで式 (3.33) の波動関数は，それぞれ規格化条件を満たす一次元の関数の積になっており，二次元の波動関数として規格化条件を満たしている．

次に，粒子の運動を z 軸方向にも拡張して三次元の箱の中の粒子 (**図 3.4**) の場合を考えるとどうなるであろうか．詳細は出版社の web サイト (http://www.shokabo.co.jp/mybooks/ISBN978-4-7853-3419-2.htm) にゆずるが，三次

元の場合も二次元と同様，変数分離の方法を利用すると簡単に解が得られる．

三次元の箱の中の粒子のエネルギー準位と波動関数は，それぞれ次のようになる．

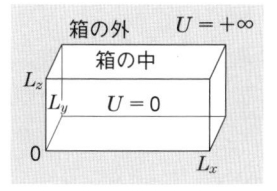

図 3.4 三次元の箱の $U(x, y, z)$

$$E = \frac{h^2}{8m}\left(\frac{n_x^2}{L_x^2} + \frac{n_y^2}{L_y^2} + \frac{n_z^2}{L_z^2}\right) \quad (n_x, n_y, n_z = 1, 2, 3, \cdots) \quad (3.34)$$

$$\psi(x, y) = \sqrt{\frac{8}{L_x L_y L_z}} \sin\frac{n_x \pi x}{L_x} \sin\frac{n_y \pi y}{L_y} \sin\frac{n_z \pi z}{L_z} \quad (n_x, n_y, n_z = 1, 2, 3, \cdots) \quad (3.35)$$

以上の結果には重要な特徴がある．一次元の解と比べると，エネルギーは和に，波動関数は積になっている．エネルギーは x 軸方向で変化する波動のエネルギーと y 軸や z 軸方向で変化する波動のエネルギーの和になり，波動関数は，x 座標と y 座標や z 座標が特定の組み合わせになる確率が，x 座標が特定の値をもつ確率と y 座標や z 座標が特定の値をもつ確率との積になることを表している．

◎コラム◎

神出鬼没

鬼神のように非常に素早く動き回り，いつどこに出没するかその所在がまったくつかめないことを「神出鬼没」という．ミクロの世界の個々の粒子も，いつどこに出没するか予測することはできないが，波動方程式を解くことによって，どの場所にどのくらいの確率で出没するかを知ることはできる．

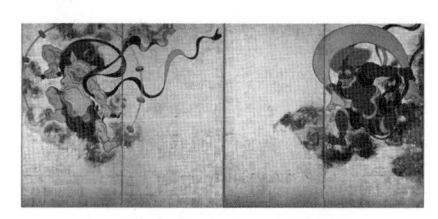

風神雷神図屏風（俵屋宗達画）

波動関数 ψ の値が 0 になる場所に粒子が出現する確率は 0 である．一次元の箱

の中の粒子の場合も，基底状態を除き，箱の中に $\phi=0$ となる場所が存在する．このような場所は，節と呼ばれている．マクロの世界では，一本道のどこかに粒子が来ない点があるなら，その点を境にして，一方か他方のどちらかにしか粒子は存在しないといえる．ミクロの世界では，いくら見張っていても粒子が出現しない節で区切られた一方と他方のどちらにも粒子を見出す確率があり，どちらかにしか粒子を見出せないということはない．

一本道の場合，検問所 X でお尋ね者 A がそこを通過しないことの確認ができれば，A は X を境にして，どちらか一方に居て，両方に居ることなどできない．ところが，ミクロの世界では，節の前後のどちら側にも粒子を見出す確率があり，一方にしか出現しないということにはならない．

箱の中に粒子が存在し，箱の中の端から端まで自由に動き回っているはずなのに，粒子が出現しない場所があるということは，マクロの世界の粒子の運動から考えるとまったく理解しがたいが，ミクロの世界の粒子は波動性をもつので，波の節にあたる場所が存在し得る．ミクロの世界の粒子が悪魔のように邪悪だとしても，節となる場所に身を置けば悪魔とは遭遇せずに済む．

演習問題

3.1 電子を長さ 1 cm の区間 A と長さ 1 nm の区間 B に閉じ込めたとき，零点エネルギーはそれぞれ何 eV になるか．

3.2 陽子の質量は，電子の質量のおよそ 1840 倍である．陽子を長さ 1 nm の区間に閉じ込めたとき，その零点エネルギーは何 eV になるか．

3.3 一辺の長さ L の正方形に質量 M の粒子を閉じ込めた．エネルギー準位の一般式を求めよ．また，低い方から 3 番目までのエネルギーをもつすべての準位の量子数を示し，それぞれのエネルギー状態の縮重度を求めよ．

3.4 通常，箱の中の粒子を問題にするとき，箱の中での位置エネルギーを 0 にとる．もしも，箱の中のエネルギーを $U=a>0$ とすると，エネルギー準位はどのように変わるか．一次元の箱の中の粒子について検討せよ．

3.5 x 軸上の区間 $(0 \leq x \leq L)$ を運動する質量 m の粒子について，座標 x とその 2 乗 (x^2) の期待値をそれぞれ計算し，x の不確定さ $\Delta x = \sqrt{\langle x^2 \rangle - \langle x \rangle^2}$ を求めよ．

3.6 x 軸上の区間 $(0 \leq x \leq L)$ を運動する質量 m の粒子について，運動量 p とその 2 乗 (p^2) の期待値をそれぞれ計算し，p の不確定さ $\Delta p = \sqrt{\langle p^2 \rangle - \langle p \rangle^2}$ を求めよ．

3.7 x 軸上の区間 $(0 \leq x \leq L)$ を運動する質量 m の粒子の座標 x と運動量 p の不確定さの積 $\Delta x \Delta p$ を求めよ．基底状態について $\Delta x \Delta p$ を計算し，ハイゼンベルクの不確定性原理が満たされているかどうか調べよ．

3.8 二重結合 C=C と単結合 C–C が交互につながった炭素原子数 $2n$ のポリエン $C_{2n}H_{2n+2}$ は，$2n$ 個の π 電子をもち，それらの π 電子は低い方から順に n 番目までの準位に 2 個ずつ配置され，一次元の箱の中の粒子のように炭素骨格上を運動している．このようなポリエンは，n 番目の準位の電子が $n+1$ 番目の準位に遷移するとき光を吸収し特有の色を示す．$n=4$ のポリエンの箱の長さが $L=1.00$ nm であるとして，吸収波長 λ を nm 単位で求めよ．

3.9 x 軸上の区間 $(-L/2 \leq x \leq L/2)$ を運動する質量 m の粒子について，エネルギー準位 E と波動関数 ϕ を求め，波動関数の特徴と量子数 n の関係を調べよ．

3.10 質量 m の粒子が半径 r の円周上に拘束されて運動している．この粒子のエネルギー準位 E と波動関数 ϕ を求めよ．この場合の境界条件は，円周上での回転角を θ とおくと $\phi(\theta) = \phi(\theta + 2\pi)$ である．ここで，$x = r\theta$ とおき，位置エネルギーを $U=0$ として，一次元の箱の中の粒子の波動方程式を書き換えると次式が得られることを用いよ．

$$-\frac{h^2}{8\pi^2 m}\frac{1}{r^2}\frac{\mathrm{d}^2\phi(\theta)}{\mathrm{d}\theta^2} = E\phi(\theta)$$

第4章
振動と回転

 分子は化学結合によって一定の構造（**分子構造**）をもつが，原子の位置が完全に固定されているわけではない．分子中の原子（原子核）がその相対位置を変化させる運動を**分子振動**という．分子がその構造を保ちつつ重心を通る軸の周りでコマのように回転する運動を**分子回転**という．分子振動や分子回転のエネルギー準位には分子構造の特徴が反映され，準位間の遷移がその分子特有のスペクトルを与える．本章では，二原子分子の分子振動と分子回転の波動方程式を解き，そのエネルギー準位と波動関数について調べる．

4.1 二粒子系の波動方程式

 二粒子系（図4.1）の波動方程式は，以下のように扱うと，粒子1個の問題に帰着して簡単になる．

 質量が m_1 と m_2 の2個の粒子が，それぞれ速度 v_1 と v_2 をもち，位置エネルギー U のもとで運動しているときのエネルギー E は次式で与えられる．

$$E = \frac{1}{2}m_1 v_1^2 + \frac{1}{2}m_2 v_2^2 + U \quad (4.1)$$

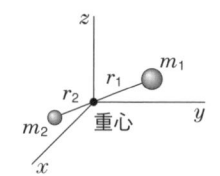

図4.1 二粒子系

各粒子（$i=1, 2$）の座標を (x_i, y_i, z_i) とすると，重心の座標 (X, Y, Z) は次式のように表される．

$$\left. \begin{array}{l} X = \dfrac{m_1 x_1 + m_2 x_2}{m_1 + m_2} \\[6pt] Y = \dfrac{m_1 y_1 + m_2 y_2}{m_1 + m_2} \\[6pt] Z = \dfrac{m_1 z_1 + m_2 z_2}{m_1 + m_2} \end{array} \right\} \quad (4.2)$$

各粒子の速度を表すベクトル V_i は，各座標成分の時間微分からなる．

$$V_i = \left(\frac{dx_i}{dt}, \frac{dy_i}{dt}, \frac{dz_i}{dt}\right) \quad (i = 1, 2) \tag{4.3}$$

重心の速度 V_G は，式 (4.2) を時間で微分して得られるから次式の形になる．

$$V_G = \frac{m_1 V_1 + m_2 V_2}{m_1 + m_2} \tag{4.4}$$

次に，1番目の粒子の座標を基準にして2番目の粒子の座標を考えると，次のように相対座標 (x, y, z) を導入できる．

$$\left. \begin{array}{l} x = x_2 - x_1 \\ y = y_2 - y_1 \\ z = z_2 - z_1 \end{array} \right\} \tag{4.5}$$

相対速度 V は，相対座標の時間変化であるから次式で与えられる．

$$V = V_2 - V_1 \tag{4.6}$$

重心の運動は粒子間の相対運動とは独立な運動であり，粒子どうしの相対的な位置を保ち粒子が並んで運動するため**並進運動**と呼ばれる．二粒子系のエネルギーを相対運動と並進運動の速度を用いて表すと次の形になる．

$$E = \frac{1}{2}(m_1 + m_2)V_G^2 + \frac{1}{2}\mu V^2 + U \tag{4.7}$$

最初の項は並進運動（重心運動）の運動エネルギーを表し，第2項は相対運動の運動エネルギーを表す．第2項に含まれる μ は**換算質量**と呼ばれ，2個の各粒子の質量の逆数の和の逆数であり次式で与えられる

$$\mu = \frac{1}{\dfrac{1}{m_1} + \dfrac{1}{m_2}} \quad (\text{換算質量}) \tag{4.8}$$

図 4.1 では，質量 m_1 と m_2 の2個の球が距離 $r = r_1 + r_2$ で結ばれている．ここで，重心を座標原点に固定すると，式 (4.7) の第1項が 0 となって消えるので，第2項の $(1/2)\mu V^2$ のみが運動エネルギーとして残り，2個の粒子の相対運動は，換算質量 μ をもつ1個の粒子の運動として扱うことができる．その波

動方程式は，次のように1粒子の波動方程式とまったく同じ形になる．

$$\left(-\frac{\hbar^2}{2\mu}\Delta + U\right)\phi = E\phi \tag{4.9}$$

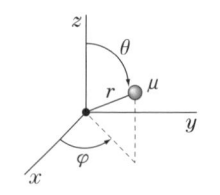

図 4.2 三次元の極座標

このような問題では，原点からの距離 r が特別に重要なので，直交座標 (x, y, z) の代わりに，**図 4.2** に示す三次元の極座標 (r, θ, φ) を変数にとる（付録 A.10 節参照）．すなわち，原点からの距離 $r\,(0 \leq r < \infty)$，z 軸からのずれの角度 $\theta\,(0 \leq \theta \leq \pi)$，$x$-$y$ 面に投影した点が x 軸からどれだけずれているかの角度 $\varphi\,(0 \leq \varphi < 2\pi)$ を用いる．こうすると，体積要素 $d\tau = dxdydz$ とラプラシアン Δ は以下のように表される．

$$(体積要素)\quad d\tau = dxdydz = r^2\sin\theta\, drd\theta d\varphi \tag{4.10}$$

$$(ラプラシアン)\quad \Delta = \frac{1}{r^2}\frac{\partial}{\partial r}\left(r^2\frac{\partial}{\partial r}\right) + \frac{1}{r^2}\Lambda \tag{4.11}$$

$$\Lambda = \frac{1}{\sin\theta}\frac{\partial}{\partial\theta}\sin\theta\frac{\partial}{\partial\theta} + \frac{1}{\sin^2\theta}\frac{\partial^2}{\partial\varphi^2} \tag{4.12}$$

ここで Λ は，二つの角度 θ と φ に依存する演算子であり，**ルジャンドリアン**と呼ばれる．式 (4.11) や式 (4.12) の右辺の演算子は，演算を施す関数に対し，各項の右端部分から順ぐりに演算することに注意する必要がある．

ラプラシアンやルジャンドリアンは，量子論（量子力学）が誕生する以前から数学者によって詳しくその性質が調べられていた．本書では，関連する数式として重要なものを必要に応じて導入する（付録 A 章参照）．

● 4.2 調和振動子

簡単な波動方程式の例として，**図 4.3** のようなバネ（バネの**力の定数**を k とする）につながれた質量 m の球の振動を考えてみよう．球をつり合いの位置（平衡点）から x だけずらすと，x に比例する復元力 $F = -kx$ を受ける．これを**フックの法則**という．位置エネルギー U は，力に逆らって移動させる

のに必要な仕事（エネルギー）として計算できる．すなわち，力の -1 倍 $(-F)$ に $\mathrm{d}x$ を掛け，平衡点 $x = 0$ から問題とする点 x まで積分すると，次式が得られる（A.4 節参照）．

$$U(x) = \int_0^x -F(x)\,\mathrm{d}x = \int_0^x kx\,dx = \left[\frac{1}{2}kx^2\right]_0^x = \frac{1}{2}kx^2 \tag{4.13}$$

よって，フックの法則に従うバネの位置エネルギーは $U(x) = (1/2)\,kx^2$ で表され，平衡点から x だけ球がずれると，図 4.3 に示した放物線に沿って位置エネルギーは上昇するが，平衡点へと引き戻そうとする力が働くため振動する．フックの法則に従うこのような振動を**調和振動子**という．

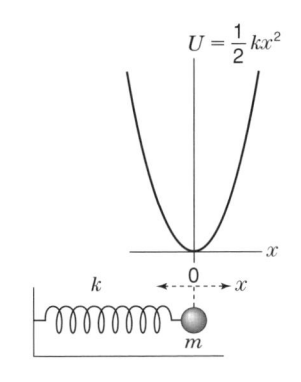

図 4.3 調和振動子

調和振動子の波動方程式のラプラシアンは，一次元の箱の中の粒子の場合と同じであり，位置エネルギーが $U(x) = (1/2)\,kx^2$ であるから，次のように表される．

$$\left(-\frac{\hbar^2}{2m}\frac{\mathrm{d}^2}{\mathrm{d}x^2} + \frac{1}{2}kx^2\right)\phi = E\phi \tag{4.14}$$

この波動方程式は，$\phi(x)$ に次の形を仮定すると解くことができる[†1]．

$$\phi(x) = \mathrm{e}^{-ax^2}\sum_i b_i x^i \quad (i = 0,\,1,\,2,\,\cdots) \tag{4.15}$$

ここで，式 (4.15) の形を仮定する根拠について述べておこう．振動子は平衡点の周囲で振動するので，無限に大きな x に対しては ϕ は 0 にならなければならず，x は正にも負にもなるから，e^{-ax^2} の形の指数関数を考えるのが合理的である．また，そのままの形でよいかどうかわからないので，指数関数に x の多項

[†1] 式 (4.14) の形の微分方程式は古くから数学者によってよく調べられており，その解は，ガウス関数と呼ばれる e^{-ax^2} の形の指数関数とエルミート多項式の積の形になることが，量子論の誕生以前からよく知られていた．

式を掛け算するとよいと考えられる．

式 (4.15) を仮定し，式 (4.14) が満たされるように式の中に含まれる未定の定数を決めていくと，調和振動子の解が，面白いように次々と求められる．根気が必要ではあるが，その思考のプロセスを楽しむことは，科学的な発見を自分の力で成しとげるよいトレーニングになる．解法の例を出版社の web サイトに記したので参照されたい．得られた結果をまとめるにあたって，求めたエネルギー準位が $(1/2)\hbar\sqrt{k/m}$ の 1 倍，3 倍，5 倍と等間隔になっていることがわかるので，この間隔をエネルギー量子 $h\nu$ と等しいとみなすと次式が得られる．

$$h\nu = \hbar\sqrt{\frac{k}{m}} \tag{4.16}$$

これを用い，求められたエネルギーを量子数 $n = 0, 1, 2$ と対応させてまとめると，次のエネルギー準位が得られる．

$$E_n = \left(n + \frac{1}{2}\right)h\nu \quad (n = 0, 1, 2, \cdots) \tag{4.17}$$

ここで，$n = 0, 1, 2, \cdots$ は**振動量子数**であり，h はプランク定数，ν はこの振動の**固有振動数**である．調和振動子に許されるエネルギー準位は，**図 4.4（左）**に示すように等間隔になる．その間隔は，**振動のエネルギー量子** $h\nu$ であり，固有振動数 ν は，式 (4.16) から，バネの力の定数が k で質量が m の古典力学の振動子とまったく同じであり，次式で与えられることがわかる．

$$\nu = \frac{1}{2\pi}\sqrt{\frac{k}{m}} \tag{4.18}$$

量子論の振動子には，古典力学とは明らかに違う，注目すべき特徴がある．エネルギーが最低の状態（$n = 0$ の基底状態）でもそのエネルギーは 0 にならず，$(1/2)h\nu$ というエネルギーをもって振動する．このエネルギーを振動の**零点エネルギー**といい，その振動を**零点振動**という．

調和振動子の波動関数 ϕ_n は，$n = 0, 1, 2$ に対し次のようになる．

$$\phi_0 = e^{-ax^2}, \ \phi_1 = xe^{-ax^2}, \ \phi_2 = (-4ax^2 + 1)e^{-ax^2} \tag{4.19}$$

ここで，規格化で決まる係数は省略した．指数部分に含まれる定数 a は，量子数 n によらず次式で与えられる．

$$a = \frac{\sqrt{mk}}{2\hbar} \quad (4.20)$$

図 4.4(右) に示したように，調和振動子の波動関数は中心の周りで振動し，遠くに行くと減衰する．値が 0 になる節の数は量子数 n に等しく，エネルギーが高いほど多くなる．

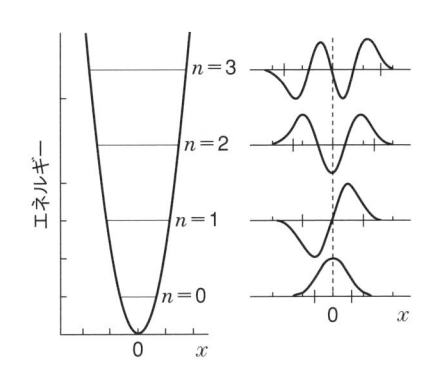

図 4.4 調和振動子のエネルギー準位 (左) と波動関数 (右)

◉ 4.3 分子振動

調和振動子に関する以上の結果は，二原子分子において二原子間の距離の平衡点からのずれを x としたとき，位置エネルギーが $U(x) = (1/2)kx^2$ の形に表されるなら，二原子分子の分子振動にもそのままあてはめることができる．ここで，一方の原子の質量を m_1，他方の原子の質量を m_2 とすると，その換算質量 μ は，式 (4.8) より $\mu = 1/(1/m_1 + 1/m_2)$ で与えられる．つまり，二原子分子の換算質量は，二つの原子の質量の逆数の和の逆数として求められる．この μ を固有振動数の公式 (4.18) の m のところに代入すれば，二原子分子の分子振動の振動数を表す公式として次式が得られる．

$$\nu = \frac{1}{2\pi}\sqrt{\frac{k}{\mu}} \quad (4.21)$$

この場合の定数 k は，二原子を結びつける化学結合の力の定数であり，結合力が大きいほど k の値が大きくなり，分子振動の振動数も大きくなる．式 (4.21) の根号の中の分母に含まれる換算質量は二つの原子の質量で決まり，質量が増すほど大きくなるから，結合の力の定数が同じなら，質量の大きい分子ほど分子振動の振動数は小さくなる．

式 (4.17) の調和振動子のエネルギー準位を二原子分子の分子振動のエネルギー準位にあてはめると，準位間は等間隔で，その間隔は式 (4.21) の振動数で決まる $h\nu$ に等しい．振動の量子数が $n+1$ の準位と n の準位のエネルギー差

$$\Delta E = E_{n+1} - E_n = h\nu \tag{4.22}$$

に等しいエネルギーの光子 $h\nu$ が，分子によって吸収または放出されることによって観測されるスペクトルを**振動スペクトル**という．振動準位間の遷移は，隣り合う準位間でのみ起こる．分子の振動スペクトルは，多くの場合，赤外線の領域（波数 cm^{-1} で表すと数百～数千 cm^{-1} の領域，**図 4.5**, **4.6** の分子振動の例および裏表紙見返しの電磁波の区分図参照）に現れる．振動準位間の遷移は，振動運動によって分子の電気的極性が大きく変化するほど起こりやすく，電気的極性の変化を伴わない振動（N_2 や H_2 の振動）は振動遷移を起こさない．

ここまでは，2 個の原子からなる二原子分子について考えてきたが，原子数が 3 個以上の**多原子分子**の分子振動はどうなるであろうか．多原子分子では 2 個以上の結合のバネで原子どうしが結び合わされているので，位置エネルギー U の形がより複雑になる．

位置エネルギー U の極小点は結合のバネのつり合いの位置であり，それは分子の幾何学的形，すなわち分子構造を与える．原子が 1 列に並んだ分子を**直線分子**，そうでない分子を**非直線分子**という．また，非直線分子のうち，原子がすべて一つの平面上に並んだ分子を**平面分子**，そうでない分子を**非平面分子**という．二原子分子はすべて直線分子である．三原子分子には，二酸化炭素分子 CO_2 のように原子が 1 列に並んだ直線分子と，水分子 H_2O のように折れ曲がった形の非直線分子がある．四原子以上になると，ホルムアルデヒド分子 HCHO のような平面分子のほか，メタン CH_4 のように正四面体の頂点に H があり中心に C がある立体的な形の非平面分子が出現する．

分子の位置エネルギー U の極小点付近では，U の形は下に凸であり，放物線の形になっている．つまり，分子はその構造を平衡点として，その近傍で調和振動子と似た振舞いをする．二原子分子と多原子分子とでどこが違うかというと，振動運動に関係する座標変数の数（**振動の自由度**といい，f で表す）が異な

り，多原子分子では f 種類の分子振動が現れ，固有振動数も f 種類になる（縮重があると固有振動数の数値の種類は少なくなる）．多原子分子の振動運動を**基準振動**（normal mode）または**振動モード**といい，その運動様式を表す座標を**基準座標**（normal coordinate）という．

振動の自由度 f がいくつになるかは，単純な計算で求めることができる．原子数を N とすると，それぞれの原子が三次元の x, y, z 三方向の運動を行うので全体で $3N$ 個の運動の自由度がある．しかし，分子全体が x, y, z の方向に移動する三つの並進運動は，分子の内部構造の変化とは関係しないので，振動の自由度には含まれない．また，分子の重心を通る軸の周りの回転運動である分子回転も，分子の内部構造の変化とは無関係なので，振動の自由度に含まれない．分子回転の自由度は，非直線分子では重心を通る回転軸が3種類あるので3である．直線分子では，すべての原子を貫く直線を軸として回転させようとしても原子がまったく移動せず，分子回転にならないため，回転軸が一つ減って二つになり，分子回転の自由度は2になる．よって，振動の自由度は $3N$ から並進と回転の自由度を引いて求められ，非直線分子では $f = 3N - 6$ であり，二原子分子などの直線分子では $f = 3N - 5$ である．

ここで，分子振動の種類と具体例にふれておこう．分子振動には，結合が伸び縮みする**伸縮振動**や，隣り合う結合の間の角度が変化する**変角振動**などがある．このほか，平面分子の場合，平面内での振動を**面内振動**，平面に垂直な方向の振動を**面外振動**という．

図 4.5 に H_2O の分子振動を示す．H_2O は非直線三原子分子であるから，振動の自由度は $f = 3 \times 3 - 6 = 3$ であり，三つの振動モードが存在する．その一つは $\angle HOH$ が変化する変角振動である．ほかの二つは OH 結合が伸び縮みする伸縮振動であり，一つは二つの OH 結合が同時に伸縮する**対称伸縮振動**，他方は二つの OH が互い違いに逆方向に伸縮する**逆対称伸縮振動**である．

図 4.6 にアセチレン C_2H_2 の分子振動を示す．アセチレンは直線四原子分子であるため，その振動の自由度は $f = 3 \times 4 - 5 = 7$ になる．そのうち，ν_1 は対称 CH 伸縮振動，ν_2 は CC 伸縮振動，ν_3 は逆対称 CH 伸縮振動である．また，

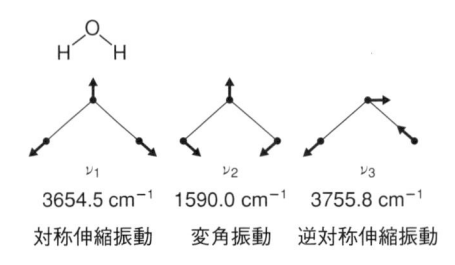

ν_1
3654.5 cm^{-1}
対称伸縮振動

ν_2
1590.0 cm^{-1}
変角振動

ν_3
3755.8 cm^{-1}
逆対称伸縮振動

図 4.5　H_2O の分子振動

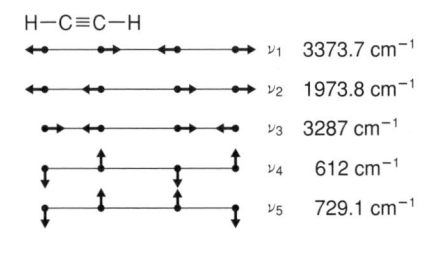

H―C≡C―H

ν_1　3373.7 cm^{-1}
ν_2　1973.8 cm^{-1}
ν_3　3287 cm^{-1}
ν_4　612 cm^{-1}
ν_5　729.1 cm^{-1}

図 4.6　C_2H_2 の分子振動

ν_4 は逆対称 HCC 変角振動，ν_5 は対称 HCC 変角振動で，これらはいずれも二重縮重の振動であり，結合軸を含み互いに直交する二つの面内のそれぞれで振動する．以上二つの例からわかるように，伸縮振動より変角振動の方が一般に振動数（図では波数 cm^{-1} で表されている）が低い．また，伸縮振動では，質量の小さい H 原子が関係する OH や CH の伸縮振動は，CC 伸縮振動より振動数が高い．

4.4　剛体回転子

二粒子系の波動方程式は，図 4.1 から明らかなように，一定の長さ r の棒の先に固定した 2 個の球を回転させる運動の問題に応用できる．このような回転運動を**剛体回転子**という．

この問題は，換算質量 μ を使うと，図 4.2 に示したように，原点から一定距離 r だけ離れた 1 個の粒子の回転運動になる．距離 r が一定なので r に関する微分は消えてしまい，また位置エネルギーも 0 と置いてよいので，その波動方程式は次のように単純な式になる．

$$-\frac{\hbar^2}{2I}\Lambda\phi = E\phi \qquad (4.23)$$

Λ は角度 θ と φ にだけ依存する演算子（ルジャンドリアン）である．また，I は重心を軸とする回転運動の**慣性モーメント**であり，次式のように換算質量 μ と結合距離 r で表される[†1]（脚注次ページ）．

4.4 剛体回転子

$$I = \mu r^2 \tag{4.24}$$

式 (4.23) の波動方程式は，ψ を角度 θ と φ に関係した式と仮定して解くことができる．どんな式を仮定しどのように議論を進めると剛体回転子の解が得られるか，その知的プロセスを楽しむことは出版社の web サイトにゆずる．

剛体回転子の波動方程式を解いて得られるエネルギー準位，および波動関数の一般的な式を以下にまとめる．剛体回転子に許されるエネルギーは，次式のように，整数値をとる**回転量子数** J によって飛び飛びの準位になる．

$$E = \frac{J(J+1)\hbar^2}{2I} \quad (J = 0, 1, 2, \cdots) \tag{4.25}$$

これを**回転エネルギー準位**という．剛体回転子の波動関数は，数学でよく知られている**球面調和関数** $Y_{J,m}(\theta, \varphi)$ で表され，J のほか，もう一つの量子数 m にも依存している．0 以上の整数 J の値が決まれば，それに従って m のとりうる範囲が決まる．m は，J から $J-1, J-2, \cdots, 0, \cdots -J$ まで $2J+1$ 通りの値が可能である．**表 4.1** に，$J=0$ から $J=3$ までの範囲の代表的な $Y_{J,m}(\theta, \varphi)$ を示す．$Y_{J,m}(\theta, \varphi)$ を式 (4.23) の ψ に代入し，式 (4.25) を用いると次式が得られる．

表 4.1 球面調和関数 $Y_{J,m}(\theta, \varphi)$

$Y_{0,0} = \dfrac{1}{\sqrt{4\pi}}$	$Y_{2,\pm 2} = \sqrt{\dfrac{15}{32\pi}} \sin^2\theta \, e^{\pm i2\varphi}$
$Y_{1,0} = \sqrt{\dfrac{3}{4\pi}} \cos\theta$	$Y_{3,0} = \sqrt{\dfrac{7}{16\pi}} (5\cos^3\theta - 3\cos\theta)$
$Y_{1,\pm 1} = \sqrt{\dfrac{3}{8\pi}} \sin\theta \, e^{\pm i\varphi}$	$Y_{3,\pm 1} = \sqrt{\dfrac{21}{64\pi}} (5\cos^2\theta - 1) \sin\theta \, e^{\pm i\varphi}$
$Y_{2,0} = \sqrt{\dfrac{5}{16\pi}} (3\cos^2\theta - 1)$	$Y_{3,\pm 2} = \sqrt{\dfrac{105}{32\pi}} \cos\theta \sin^2\theta \, e^{\pm i2\varphi}$
$Y_{2,\pm 1} = \sqrt{\dfrac{15}{8\pi}} \sin\theta \cos\theta \, e^{\pm i\varphi}$	$Y_{3,\pm 3} = \sqrt{\dfrac{35}{64\pi}} \sin^3\theta \, e^{\pm i3\varphi}$

[†1] 重心を通る軸までの距離が r_i の位置に質量 m_i の粒子 ($i = 1, 2, \cdots, N$) が配置されているとき，その軸の周りの慣性モーメント I は次式で与えられる．

$$I = \sum_i m_i r_i^2 \quad (i = 1, 2, \cdots, N)$$

$$\Lambda Y_{J,m}(\theta, \varphi) = -J(J+1)\, Y_{J,m}(\theta, \varphi) \tag{4.26}$$

したがって，球面調和関数 $Y_{J,m}(\theta, \varphi)$ はルジャンドリアン Λ の固有関数であり，その固有値は $-J(J+1)$ で，J のみに依存し m には依存しない．

ここで剛体回転子と関連する重要事項として，ボーア模型でも出てきた角運動量にふれておこう．第 2 章で学んだ運動量の演算子と同様に，角運動量の演算子 $\hat{J}$ も 3 成分 $(\hat{J}_x, \hat{J}_y, \hat{J}_z)$ をもつベクトルである（角運動量演算子のつくりかたや，その性質については A.11, A.12 節参照）．本章で出てきたルジャンドリアン Λ は，角運動量演算子 $\hat{J}$ と次の関係がある．

$$-\hbar^2 \Lambda = \hat{J} \cdot \hat{J} = \hat{J}^2 = \hat{J}_x^2 + \hat{J}_y^2 + \hat{J}_z^2 \tag{4.27}$$

ここで，$\hat{J} \cdot \hat{J}$ は 3 成分をもつベクトル $\hat{J}$ どうしの内積で，$\hat{J}^2$ とも書かれ，同じ成分どうしを掛けて足し合わせたものなので $\hat{J}_x^2 + \hat{J}_y^2 + \hat{J}_z^2$ となる．大変面白いことに，すでに学んだ球面調和関数 $Y_{J,m}(\theta, \varphi)$ は $\hat{J}^2$ の固有関数でもあり，同時に $\hat{J}_z$ の固有関数でもあって，以下の 2 式が成り立つ．

$$\hat{J}^2 Y_{J,m}(\theta, \varphi) = J(J+1)\,\hbar^2 Y_{J,m}(\theta, \varphi) \tag{4.28}$$

$$\hat{J}_z Y_{J,m}(\theta, \varphi) = m\hbar Y_{J,m}(\theta, \varphi) \tag{4.29}$$

J と m は，それぞれ球面調和関数の種類を特徴づける量子数であり，J は角運動量量子数，m は角運動量成分量子数と呼ばれる．また，$J(J+1)\hbar^2$ は角運動量演算子の 2 乗 $\hat{J}^2$ の固有値であり，$m\hbar$ は角運動量成分演算子 $\hat{J}_z$ の固有値である．ここでふれた角運動量演算子の性質は，原子中の電子の軌道運動や，電子の自転運動に伴う特別な磁気的性質（**電子スピン**という）と関係しており，原子の電子配置の周期性や物質の磁性と関連して重要な意味をもつ．

◉4.5 分 子 回 転

剛体回転子について得られた結果は，二原子分子の分子回転にそのまま適用できる．注意すべきことは，式 (4.24) に含まれる換算質量 μ に，分子振動のときと同じく，二つの原子の質量の逆数の和の逆数を用いることと，式 (4.24) に含まれる r が二原子間の距離，すなわち**結合の長さ**（**結合距離**）を表すことである．二原子分子の分子回転のエネルギー準位は，回転量子数 J が大きくな

4.5 分子回転

るほど高くなり，隣り合う準位の間隔は広がっていく．

回転量子数 $J+1$ と J の準位間のエネルギー差

$$\Delta E = E_{J+1} - E_J = (J+1)\frac{\hbar^2}{I} = 2(J+1)hB \tag{4.30}$$

に等しい光子 $h\nu$ が吸収または放出されることによる分子のスペクトルを**回転スペクトル**といい，回転準位間の遷移を**回転遷移**という（図 4.7）．ここで B は**回転定数**と呼ばれ，次式で与えられる．

$$B = \frac{h}{8\pi^2 \mu r^2} \tag{4.31}$$

回転遷移は隣り合う準位間でのみ起こり，J の値が 0, 1, 2, 3, …と変わるにつれ，回転遷移のエネルギー ΔE は等間隔 $(\hbar^2/I) = 2hB$ で増加する．

分子の回転スペクトルは，多くの場合，マイクロ波ないし遠赤外線の領域に現れる．観測される回転スペクトルから慣性モーメント I が求められれば，換算質量の値を使って結合距離 r を求めることができる．直線分子では慣性モーメントの値が一つだけなので，その回転エネルギー準位は剛体回転子と同様になり，回転スペクトルも二原子分子と同様になる．

原子数が 3 個以上の非直線分子の場合は，重心を通る回転軸が三つあり，三つの軸の周りの回転運動について慣性モーメント I_1, I_2, I_3 が存在する．このため，回転運動によるエネルギー準位がより複雑になり，回転スペクトルの解析は難しくなるが，非直線分子の回転スペクトルを丁寧に解析すると，分子構

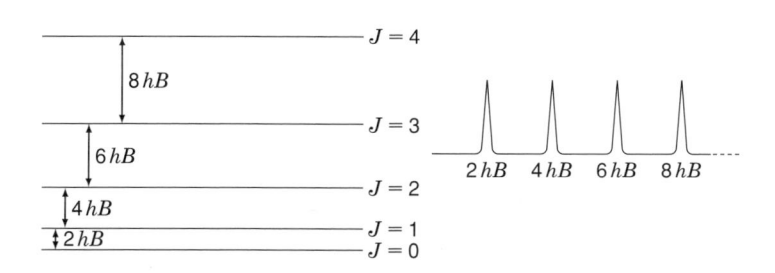

図 4.7　回転遷移（左）と回転スペクトル（右）

造に関する詳しい情報が得られる．

電磁波の吸収・放出による回転遷移は，電気的極性の大きい分子ほど起こしやすく，電気的極性のない N_2 分子や H_2 分子は回転遷移を起こさない．

◉ コラム ◉

宇宙物質からの電波

野辺山電波望遠鏡・ミリ波干渉計
(**NHA**)（Ⓒ 国立天文台）

何万光年もの遠い宇宙空間に漂う星間雲や星雲から届く電磁波を調べると，実際にその物質を手に入れなくても，どのような分子がそこに存在しているかを知ることができ，宇宙の歴史をひもといてその謎をさぐる鍵となる情報が得られる．

鎖状分子 $H-C\equiv C-C\equiv C-C\equiv C-C\equiv N$ が発する $1.128\,GHz$ のマイクロ波や，波長が $3.3, 6.2, 7.7, 8.6$ および $11.3\,\mu m$ の赤外線が観測され，後者の発信源として多数のベンゼン環からなる多環芳香族炭化水素が注目されている．

ハロルド・クロトー

英国サセックス大学のハロルド・クロトーは，カナダのアルゴンクイン公園に設置されている電波望遠鏡を使って宇宙から来るマイクロ波の研究をしているうちに，宇宙空間に存在する炭素物質の成因に興味を抱くようになり，それを地上の実験室で作り出す研究に没頭するようになった．自分の研究室での実験ではなかなかうまくいかなかったので，クロトーは1985年に最新の実験手段を求めて米国テキサス州にあるライス大学のリチャード・スモーリーの研究室に出向き，レーザー蒸発分光装置を借りて実験しているうちに，サッカーボール状のフラーレン分子 C_{60} を発見した．

宇宙から届く微弱な電波を調べる研究は，宇宙の謎を解くために今も盛んに行われている．

演習問題

4.1 300 K の空気中の N_2 分子の飛行速度はおよそ $500\,\text{m s}^{-1}$ である．この速度で運動する N_2 分子の運動エネルギーを，kJ mol^{-1} と meV 単位で求めよ．

4.2 調和振動子の基底状態の波動関数は，$\psi(x) = Ne^{-ax^2}$ の形になる．この波動関数を規格化せよ．ただし，次の積分公式 $\int_{-\infty}^{\infty} e^{-bx^2}\,dx = \sqrt{\pi/b}$ を用いよ．

4.3 通常の水素分子 $^1\text{H}_2$ の分子振動の波数（1 cm 当たりの波の数）が $4400\,\text{cm}^{-1}$ であるとすると，重水素分子 $^2\text{H}_2$ の分子振動の波数はいくらか．ただし，結合の力の定数には同位体の違いは関係しないと考えてよい．（同位体の質量は質量数 1 当たり ^{12}C の質量の $1/12$ に等しいとして近似計算せよ．）

4.4 重心を通る軸までの距離が r_i の位置に質量 m_i の粒子 $(i=1,2,\cdots,N)$ が配置されているとき，その軸の周りの慣性モーメント I は $I = \sum m_i r_i^2$ $(i=1,2,\cdots,N)$ で与えられる．二原子系では換算質量 μ と二原子間の距離 r を用いて $I = \mu r^2$ と表せることを示せ．

4.5 $^1\text{H}^{35}\text{Cl}$ 分子と $^2\text{H}^{35}\text{Cl}$ 分子の回転スペクトル線の間隔の比を求めよ．ただし，結合距離はどちらも $0.127460\,\text{nm}$ であるものとする．（同位体の質量は質量数 1 当たり ^{12}C の質量の $1/12$ に等しいとして近似計算せよ．）

4.6 三次元の極座標の二つの角度 θ と φ の関数 $Y(\theta, \varphi)$ の規格化条件は，$\iint |Y(\theta,\varphi)|^2 \sin\theta\, d\theta\, d\varphi = 1$ で与えられる．積分範囲は θ が $0\sim\pi$，φ が $0\sim 2\pi$ である．次の (i)～(iii) の関数に N を乗じて規格化し，それぞれ N を決めよ．

(i) $Y(\theta,\varphi) = 1$ (ii) $Y(\theta,\varphi) = \cos\theta$ (iii) $Y(\theta,\varphi) = \sin\theta\, e^{\pm i\varphi}$

4.7 OCS は直線状の分子であり，結合の長さは $R(\text{O}-\text{C}) = 0.116\,\text{nm}$, $R(\text{C}-\text{S}) = 0.156\,\text{nm}$ である．同位体組成の異なる 2 種類の OCS 分子，$^{16}\text{O}^{12}\text{C}^{32}\text{S}$ と $^{16}\text{O}^{12}\text{C}^{34}\text{S}$ について，回転量子数 $J=2$ から $J=1$ へ遷移するときのスペクトル線の周波数を $\text{GHz}(10^9\,\text{Hz})$ 単位でそれぞれ求めよ．（同位体の質量は質量数 1 当たり ^{12}C の質量の $1/12$ に等しいとして近似計算せよ．）

4.8 質量 M，電気量 Q の電荷が力の定数 k の一次元調和振動子として，強度が ε の電場（電界）に沿って x 軸と平行に運動している．この振動子のエネルギー準位を求めよ．ただし，電場がないときの固有振動数を ν とする．

4.9 表 4.1 の $Y_{2,0}$ と $Y_{2,\pm 1}$ が剛体回転子の波動方程式を満たすことを示せ．

4.10 一次元調和振動子の基底状態について，位置 x の不確定さ Δx と運動量 p の不確定さ Δp の積 $\Delta x \Delta p$ を求めよ．

第5章 水素原子

前章までに，ミクロの世界の波動方程式をどのようにして解くか，その結果どのような振舞いが見られるか，いくつかの基本となるケースについて学んだ．次のステップとして，いろいろな物質に波動方程式を適用する手始めに，原子のエネルギー準位と波動関数を求めてみよう．ここでは，最も単純な原子として電子が1個だけの原子を取り上げる．最初は複雑に見える問題も徐々に解きほぐされ，ミクロの世界の真髄が見えてくる．まず，電子が1個のケースをしっかりマスターすれば，多数の電子を含む一般の原子の取り扱いにスムーズに進むことができる．

5.1 水素類似原子の波動方程式

原子核1個（原子番号 Z）と電子1個（質量 m）からなる原子（H, He^+, Li^{2+} など）を**水素類似原子**という．原子番号 Z が違っても水素類似原子と呼ばれるのは，原子核の周りを電子が1個だけ回っている点で水素原子と類似しており，電子の運動を水素原子の場合と同様に扱うことができるためである．この電子の運動に焦点を当て，第1章で学んだボーアの原子模型のように，原子核は動かないものとする[†1]．

水素類似原子の波動方程式は，原子核と電子のクーロン力による位置エネルギー U を含む一粒子系のハミルトニアン $\hat{H}$ を用いて次のように表される．

$$\hat{H}\psi = E\psi \tag{5.1}$$

$$\hat{H} = -\frac{\hbar^2}{2m}\Delta + U \tag{5.2}$$

[†1] 厳密には，原子核と電子からなる二粒子系の相対運動なので，第4章で学んだように，重心に固定した座標系を用いると，換算質量 μ の1個の粒子の運動に帰着する．μ は，電子の質量 m と原子核の質量 M の逆数の和の逆数に等しい（$\mu = 1/(1/m + 1/M)$）．ここで $M \to \infty$ とすると $\mu = m$ となり，原子核を固定する本文の扱いと一致する．

5.1 水素類似原子の波動方程式

$$U = -\frac{Ze^2}{4\pi\varepsilon_0 r} \tag{5.3}$$

ここで r は原子核と電子の距離を表す．極座標 (r, θ, φ) を使うと，式 (5.2) のラプラシアン Δ は，第 4 章式 (4.11) より次のように表される．

$$\Delta = \frac{1}{r^2}\frac{\mathrm{d}}{\mathrm{d}r}\left(r^2\frac{\mathrm{d}}{\mathrm{d}r}\right) + \frac{\Lambda}{r^2} \tag{5.4}$$

この式に含まれるルジャンドリアン Λ は次の固有方程式を満たす．

$$\Lambda Y_{l,m}(\theta, \varphi) = -l(l+1) Y_{l,m}(\theta, \varphi) \tag{5.5}$$

固有関数 $Y_{l,m}(\theta, \varphi)$ は球面調和関数であり，その種類を決める量子数は，ここでは l と m である[†1]．

ルジャンドリアン Λ の固有値は $-l(l+1)$ であり，球面調和関数を区別する l と m のうち l にしか依存しない．このため，l が同じで m が異なる球面調和関数の数だけ縮重が存在する．l は 0 以上の整数 ($l \geqq 0$) であり，l が決まるとそれに従って m の値の範囲は次のように制限される．

$$m = l, l-1, \cdots, 0, \cdots, -l+1, -l \tag{5.6}$$

m の値は，l から $l-1$, $l-2$, $\cdots$ と一つずつ小さくなっていき，0 をはさんで $-l$ まで，合計 $2l+1$ 通りの値が可能である．このため，Λ の固有値には，同じ l に対し，m の値の違いによる $2l+1$ 重の縮重がある．

ここで，原子のハミルトニアンにはルジャンドリアン Λ が含まれるので，波動関数の角度依存性に Λ の固有関数である球面調和関数 $Y_{l,m}(\theta, \varphi)$ が関係するものと予想して，次の形の ψ を考える．

$$\psi(r, \theta, \varphi) = R(r) Y_{l,m}(\theta, \varphi) \tag{5.7}$$

$R(r)$ は，電子と原子核の距離 r だけに関係し，角度には関係しないので，波動関数 ψ の**動径部分**と呼ばれる．一方，球面調和関数は ψ の**角度部分**と呼ばれ

[†1] 原子を扱うときの球面調和関数には l と m を用いるが，剛体回転子では l の代わりに J を用いる．なお，m は電子の質量と紛らわしいが，球面調和関数の種類を区別する整数としてよく用いられている．m の代わりに J または l の添え字を付け，m_J や m_l としている本もあるが，本書では m を用いる．

る．式 (5.7) を波動方程式に代入し，球面調和関数がルジャンドリアンの固有関数であることを用いると，$R(r)$ を決める次の方程式が得られる．

$$-\frac{\hbar^2}{2mr^2}\left\{\frac{d}{dr}\left(r^2\frac{d}{dr}\right)-l(l+1)\right\}R(r)=(E-U)R(r) \qquad (5.8)$$

この式が解ければ，水素類似原子の問題は解決する．

● 5.2 水素類似原子のエネルギー準位と波動関数

式 (5.8) は，量子論が誕生する以前から数学者が詳しく調べていた微分方程式の知識を借りれば解けてしまうが，そのような高級な数学的知識がなくても式 (5.8) を解くことができる．原子の波動方程式を解き明かす思考のプロセスの醍醐味を味わう楽しみは出版社の web サイトにゆずり，ここでは解いて得られる結果をまとめて示す．

エネルギー準位は次式のようになり，ボーア模型の場合と同じになる．

$$E=-\frac{mZ^2e^4}{8\varepsilon_0^2h^2n^2}=-\frac{Z^2W}{n^2} \qquad (n=1,2,3\cdots) \qquad (5.9)$$

ここで W は次式で与えられる．

$$W=\frac{me^4}{8\varepsilon_0^2h^2} \qquad (5.10)$$

W は水素原子 ($Z=1$ の水素類似原子) のイオン化エネルギー I_H に相当する．波動関数 $\phi(r,\theta,\varphi)$ は，式 (5.7) より動径部分 $R(r)$ と角度部分 $Y_{l,m}(\theta,\varphi)$ の積になるが，$R(r)$ が n や l によって変わるので $R_{n,l}(r)$ と表すと次式のようになる．

$$\phi(r,\theta,\varphi)=R_{n,l}(r)Y_{l,m}(\theta,\varphi) \qquad (5.11)$$

したがって，水素類似原子の波動関数は，三つの量子数 n, l, m によって形が変化し，それぞれ空間的な振舞いの異なる電子波を表す．

三つの量子数のうち，エネルギーを決める n は，**主量子数**と呼ばれ，1, 2, 3, 4, 5 と増えるにつれ，原子の電子殻を区別する記号 K, L, M, N, O にそれぞれ対応する．2 番目の量子数 l は，波動関数の形状と関係して重要であり，**方**

位量子数と呼ばれる．その大きさは主量子数 n で決まり，0 から $n-1$ までの範囲の整数となる．l には，0, 1, 2, 3, 4 に対し s, p, d, f, g という記号が割り当てられている．3番目の量子数 m は，原子が磁場の中に置かれたときに特別な意味をもつことから，**磁気量子数**と呼ばれている．その値は，$+l$ から $-l$ までの $2l+1$ 通りが可能である．

n：主量子数　　1, 2, 3, 4, 5, $\cdots$　（K, L, M, N, O, $\cdots$）

l：方位量子数　0, 1, 2, $\cdots$, $n-1$　（s, p, d, f, g, $\cdots$）

m：磁気量子数　$l, l-1, \cdots, 0, \cdots, -l+1, -l$

● 5.3 原子軌道

原子中の電子がどう振舞うかを表す波動関数を**原子軌道関数**といい，関数であることを省略してよいときは**原子軌道**という．英語で atomic orbital というので，AO と呼ばれることがある．表 5.1 および図 5.1 に，原子軌道の動径部分の関数形とグラフを示す．ここで，a_0 はボーア半径（$a_0 = \varepsilon_0 h^2/\pi m e^2$）である．

$R_{n,l}(r)$ の関数形は，原子番号 Z と a_0 を含む指数関数が基本になっており，表 5.1 に示すように，n と l の組み合わせによって，指数の肩の r の係数や指数の前につく r の多項式部分が異なる．また，表 5.1 の $R_{n,l}(r)$ は，後で出てくる式

表 5.1 原子軌道の動径部分 $R_{n,l}(r)$

$$R_{1,0} = 2\left(\frac{Z}{a_0}\right)^{3/2} e^{-(Z/a_0)r}$$

$$R_{2,0} = \frac{1}{2\sqrt{2}}\left(\frac{Z}{a_0}\right)^{3/2}\left(2 - \frac{Zr}{a_0}\right) e^{-(Z/2a_0)r}$$

$$R_{2,1} = \frac{1}{2\sqrt{6}}\left(\frac{Z}{a_0}\right)^{3/2}\frac{Zr}{a_0} e^{-(Z/2a_0)r}$$

$$R_{3,0} = \frac{2}{81\sqrt{3}}\left(\frac{Z}{a_0}\right)^{3/2}\left(27 - \frac{18Zr}{a_0} + \frac{2Z^2r^2}{a_0^2}\right) e^{-(Z/3a_0)r}$$

$$R_{3,1} = \frac{4}{81\sqrt{6}}\left(\frac{Z}{a_0}\right)^{3/2}\left(\frac{6Zr}{a_0} - \frac{Z^2r^2}{a_0}\right) e^{-(Z/3a_0)r}$$

$$R_{3,2} = \frac{4}{81\sqrt{30}}\left(\frac{Z}{a_0}\right)^{3/2}\frac{Z^2r^2}{a_0^2} e^{-(Z/3a_0)r}$$

(5.18) を満たすように規格化されている．

原子軌道の動径部分の特徴は，図5.1のようにグラフにしてみるとわかりやすい．K殻では，$n=1$ であるので l は 0 だけであり，n と l の組み合わせ (n, l) は，$(1, 0)$ だけである．これを **1s** という．1s の距離依存性は，原子核から離れると急激に減衰する．L殻では，$n=2$ であるので，l は 1 と 0 が可能であり，(n, l) は，$(2, 0)$ と $(2, 1)$ の 2 種類できる．$l=0$ は s，$l=1$ は p であるので，それぞれ **2s**，**2p** と呼ばれる．2s は，原子核から離れると急激に減衰するが，一度負になってから遠くで次第に 0 に近づく．一方 2p は，原子核のところでは 0 であるが，一度大きくなり，遠くへ行くと 0 に近づく．M殻では $n=3$ であるので，l の値は n の値の 3 より小さい 2, 1, 0 が可能である．したがって (n, l) は $(3, 0)$, $(3, 1)$, $(3, 2)$ の 3 通りあり，それらは **3s**, **3p**, **3d** と呼ばれ，いずれも波打ちながら遠くでは 0 に近づく．

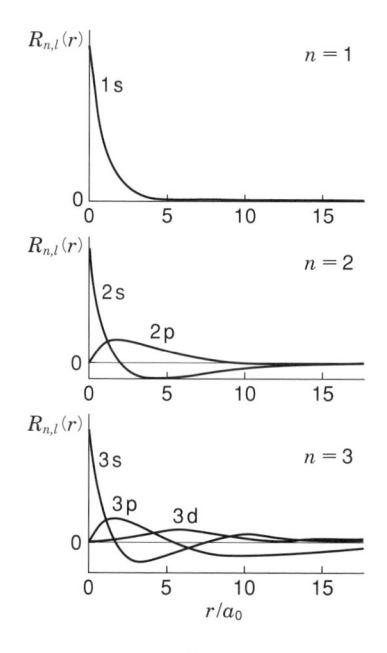

図5.1 原子軌道の動径部分

以上のような動径部分の特徴を反映し，原子軌道は (n, l) によって 1s 軌道，2s 軌道，2p 軌道，3s 軌道，3p 軌道，3d 軌道などに分類される．

波動関数の角度依存性は，球面調和関数 Y で表される．すでに剛体回転子のところで出てきたが，l が 1 以上の場合は複素数の指数が出てくるので，原子軌道では，l が等しい球面調和関数を組み合わせて全体が実数で表されるように，以下の式で定義される関数を用いる．

$$Y_{l,m}{}^+ = \frac{Y_{l,m} + Y_{l,-m}}{\sqrt{2}} \quad (5.12) \qquad Y_{l,m}{}^- = \frac{Y_{l,m} - Y_{l,-m}}{\sqrt{2}i} \quad (5.13)$$

5.3 原子軌道

表 5.2 原子軌道の角度部分

	l	m	定義式	具体形		l	m	定義式	具体形
s	0	0	$Y_{0,0}$	$\dfrac{1}{\sqrt{4\pi}}$	d_{xy}	2	± 2	$Y_{2,2}^{-}$	$\sqrt{\dfrac{15}{4\pi}}\dfrac{xy}{r^2}$
p_x	1	± 1	$Y_{1,1}^{+}$	$\sqrt{\dfrac{3}{4\pi}}\dfrac{x}{r}$	d_{yz}	2	± 1	$Y_{2,1}^{-}$	$\sqrt{\dfrac{15}{4\pi}}\dfrac{yz}{r^2}$
p_y	1	± 1	$Y_{1,1}^{-}$	$\sqrt{\dfrac{3}{4\pi}}\dfrac{y}{r}$	d_{zx}	2	± 1	$Y_{2,1}^{+}$	$\sqrt{\dfrac{15}{4\pi}}\dfrac{zx}{r^2}$
p_z	1	0	$Y_{1,0}$	$\sqrt{\dfrac{3}{4\pi}}\dfrac{z}{r}$	$d_{x^2-y^2}$	2	± 2	$Y_{2,2}^{+}$	$\sqrt{\dfrac{15}{16\pi}}\dfrac{1}{r^2}(x^2-y^2)$
					d_{z^2}	2	0	$Y_{2,0}$	$\sqrt{\dfrac{5}{16\pi}}\dfrac{1}{r^2}(3z^2-r^2)$

表 5.2 に示すように，原子軌道の角度部分は式 (5.12)，(5.13) で定義され，その具体形は，s 軌道では定数になるが，p 軌道では x, y, z に比例し，d 軌道では xy や yz など x, y, z の 2 次式に比例する 5 種類のものがある．

表 5.2 に示した p 軌道を具体的に求めてみよう．球面調和関数の表 4.1 から，$Y_{1,0} = \sqrt{3/4\pi}\cos\theta = \sqrt{3/4\pi}\,z/r$ が得られ，これが p_z を与える．次に式 (5.12) から次式が導かれる．

$$Y_{1,1}^{+} = \frac{Y_{1,1} + Y_{1,-1}}{\sqrt{2}}$$

表 4.1 より，

$$Y_{1,1} = \sqrt{\frac{3}{8\pi}}\sin\theta\,e^{i\varphi} = \sqrt{\frac{3}{8\pi}}\sin\theta\,(\cos\varphi + i\sin\varphi)$$

$$Y_{1,-1} = \sqrt{\frac{3}{8\pi}}\sin\theta\,e^{-i\varphi} = \sqrt{\frac{3}{8\pi}}\sin\theta\,(\cos\varphi - i\sin\varphi)$$

であるから，これを $Y_{1,1}^{+}$ に代入すると，

$$Y_{1,1}^{+} = \sqrt{\frac{3}{4\pi}}\sin\theta\cos\varphi = \sqrt{\frac{3}{4\pi}}\frac{x}{r}$$

となり，よって p_x が得られた．

次に式 (5.13) を用いると，

表 5.3 原子軌道の分類

電子殻	主量子数 n	方位量子数 l				
		0	1	2	3	4
		s	p	d	f	g
K	1	1s				
L	2	2s	2p			
M	3	3s	3p	3d		
N	4	4s	4p	4d	4f	
O	5	5s	5p	5d	5f	5g

であり,これに表 4.1 の $Y_{1,1}$ と $Y_{1,-1}$ を代入すると,

$$Y_{1,1}^{-} = \frac{Y_{1,1} - Y_{1,-1}}{\sqrt{2}i}$$

$$Y_{1,1}^{-} = \sqrt{\frac{3}{4\pi}} \sin\theta \sin\varphi = \sqrt{\frac{3}{4\pi}} \frac{y}{r}$$

であるから,よって p_y が得られた.同様に,根気よく計算すると,5種類の d 軌道が得られる.

表 5.3 に示したように,原子軌道は大まかには主量子数 n で分類され,K,L,M,N,O などの**電子殻**に分かれる.さらに方位量子数 l が 0, 1, 2, 3, 4 となるのに従って s, p, d, f, g という分類が現れるが,l の値は n より小さいものに限定されているので,K 殻では 1s だけ,L 殻では 2s と 2p,M 殻では 3s,3p, 3d というように,次第に種類が増えていく.

また,角度依存性を区別すると,s 軌道は 1 種類であるが,p 軌道には p_x,p_y,p_z の 3 種類があり,d 軌道には d_{xy},d_{yz},d_{zx},$d_{x^2-y^2}$,d_{z^2} の 5 種類がある.これらの原子軌道の形を,角度部分絶対値が等しい曲面で表すと,**図 5.2** のようになる.ここで,原子軌道関数の符号が場所によって + や − になることが,色の濃淡(濃い部分が +,淡い部分が −)で区別して表示されている.また,s 軌道は丸いが,p 軌道は座標軸に沿って符号が交代し,p_x 軌道では $x=0$ のところが波の節に相当する**節面**になっている.p_y では $y=0$ が,p_z では $z=0$ が,それぞれ節面になっている.d 軌道はもっと複雑になり,p 軌道よりも節

5.3 原子軌道

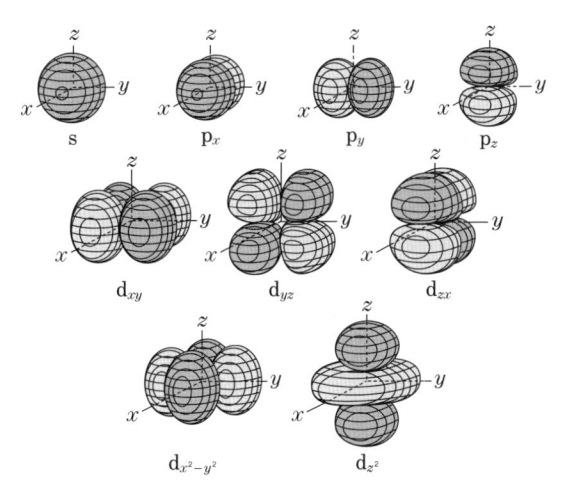

図 5.2 原子軌道の角度部分の立体表示

面の多い形になっている.

波動関数 ψ の絶対値の 2 乗は確率密度を表し,確率密度を全空間で積分した結果は,確率の総和であるから 1 に等しい.これを**規格化条件**という.

$$\iiint |\psi(x, y, z)|^2 \, dxdydz = 1 \quad (規格化条件) \tag{5.14}$$

$(x, y, z = -\infty \sim +\infty)$

極座標を用いた場合の規格化条件は,体積要素が $d\tau = r^2 \sin\theta \, drd\theta d\varphi$ となるため (A.10 節参照),次のようになる.

$$\iiint |\psi(r, \theta, \varphi)|^2 r^2 \sin\theta \, drd\theta d\varphi = 1 \tag{5.15}$$

$(r = 0 \sim \infty, \ \theta = 0 \sim \pi, \ \varphi = 0 \sim 2\pi)$

ここで,式 (5.15) の左辺の積分のうち r に関する積分を行わず,θ と φ についてのみ積分した結果を $D(r)$ とおくと式 (5.16), (5.17) が導かれる.

$$D(r) = \iint |\psi(r, \theta, \varphi)|^2 r^2 \sin\theta \, d\theta d\varphi \tag{5.16}$$

$(\theta = 0 \sim \pi, \ \varphi = 0 \sim 2\pi)$

$$\int D(r)\,dr = 1 \qquad (5.17)$$
$$(r = 0 \sim \infty)$$

式 (5.16) で定義される $D(r)$ は，電子の存在確率を表す波動関数の絶対値の2乗を，半径 r と半径 $r+dr$ の二つの球殻で挟まれた空間 (その体積は表面積 $4\pi r^2$ と dr の積になる) について積分したものに等しい．また，式 (5.17) からわかるように，$D(r)$ は電子の存在確率が原子核からの距離 r に対してどのように分布するかを表す．このため，$D(r)$ は **動径分布関数** と呼ばれる．

動径分布関数 $D(r)$ の具体的な形を調べてみよう．式 (5.16) において，波動関数を動径部分と角度部分に分けて表した式 (5.17) を用いると，距離 r に依存する部分と角度に依存する部分が次のように分離された積の形になる．

$$D(r) = |R(r)|^2 r^2 \iint |Y(\theta,\varphi)|^2 \sin\theta\,d\theta d\varphi \qquad (5.18)$$
$$(\theta = 0 \sim \pi,\ \varphi = 0 \sim 2\pi)$$

第4章で出てきた球面調和関数 Y は，次式を満たすように規格化されている．

$$\iint |Y(\theta,\varphi)|^2 \sin\theta\,d\theta d\varphi = 1 \qquad (5.19)$$
$$(\theta = 0 \sim \pi,\ \varphi = 0 \sim 2\pi)$$

よって次式が導かれる．

$$D(r) = |R(r)|^2 r^2 \qquad (5.20)$$

水素原子の動径分布関数をグラフにすると，**図 5.3** のようになる．主量子数 n が大きくなるにつれて，電子の動径分布は波打ちながら外側に広がる．電子の存在確率を表現するために，空間に浮ぶ粒子の濃淡で表したモデルを使うことがある．原子軌道の空間的な電子分布をこのように表すと，まるで雲のように見えるので **電子雲** と呼ばれる．電子が雲のように小さな粒々に分かれて存在するのではなく，電子の存在確率が雲のように表現されていることに注意する必要がある．

5.3 原子軌道

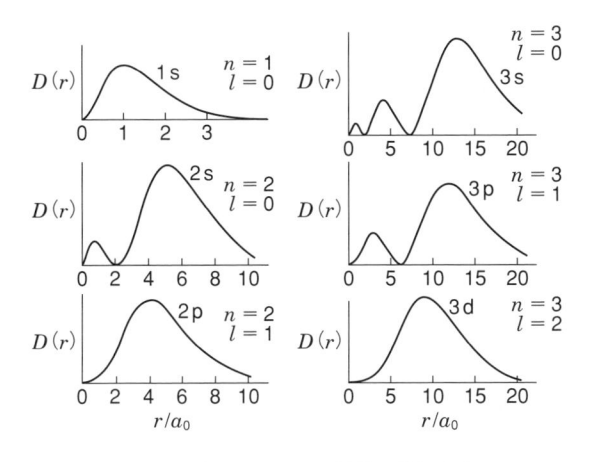

図 5.3 水素原子の原子軌道の動径分布

コラム

KLMN と spdf

　KLMN は電子殻の呼称, spdf は原子軌道の呼称であり，どちらも化学の世界で広く認められ，別の呼称は使われていない．どうして ABCD や abcd でなかったのか．実はどちらもスペクトルを調べる分光学に由来している．

　KLMN は X 線のスペクトル系列の名称に由来している．各元素がその元素に固有な特別な波長の X 線（**固有 X 線**または**特性 X 線**という）を出すことが 20 世紀の初めにバークラらによって調べられていたが，全部見つかっているかどうかわからなかったため，とりあえず波長の短いものから順に K 系列, L 系列, M 系列, N 系列と名付けられた．その後，より波長の短い系列は発見されず，特性 X 線は外側の電子殻の電子が内側の電子殻にできた空席に落ち込むことで放出されることがわかったため，原子の一番内側の電子殻から順に K 殻, L 殻, M 殻, N 殻と呼ばれるようになった．それ以降の電子殻にも，アルファベット順に O 殻, P 殻, Q 殻という名称が与えられている．K 殻より内側の電子殻は存在しないから，最初に特性 X 線のスペクトル線系列を名付けるときに A 系列から始め，電子殻も A 殻, B 殻な

どとなってもよかったのだが，X線科学者がAではなくKを選んだことが今に及んでいる．

　spdfは，原子のスペクトル線系列の呼称に由来しており，スペクトル線の特徴や観測状況が関係している．sはsharpの頭文字で，スペクトル線が狭くて鋭いことから付けられた．pはprincipalの頭文字で，主要な系列とみなされたことによる．dはdiffuseの頭文字で，スペクトル線の幅が広くて散漫であることから付けられたものである．fはfundamentalの頭文字で，基本的な系列とみなされたことによる．それぞれのスペクトル線系列と原子軌道とを関連付ける研究から，s軌道，p軌道，d軌道，f軌道という名称が誕生した．原子スペクトルの専門家がスペクトル線系列につけた名称が原子軌道の名称に反映されたが，f軌道の次の軌道と関係するスペクトル線系列には名称が与えられていなかったため，それ以降は，アルファベット順にg軌道，h軌道，i軌道などと呼ばれている．

～～～～～～～～～～～～～～～～～～～～～～～～～～～～～～

演習問題

5.1 M殻に許される三つの量子数の組 (n, l, m) をすべてあげよ．そのうち，p軌道とd軌道に対応するものは，それぞれどれとどれか．

5.2 主量子数が n の電子殻の軌道の総数は，次式で与えられることを示せ．

$$\sum_{l=0}^{n-1}(2l+1) = n^2$$

5.3 水素類似原子の波動関数の動径部分 R が次の方程式を満たすように，$R(r) = Ne^{-ar}$ とおき，E, l および a を定めよ．

$$-\frac{\hbar^2}{2mr^2}\left\{\frac{d}{dr}\left(r^2\frac{d}{dr}\right) - l(l+1)\right\}R = \left(E + \frac{Ze^2}{4\pi\varepsilon_0 r}\right)R$$

5.4 公式 $W = me^4/8\varepsilon_0^2 h^2$ を用い，水素原子のイオン化エネルギーの値をeV単位で小数2桁目まで求めよ．ただし，計算には以下の定数値を用いよ．

　　　　　電気素量：　$e = 1.6021765 \times 10^{-19}$ C
　　　　　電子の質量：　$m = 9.1093822 \times 10^{-31}$ kg
　　　　　真空の誘電率：$\varepsilon_0 = 8.8541878 \times 10^{-12}$ C^2 J^{-1} m^{-1}
　　　　　プランク定数：$h = 6.6260690 \times 10^{-34}$ J s

5.5 $d_{x^2-y^2}$ 軌道の電子を見出す確率は x-y 面内のいくつかの角度で0になる．そのような角度をすべて求めよ（角度は x 軸を $0°$，y 軸を $90°$ とする）．

5.6 水素類似原子の波動関数の動径部分を表す関数 (i) と (ii) を規格化せよ．

(i) $R_{1,0} = Ne^{-(Z/a_0)r}$　　(ii) $R_{2,1} = Nre^{-(Z/2a_0)r}$

ただし，$R(r)$ の規格化条件は，次式で表されることを用いよ．

$$\int_0^\infty |R(r)|^2 r^2 \, dr = 1$$

また，次の積分公式を用いよ．

$$\int_0^\infty x^n e^{-ax} \, dx = \frac{n!}{a^{n+1}}$$

5.7 d 軌道に対応する球面調和関数は，三次元の極座標（A.10 節）を用いると次式で表される．

$$Y_{2,0} = \sqrt{\frac{5}{16\pi}} \, (3\cos^2\theta - 1)$$

$$Y_{2,\pm 1} = \sqrt{\frac{15}{8\pi}} \sin\theta \cos\theta \, e^{\pm i\varphi}$$

$$Y_{2,\pm 2} = \sqrt{\frac{15}{32\pi}} \sin^2\theta \, e^{\pm i2\varphi}$$

表 5.2 の 5 種類の d 軌道の軌道関数（d_{xy}, d_{yz}, d_{zx}, $d_{x^2-y^2}$, d_{z^2}）を導け．

5.8 水素原子の 1s 軌道の動径分布関数 $D(r)$ を求め，そのグラフを描き，極大となる距離 r を決定せよ．

5.9 水素類似原子の 2s 軌道および 2p 軌道の動径分布関数の極大・極小となる距離を求めよ．

5.10 水素原子の基底状態における原子核と電子の距離 r の期待値 $\langle r \rangle$ を求めよ（問題 5.6 の積分公式を用いよ）．

第6章
多電子原子

　原子核の周囲で1個の電子がどう振舞うかについて前章で学んだが、電子が2個以上になるとどうなるだろうか．粒子が2個までなら話は簡単だが，粒子が3個以上になると途端に難しくなり，厳密な解を数式で表すことが不可能になる．太陽・地球・月の三つの天体の問題も解くのが難しくなるが，真実に近い解を計算で求めることは可能であり，日食や月食がいつどこでどれだけの時間観測できるか精密に予測することができる．原子や分子の問題でも，近似計算法が工夫され，精密な予測計算ができるようになってきた．

　電子が複数あることによって、原子軌道およびそのエネルギー準位にどのような影響が現れるであろうか．原子が電子を授受する性質は，原子の化学的個性と関係して非常に重要であるが，それは原子番号とともにどのように変わるであろうか．本章では，複数の電子の振舞いに焦点を当て，原子の化学的個性の由来を明らかにする．

6.1 静電遮蔽効果と有効核電荷

　電子が2個以上の原子を**多電子原子**という．ここでは多電子原子の波動方程式を直接解くことはしないが，解いた結果が水素原子の場合とどう違うのか，大切な特徴について述べる．

　原子番号 Z の原子核の周りを運動している電子に着目する．このとき，ほかに電子が存在しなければ，$+Ze$ の電荷の原子核から引力が働くだけであり，水素類似原子と同じになるが，ほかにも電子が存在すると電子間に斥力が働くため，水素類似原子とは違ってくる．

　原子核は電子よりはるかに質量が大きいので，原子の重心付近にほぼ固定されており，電子は原子核から引力を受け，ほかの電子とは斥力を及ぼし合いながら原子核の周囲を回っていて，原子全体としては丸く（球対称に）なってい

る．このような丸い電子分布が特定の場所につくる電場は，電磁気学で知られている次の規則を用いると簡単に予想することができる．

〈球対称電荷分布がつくる電場〉

球対称な電荷分布が中心から距離 r の点につくる電場は，半径 r の球内にある全電荷が中心にすべて存在するとした場合の電場に等しい．

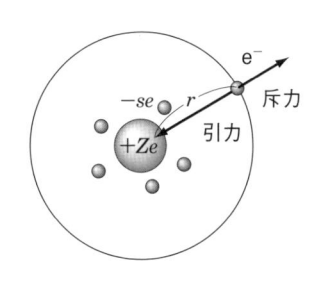

図 6.1 静電遮蔽効果

この規則を，**図 6.1** のように半径 r の円周上に位置する一つの電子に及ぼす電場の見積もりに適用してみよう．半径 r より外側の電荷分布は距離 r の点の電場に影響しないので，図 6.1 のように，半径 r の球の内側に s 個の電子があるなら，電子 s 個分の負電荷 $-se$ が原子核のところに集まったと考えればよい．すると，原子核の正電荷は $+(Z-s)e$ に減少し，この効果によって電子が原子核の方向に引かれる引力が弱められることになる．原子核の近くに存在する電子によって，外側の電子に対する原子核からの引力が弱められることを**静電遮蔽効果**という．この状況は，原子番号 Z が次式の大きさの**有効核電荷** $\overline{Z}$[†1] で置き換えられたものとみなすことができる．

$$\overline{Z} = Z - s \tag{6.1}$$

この s の値は，どの電子に着目するかで変化し，原子の種類にも依存する．もしも静電遮蔽効果が完全なら，すなわち着目している電子が原子の一番外側にあり，この電子を除く $Z-1$ 個の電子がすべて内側にあるとすると，$s = Z-1$ であり，$\overline{Z} = Z - s = Z - (Z-1) = 1$ となる．つまり，水素原子と同じ状況になる．実際には静電遮蔽効果が完全になるとは限らないが，原子中の電子は，多電子原子の場合も，水素原子の原子軌道とよく似た振舞いをする．

● 6.2 多電子原子の原子軌道とエネルギー準位

多電子原子中の電子の振舞いは，水素類似原子の場合とよく似た原子軌道関

[†1] $\overline{Z}$ は，陽子何個分の電荷かを表す「数」であり，「電気量」ではないが，有効核電荷と呼ばれている．

数で近似することができる．このため，水素類似原子の場合に現れた 1s, 2s, 2p, 3d といった原子軌道の呼び名は，そのまま多電子原子にも用いられる．いろいろな近似の仕方が工夫されているが，スレイターが提案した**スレイター軌道**と呼ばれるものでは，水素類似原子の原子軌道関数を基本として，軌道関数に含まれる Z を有効核電荷 $\overline{Z}$ で置き換え，また，主量子数 n を有効量子数 $\overline{n}$ で置き換え，さらに，動径部分を表す $R(r)$ に含まれる r の多項式部分では，r の最高次数の項以外は省略している．スレイター軌道と形は同じであるが，$\overline{Z}$ や $\overline{n}$ の値をスレイターが提案した値から修正し，実際の計算結果が実験と合うように改良した原子軌道関数を**スレイター型軌道** (STO) という．

現在おもに使用されている量子化学計算法では，計算速度を上げるために，水素類似原子の軌道関数と同じ e^{-ar} 型の指数を含む関数ではなく，e^{-br^2} 型のガウス型軌道 (GTO) と呼ばれるものを用いている．量子化学計算の計算速度は飛躍的に向上しつつあり，多電子原子の原子軌道とエネルギー準位は，量子化学計算プログラムを用いてパソコンでも計算することができる．

多電子原子の原子軌道は，どの原子でも水素原子の場合と同じ名称を使い，形も図 5.2 と同じ特徴をもつ．しかし，エネルギー準位の順番は，大まかには主量子数 n が小さいほど低いが，n が同じでも方位量子数 l による違いがあるなど，**図 6.2** のように，水素原子とはかなり違っている．

一番エネルギーの低い軌道は，水素原子と同様に 1s である．次の 2s と 2p は，水素原子では，エネルギー準位が主量子数だけで決まるので

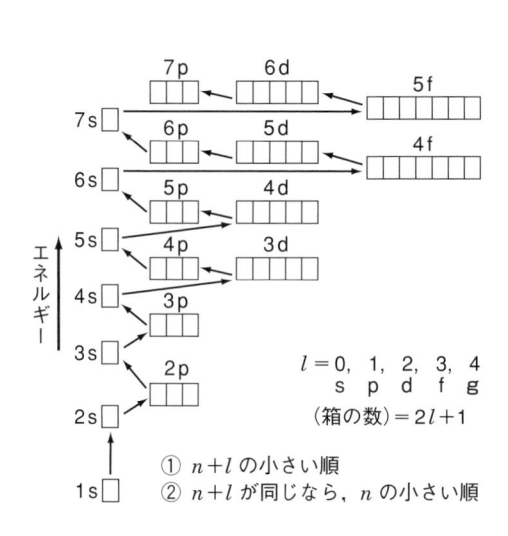

図 6.2 多電子原子の原子軌道とエネルギー準位

同じになっているが，多電子原子では，n が同じでも l が大きいほど静電遮蔽効果が大きくなるため，$l=0$ の 2s の方が $l=1$ の 2p より低くなる．

なぜそうなるかは，静電遮蔽効果が起こる仕組みを考慮して，2s と 2p の原子核からの距離 r に対する動径部分の違いを比べるとはっきりする．静電遮蔽効果は r が大きいほど完全になって有効核電荷が 1 に近づき，逆に r が小さいほど静電遮蔽効果が小さくなって有効核電荷は原子番号 Z に近づく．このため，有効核電荷が大きくなる r の小さい領域に電子が接近しやすいほど強い引力を受けてエネルギーが下がる．図 5.1 から明らかなように，2s の方が 2p より原子核に近づきやすいため，2s は 2p よりエネルギーが低くなる．

同様に，3s, 3p, 3d を比較すると，3d より 3p, 3p より 3s の方が，より原子核に近づきやすいことが図 5.1 からわかる．このため，エネルギーは 3d > 3p > 3s の順に低くなる．この傾向は，さらに n が大きくなっても同様で，n が同じなら方位量子数 l が小さいほどエネルギーが低くなる．

図 6.2 に示したエネルギー準位の順番は $n+l$ の小さい順になっており，$n+l$ が同じなら n の小さい順になり，1s から始まって矢印のように 2s, 2p, 3s, 3p, 4s, 3d, 4p, 5s の順に上がっていく[†1]．ここで図中の小さな箱はそれぞれの軌道の数を表している．すでに述べたように軌道の数は $2l+1$ であり，s 軌道は 1 個，p 軌道は 3 個，d 軌道は 5 個，f 軌道では 7 個となっている．

● 6.3　電子スピン

どの原子でも原子軌道のエネルギーの順番は同様であるが，原子の化学的性質は同じではない．原子の個性は，いったいどこから出てくるのであろうか．それを担っているのは，電子である．電子には，一定の質量と電気量があるが，もう一つ重要な性質がある．

電子には磁石に似た性質がある．このため，電子が遷移することで生じる光

[†1]　原子軌道のエネルギー準位を $n+l$ で整理したこの順番はマーデルングの規則とも呼ばれ，基底状態の電子配置を考えるときにたいへん都合がよいため多くの教科書に紹介されているが，量子化学計算を行うと 4s より 3d が下になるなど図 6.2 と違ってくる場合がある．

の吸収・放出のスペクトル線が，磁場の中で分裂することがある．これはゼーマンが1896年に見つけた現象であり，**ゼーマン効果**と呼ばれている．Naなどのアルカリ金属原子のスペクトルを詳しく調べてみると，磁場がなくてもスペクトル線の分裂が見られる．Naの炎光の主成分であるD線と呼ばれる輝線は，3sと3pの準位間の遷移によるのものであるが，589.593 nmと588.997 nmの近接した二重線として観測される．ハウトスミットとウーレンベックは，この二重線の原因は，電子の軌道運動で生じる磁場と電子自身が自転運動することによって生じる磁気的性質が関係したものであると提唱した．これがきっかけとなり，電子には自転運動に付随する角運動量があり，それに伴って磁気モーメントと呼ばれる磁気的性質があることが明らかになった．電子に固有のこの角運動量，すなわち**スピン角運動量**は，電子の**スピン**（**電子スピン**）と呼ばれている．電子スピンは物質の様々な磁性の担い手であり，次に学ぶ電子配置を通じて，原子がそれぞれ特有の性質をもつこととも関係している．

電子の自転とは，どのようなものなのか興味がもたれる．自転軸の方向や自転速度など，いろいろな可能性がありそうだが，たいへん不思議なことに，電子スピンには2通りの状態しか許されない．このことは，不均一な磁場中で銀の原子線（銀原子の流れ）が二つに分裂したり，アルカリ金属原子のスペクトル線が2本に分裂したりする実験事実によって明らかにされた．

第4章の剛体回転子のところで学んだ角運動量の一般的性質を，スピン角運動量に適用してみよう．**スピン角運動量演算子**を $\hat{s}$，その z 成分の演算子を $\hat{s}_z$，固有関数を Y，その変数を**スピン座標** σ とすると，

$$\hat{s}^2 Y_{s,m_s}(\sigma) = s(s+1)\hbar^2 Y_{s,m_s}(\sigma) \tag{6.2}$$

$$\hat{s}_z Y_{s,m_s}(\sigma) = m_s \hbar Y_{s,m_s}(\sigma) \tag{6.3}$$

となる．ここで，s は**スピン量子数**と呼ばれ，m_s は**スピン磁気量子数**と呼ばれる．角運動量の一般的性質から，m_s の取り得る値は $s, s-1, \cdots, -s+1, -s$ の $2s+1$ 通りになると推定される．実験によると，上で述べたように2通りの状態しか観測されていないので，m_s には2通りの値しか許されないことがわかる．したがって，$2s+1=2$ であり，$s=1/2$，$m_s=\pm 1/2$ であると結論

される．このように，スピン量子数は整数ではなく半整数であり，s として許される値は一つ ($s=1/2$) しかなく，m_s の値も $\pm 1/2$ の2通りしか許されない．このため，電子スピンの固有関数（**スピン関数**）は，$\alpha(\sigma) = Y_{1/2, 1/2}(\sigma)$ と $\beta(\sigma) = Y_{1/2, -1/2}(\sigma)$ の2種類しか存在しない．そこで，一方を **α スピン** または **上向き（↑）スピン**，他方を **β スピン** または **下向き（↓）スピン** と呼び，スピン関数を α と β で表す．電子の空間的運動を表す軌道関数を $\phi(x, y, z)$ とすると，この軌道に収容された電子の状態としては，電子のスピン状態が異なる次の2通りの状態が可能である．

$$\phi_\alpha = \phi(x, y, z)\alpha \quad \text{または} \quad \phi_\beta = \phi(x, y, z)\beta \tag{6.4}$$

これらの関数は，スピンも含めて1個の電子の運動を表す関数なので **1電子関数**（one-electron orbital）または **スピン軌道関数**（spin orbital）という．軌道関数とスピン関数の掛け算になっているのは，特定の空間的位置に存在し，なおかつ特定のスピン状態にある確率と関係しているからである．

6.4 多電子系の波動関数

電子の数が増えると，波動関数の変数の数は電子数 N に応じて増えていく．それぞれの電子に三つの空間座標があるから，空間座標変数は全体で $3N$ 個になり，これに各電子のスピン座標も加えると，全体で変数は $4N$ 個になる．電子数 N が大きくなると波動関数は複雑になるが，多電子の波動関数を，個々の電子の運動を表す1電子関数に分解できれば取り扱いやすくなる．ハートリーは，多電子波動関数 Ψ を，次のように1電子関数 ϕ の積で表した．

$$\Psi(q_1, q_2, \cdots, q_N) = \phi_1(q_1)\phi_2(q_2)\cdots\phi_N(q_N) \tag{6.5}$$

これは **ハートリー積** と呼ばれ，各電子を特定の座標 q_i（全変数をまとめて q_i で示した）に見出す確率が個々の電子の存在確率の積の形で表されることになるので，多電子の波動関数として合理的と考えられた．ところが，このままでは電子の重要な本質が考慮されていないという欠点がある．

電子そのものはすべて同一で区別できない．そのうえ，不確定性のため，個々の電子の位置を追跡することもできない．このため，多電子の波動関数を考え

るとき，2個の電子を交換して表される状態は，交換する前とまったく同一であり，区別することができない．このことを2個の電子の存在確率で考えると，

$$|\Psi(q_1, q_2)|^2 = |\Psi(q_2, q_1)|^2 \tag{6.6}$$

と表され，したがって，

$$\Psi(q_1, q_2) = \pm \Psi(q_2, q_1) \tag{6.7}$$

となる．つまり，同種粒子の交換によって，波動関数は符号が変わるか，それとも変わらないかのいずれかである．同じ種類の粒子について，このような性質が＋(対称的)になったり，－(反対称的)になったり，気まぐれに変わることはなく，どちらかになる．＋の場合は**ボース粒子**，－の場合は**フェルミ粒子**と呼ばれ，電子はフェルミ粒子である[†1]ことが実験で確認されている．したがって，多電子の波動関数は，粒子の交換に際し，－1倍になって符号が交替する性質，すなわち**反対称性**を満たさなければならない．

式 (6.5) のハートリー積は，粒子を交換すると －1倍になるという反対称性を満たさないので具合が悪い．電子の反対称性は非常にやっかいな性質に見えるかもしれないが，この問題は数学の知恵を使うと容易に解決する．行列式の二つの行 (または二つの列) を交換すると符号が交替する性質を使えばよい．スレイターは，次のような**行列式波動関数**(**スレイター行列式**という) を用いると，反対称性を満足する多電子波動関数を，1電子関数から簡単に組み立てることができることを示した．

$$\begin{aligned}\Psi(q_1, q_2) &= \frac{1}{\sqrt{2}} \begin{vmatrix} \phi_1(q_1) & \phi_2(q_1) \\ \phi_1(q_2) & \phi_2(q_2) \end{vmatrix} \\ &= \frac{1}{\sqrt{2}} \{\phi_1(q_1)\phi_2(q_2) - \phi_1(q_2)\phi_2(q_1)\} \end{aligned} \tag{6.8}$$

座標変数の番号1と2 (行列式の1行目と2行目) を交換すると，

[†1] 電子，陽子，中性子など，半整数 (奇数の1/2) のスピンをもつ粒子はフェルミ粒子であり，光子や，偶数個のフェルミ粒子からなる ^{2}H, ^{4}He など，整数のスピンをもつ粒子はボース粒子である．

$$\Psi(q_2, q_1) = \frac{1}{\sqrt{2}} \begin{vmatrix} \phi_1(q_2) & \phi_2(q_2) \\ \phi_1(q_1) & \phi_2(q_1) \end{vmatrix}$$

$$= \frac{1}{\sqrt{2}} \{\phi_1(q_2)\phi_2(q_1) - \phi_1(q_1)\phi_2(q_2)\}$$

$$= -\frac{1}{\sqrt{2}} \{\phi_1(q_1)\phi_2(q_2) - \phi_1(q_2)\phi_2(q_1)\}$$

$$= -\Psi(q_1, q_2) \tag{6.9}$$

となり,反対称性を満たしている.ここでは電子が2個の場合について示したが,電子がN個の場合は,その電子を1個ずつ収容している1電子軌道をN個並べてN行N列の行列式をつくればよく,行列式の前に付く規格化の係数は,$1/\sqrt{2}$ ($= 1/\sqrt{2!}$) の代わりに $1/\sqrt{N!}$ となる ($N! = N\cdot(N-1)\cdots 2\cdot 1$).

なお,原子に限らず,分子や結晶など,一般の多電子系の波動関数にもスレイター行列式を適用することができる.

● 6.5 多電子原子の電子配置と構成原理

多電子系において,電子がどのような状態に配置されるかを**電子配置**という.電子配置が決まれば,1電子関数(スピン軌道関数)を並べた行列式(スレイター行列式)をつくり,それによって多電子波動関数を書き表すことができる.原子軌道のエネルギー準位の順序(図6.2)と原子スペクトルの研究成果を考慮すると,原子の基底状態の電子配置を簡単に組み立てる規則(**構成原理**という)を次のようにまとめることができる.

〈電子配置の構成原理〉
(1) 電子の収容順序は,ほぼエネルギーの低い順であり,次の順になる.

  1s < 2s < 2p < 3s < 3p < (4s, 3d) < 4p < (5s, 4d)
  < 5p < (6s, 4f, 5d) < 6p < (7s, 5f, 6d)

  カッコ内では,通常は左側を優先する.ただし,Cu, Pd, Ag, Au では順序が変わり,収容電子数が,最大限度か,その半数か,0になる.
(2) 電子の収容最大限度Mは同種の軌道数に依存し,次のようになる.

s 軌道　1種類　　　　　　　　　　　　　　$M = 1 \times 2 = 2$
p 軌道　p_x, p_y, p_z の3種類　　　　　　$M = 3 \times 2 = 6$
d 軌道　d_{xy}, d_{yz}, d_{zx}, $d_{x^2-y^2}$, d_{z^2} の5種類　$M = 5 \times 2 = 10$
f 軌道　7種類　　　　　　　　　　　　　　$M = 7 \times 2 = 14$

(3) **図6.3(上)** に示したように，一つの軌道に可能な状態は，"電子が入っていない**空軌道**の状態，上向き (↑) または下向き (↓) のスピンをもつ電子が一つ入った**不対電子**の状態，上向きと下向きのスピンの電子が対 (↑↓) をなした**電子対**の状態"のいずれかであり，これ以外の状態は取り得ない．これは，一つの軌道に同じスピンの電子は1個だけで2個以上は入らないことを意味している．これを**パウリの原理**という (**排他原理**または**禁制則**ともいう)．

(4) **図6.3(下)** に示したように，同じエネルギーの軌道が複数あるときは，できるだけ電子は別の軌道にスピンの向きをそろえて入る．これを**フントの規則**という．

　構成原理を用いて基底状態の電子配置を具体的に組み立ててみる前に，パウリの原理やフントの規則の意味を確認しておこう．

　スレイター行列式を用いると，パウリの原理を合理的に説明することができる．もしも二つの電子が同一の1電子軌道に収容されると，行列式波動関数において，同一の軌道関数を並べた列が二つ存在することになる．そうなると，その行列式の値は0になってしまう．なぜならば，行列式には，同じ列 (または同じ行) が含まれたら式の値が0になるという一般的な性質があるからである．波動関数の値が0になると粒子が消えてしまうので，その波動関数は意味をもたず，許されるものではない．

　ここでスピンの存在が非常に重要な意味をもつ．電子スピンには α(↑) スピンと β(↓) スピンの2

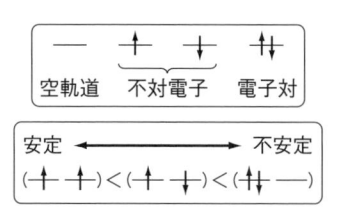

図6.3 パウリの原理に従う電子配置 (上) とフントの規則による安定性の序列 (下)

種類がある．このため，1s, 2s, $2p_x$ などの原子軌道関数が同じでも，異なるスピンを組み合わせて，$(1s\alpha, 1s\beta)$, $(2s\alpha, 2s\beta)$, $(2p_x\alpha, 2p_x\beta)$ のように異なる1電子関数をつくることができ，それらの電子対は行列式を0にしないので共存できる．

フントの規則に基づけば，エネルギーの等しい軌道が複数あるとき，電子対をつくると一番不安定な電子配置になる．別々な軌道に電子が入れば，電子対のときより安定になる．さらに，スピンの向きがそろうと一番安定になる．なぜ別々の軌道に入ることが優先されるかというと，同じ軌道に収容されるより，電子どうしが互いに離れた方が，負の電荷間の反発が弱められるからである．なぜスピンがそろう方がよいかというと，電子どうしには交換相互作用[†1] というものがあり，スピンがそろうとエネルギーが低くなるからである．なお，エネルギー準位が正確に等しくなくても，かなり接近していれば，フントの規則が成り立つことがある．

〈基底状態の電子配置の組み立て〉

構成原理に従って，基底状態の電子配置を組み立ててみよう（図6.4）．

H原子では，電子が1個だけであるから，一番下の1sに電子が1個入る．そのときのスピンの向きは，上でも下でもどちらでもかまわない．次に原子番号が2のHe原子では，電子が1個増えて2個になる．ここでパウリの原理によると，同じ軌道には同じスピンの電子を2個入れることはできないが，上向きスピンと下向きスピンの電子が組み合わされてできる電子対になった場合は，電子が1s軌道に2個入ることが許される．

原子番号が3のLi原子では，追加された電子が1sに入ることはパウリの原理から許されないので，2番目に低い2s軌道に電子が追加される．次のBe原子では，Heと同じように，電子対が2s軌道を占める．5番目のB原子では，

[†1] 交換相互作用は，二つの電子がその位置を交換することによってそれらのスピンの間に働く相互作用であり，電子の反対称性から量子論的効果として生じる．この相互作用はスピンがどのようにそろうかを支配するため，とくに物質の磁気的性質に重要な影響を与えるが，結合をつくらない原子や分子の間に働く反発力にも関係している．

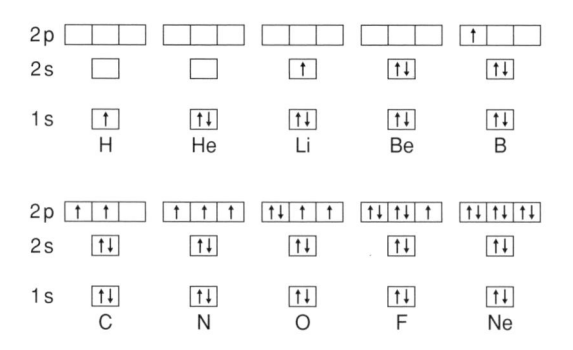

```
2p  □□□   □□□    □□□    □□□    [↑]□□
2s   □     □     [↑]    [↑↓]   [↑↓]
1s  [↑]   [↑↓]   [↑↓]   [↑↓]   [↑↓]
     H     He    Li     Be      B

2p [↑][↑]□  [↑][↑][↑]  [↑↓][↑][↑]  [↑↓][↑↓][↑]  [↑↓][↑↓][↑↓]
2s  [↑↓]      [↑↓]        [↑↓]        [↑↓]         [↑↓]
1s  [↑↓]      [↑↓]        [↑↓]        [↑↓]         [↑↓]
     C         N           O           F            Ne
```

図 6.4 原子の電子配置（基底状態）

2s より上にある 2p に電子が入り始める．このとき，追加された電子は，3 種類ある p 軌道のうちのどれに入ってもよい．次の C 原子では，2p に 2 個の電子が入ることになるが，ここでフントの規則が必要になる．同じエネルギーの軌道に電子が複数入るときは，できるだけ分かれて入り，スピンの向きは同じ向きにそろう．このことは次の N 原子の場合も同様で，N 原子では，2p に入る 3 個の電子がそれぞれ別の 2p 軌道に入り，スピンの向きは同じ向きにそろう．ここで，N の不対電子 3 個は，図 6.4 ではすべて上向きになっているが，全部を下向きにそろえてもかまわない．この次の O 原子になると，空いた軌道はもはや存在しないので，追加された電子によって電子対が 1 組できる．次の F 原子では電子対が 2 組になり，その次の Ne 原子では 2p 軌道に 3 組の電子対ができる．

　ここで，できあがった電子配置を見ると，He, Be, Ne には不対電子がない．これに対して，ほかの原子には不対電子があり，その数は，H, Li, B, F では 1 個，C, O では 2 個，N では 3 個など，原子によって異なる．電子配置の違いが，原子の性質の違いの原因となる．このような電子配置の変化が，原子の性質が原子番号とともに変わっていく周期性の原因となっている．

　原子の電子配置は，それぞれの軌道に何個電子が入っているかを，軌道の種類を示す (1s), (2s), (2p) などの記号の右肩に電子数を示す数字を付けて，次のように表記される（電子数が 1 のときは右肩の数字を省略してもよい）．

$$[C] = (1s)^2(2s)^2(2p)^2$$
$$[Ne] = (1s)^2(2s)^2(2p)^6$$

[He] = $(1s)^2$ であるので，[C] = [He]$(2s)^2(2p)^2$，[Ne] = [He]$(2s)^2(2p)^6$ と書いてもよい．

構成原理の (1) で，図 6.2 のエネルギー準位の低い順とは電子の入り方が異なるいくつかの原子の例があげられている．図 6.2 の順序通りなら，^{29}Cu の電子配置は [Cu] = [Ar]$(4s)^2(3d)^9$ となるはずである．ここで，4s から 3d に電子を 1 個移動させると，[Cu] = [Ar]$(4s)^1(3d)^{10}$ となり，電子の収容限度と比べて 4s が半分，3d が最大になり，$(3d)^9$ という中途半端な配置をとらずにすむ．このようなことが生じるのは，同種類の軌道に完全に電子が満ちるか，ちょうど半分配置されると，安定になる傾向があるからである．

6.6 原子の性質の周期性

原子から電子 1 個を取り去るのに必要なエネルギー（**イオン化エネルギー**という）は，原子番号に対し，**図 6.5** のように周期的な変化を示す．これは原子の性質が周期性を示す代表的な例である．

グラフの特徴を大まかに見ると，He, Ne, Ar などの貴ガス（希ガス）元素のところで大きく，H や，Li, Na, K などのアルカリ金属元素のところで小さくなっている．また，H から He, Li から Ne, Na から Ar へと，周期表の左端から右端へと移動するにつれ，イオン化エネルギーは大きくなる傾向がある．

このような傾向が生じる理由には電子配置が関係している．He, Ne, Ar のところでは，すべてが電子対になり，その次のアルカリ金属のところでは，より外側の電子殻に電子が追加される．一番外側の電子殻を**最外殻**，それより内側を**内殻**という．内殻の電子は外側の電子に対しほとんど完全な静電遮蔽効果を与えるので，アルカリ金属原子の最外殻の電子に対する有効核電荷は原子番号 1 の水素と同じになり，イオン化エネルギーは急激に小さくなる．これに対し，H から He, Li から Ne, Na から Ar へと，最外殻に電子が追加されていくときは，同じ電子殻に電子が追加されるので，静電遮蔽効果は完全ではなく，

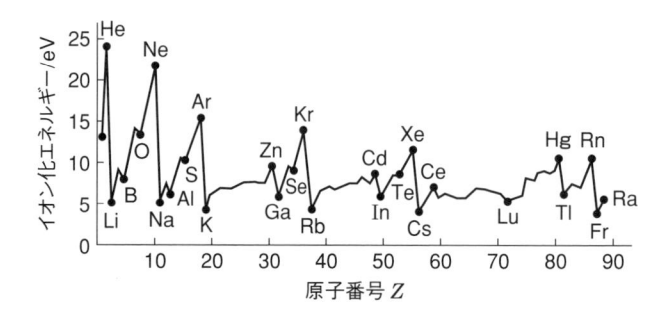

図 6.5 原子のイオン化エネルギー

　原子番号とともに有効核電荷が徐々に増加するので，それにつれてイオン化エネルギーも増えていき，貴ガスのところで一番大きくなる．

　イオン化エネルギーと並んで重要なものに，**電子親和力**がある．これは，原子が電子を取り込んで一価の陰イオンになる傾向の大きさを示すもので，一価の陰イオンから電子を1個取り出すのに必要なエネルギーに等しい．イオン化エネルギーとよく似ているが，中性の原子と比べて電子が1個多い陰イオンに対するものであることに注意する必要がある．電子親和力にも周期性があり，その様子は**表 6.1**のようになる．詳しい議論はここでは省略するが，周期表で貴ガスの一つ左にある F，Cl などのハロゲンのところで大きくなっている．これは，電子親和力の周期性は一価陰イオンの性質に支配されており，一価陰イオンの電子配置はハロゲンイオンのところで貴ガスの電子配置に等しくなるためである．

表 6.1 原子の電子親和力 (eV)

H																He
0.75																<0
Li	Be											B	C	N	O	F	Ne
0.62	<0											0.28	1.27	−0.1	1.46	3.40	<0
Na	Mg											Al	Si	P	S	Cl	Ar
0.55	<0											0.46	1.39	0.74	2.08	3.62	<0
K	Ca	Sc	Ti	V	Cr	Mn	Fe	Co	Ni	Cu	Zn	Ga	Ge	As	Se	Br	Kr
0.50	<0	<0	0.2	0.5	0.66	<0	0.25	0.7	1.15	1.23	∼0	0.30	1.2	0.80	2.02	3.36	<0

原子の性質を系統的に調べ，それぞれの原子がどれだけ電子をひきつけやすいかを数値化した**電気陰性度**と呼ばれる量がある．マリケンは，イオン化エネルギー I と電子親和力 A の算術平均値で，電気陰性度 χ を定義した．

$$\chi = \frac{I+A}{2} \qquad (6.10)$$

I が大きいほど電子を失いにくく，A が大きいほど電子を受け入れやすいから，式 (6.10) は電子を保持しようとする性質の強さを表している．

一方，ポーリングは，結合の強さを表す結合エネルギー D を用い，2 種類の原子 A と B からできる 3 種類の結合 AA, BB, AB の結合エネルギー $D(\mathrm{AA})$, $D(\mathrm{BB})$, $D(\mathrm{AB})$ を用いて，次のように二つの原子の電気陰性度 $\chi(\mathrm{A})$ と $\chi(\mathrm{B})$ の差を定義した．

$$|\chi(\mathrm{A}) - \chi(\mathrm{B})| = \sqrt{D(\mathrm{AB}) - \sqrt{D(\mathrm{AA})\,D(\mathrm{BB})}} \qquad (6.11)$$

実験データを調べてみると，一般に異種の原子間の結合の方が同種原子間の結合より，イオン結合の性格をもつため結合エネルギーが大きい．このため，AA と BB の結合エネルギーの幾何平均 (2 量の積の平方根) を AB の結合エネルギーから差し引いた量を含む式 (6.11) の右辺は，A と B がイオンに分かれる傾向の強さを示し，それが大きいほど A と B で電子を引きつける傾向の違

表 6.2 ポーリングの電気陰性度

	1	2	3	4	5	6	7	8	9	10	11	12	13	14	15	16	17
1	H 2.1																
2	Li 1.0	Be 1.5											B 2.0	C 2.5	N 3.0	O 3.5	F 4.0
3	Na 0.9	Mg 1.2											Al 1.5	Si 1.8	P 2.1	S 2.5	Cl 3.0
4	K 0.8	Ca 1.0	Sc 1.3	Ti 1.5	V 1.6	Cr 1.6	Mn 1.5	Fe 1.8	Co 1.8	Ni 1.8	Cu 1.9	Zn 1.6	Ga 1.6	Ge 1.8	As 2.0	Se 2.4	Br 2.8
5	Rb 0.8	Sr 1.0	Y 1.2	Zr 1.4	Nb 1.6	Mo 1.8	Tc 1.9	Ru 2.2	Rh 2.2	Pd 2.2	Ag 1.9	Cd 1.7	In 1.7	Sn 1.8	Sb 1.9	Te 2.1	I 2.5
6	Cs 0.7	Ba 0.9	La 1.1	Hf 1.3	Ta 1.5	W 1.7	Re 1.9	Os 2.2	Ir 2.2	Pt 2.2	Au 2.4	Hg 1.9	Tl 1.8	Pb 1.8	Bi 1.9	Po 2.0	At 2.2
7	Fr 0.7	Ra 0.9															

いが大きくなることを，式(6.11)の左辺は表している．ポーリングは，いろいろなデータを丁寧に比較して，電気陰性度が最も大きいF原子の場合を4.0とおくことで，**表6.2**のように，いろいろな原子の電気陰性度を定めた．

電気陰性度は，周期表の左下ほど小さく，右上ほど大きくなる傾向がある．この傾向を，イオン化エネルギーや電子親和力の周期性と比べてみると興味深い．定義は異なるが，ポーリングとマリケンの電気陰性度の傾向はよく一致しているので，おおまかな議論ではどちらを用いてもかまわない．

◎コラム◎

メタステーブルアトム

He ≠ He* ≒ Li

原子	イオン化 エネルギー/eV	原子半径 /pm
He	24.587	148
He*	4.768	378
Li	5.392	298

ふつうの原子は基底状態にあるが，エネルギーを受け取って励起状態の原子になると性質が一変する．そのよい例がヘリウムHeである．基底状態のHe原子は，すべての原子の中でイオン化エネルギーが最大で電子を失いにくく，電子親和力も負で電子を受け取らない．また，He原子には不対電子がなく，ほかの原子と結合をつくらない．このように，基底状態のHe原子は，全原子中最も安定で反応性を示さず，非常に「おとなしい」原子である．

ところが，Heの1s電子の一つをL殻の2s軌道に励起するとどうだろう．L殻に1個の電子が移ってできる最外殻の電子配置は，原子番号が一つ上のLi原子の最外殻とまったく同じになる．その結果，1sから2sに電子が1個励起されたHeの励起原子He*（励起原子には右肩に*印をつけて基底状態の原子と区別する）は，原子核の正電荷がLiより一つ少ないので原子半径が少し大きくなるが，イオン化エネルギーはかなりLi原子に近い．He*を原子線にしてAr原子などで散乱させる実験を行うと，その散乱の様子はLiの原子線の場合とそっくりである．同様に，Ne*はNa原子に，Ar*はK原子にそっくりであることも確かめられている．

真空中でHeガスを放電させるか，Heガスに電子線を照射するとHe*は簡単につくることができる．生じるHe*原子のうち，19.82 eVのエネルギーをもつもの

はとくに安定で，真空中でほかの物質に衝突しない環境なら，1時間以上励起状態にとどまる．これは励起原子の中でも飛びぬけて長寿命である．たいていの励起原子は，10^{-9}秒すなわち10億分の1秒程度の時間で光(電磁波)を発して基底状態に落ちてしまう．これに対し，He^*の励起電子である2s電子は，選択則と呼ばれる規則によって，下の1s軌道に落ちる遷移確率が非常に低く，このためHe^*は長寿命になっている．このような励起原子は，メタステーブルアトム(metastable atom)と呼ばれている．

~~~~~~

演習問題

6.1 以下の原子の基底状態の電子配置を，下の例に倣って示せ．
 (i) $_{14}Si$ (ii) $_{26}Fe$ (iii) $_{47}Ag$ (iv) $_{56}Ba$
 (例) $[C] = [He](2s)^2(2p)^2$

6.2 以下の原子を，基底状態における不対電子の数で分類せよ．
 H He Li Be B C N O F Ne

6.3 以下の原子を，イオン化エネルギーの小さい順に並べよ．
 H He Li C F Ne

6.4 スレイター行列式で表された多電子波動関数(行列式波動関数)では，2個の電子が同一の座標をとる確率が0になる．このことを，(1) 2行2列の行列式波動関数を展開して示し，さらに，(2) 反対称性をもつ多電子波動関数について一般に成り立つことを示せ．(一般に，同種のフェルミ粒子が空間の同じ位置に同時に複数存在することはあり得ない．)

6.5 N電子($N \geq 2$)原子のハミルトニアンは次式で与えられる．

$$\hat{H} = \sum_{i=1}^{N}\left(-\frac{\hbar^2}{2m}\Delta_i - \frac{Ze^2}{4\pi\varepsilon_0 r_i}\right) + \sum_{i>j}\frac{e^2}{4\pi\varepsilon_0 r_{ij}}$$

Δ_iはi番目の電子のラプラシアン，r_iは座標原点にある原子核とi番目の電子の距離，r_{ij}はi番目とj番目の電子の距離をそれぞれ表し，最初の和は，個々の電子が単独で存在するときのハミルトニアンの和であり，2番目の和は，電子間のクーロン斥力による位置エネルギーを表している．和に付した$i > j$は，iとjの組を重複せずに1度ずつ和をとることを示す．ここで，電子間相互作用による位置エネルギーが平均的な斥力によるものと仮定して，$\sum_{i=1}^{N}\frac{se^2}{4\pi\varepsilon_0 r_i}$ ($s > 0$) と置くと，このN電子系のハミルトニアンは，中心に固定された有効核電荷$\bar{Z} = Z - s$がつくる電場の

下で独立に運動する電子の1電子ハミルトニアン $\hat{h}_i = -(\hbar^2/2m)\Delta_i - \overline{Z}e^2/4\pi\varepsilon_0 r_i$ の和の形(変数分離した形)になることを示せ．次に，この N 電子系のエネルギー固有値 E は各電子のエネルギー固有値 E_i の和で表され，固有関数は各電子の波動関数 ψ_i の積で与えられることを示せ．(ここで出てきた1電子ハミルトニアンは，水素類似原子のハミルトニアンと同じ形なので，N 電子系の個々の電子の運動は，水素類似原子の場合と同様に1s, 2s, 2p などの原子軌道になる.)

6.6 有効核電荷 $\overline{Z} = Z - s$ を定める s は，静電遮蔽効果の大きさを表すため**遮蔽定数**と呼ばれる．遮蔽定数 s は，スレイターの規則(1930年)の重要な部分だけ採用して簡略化した次の規則を使うと簡単に求めることができる．

[遮蔽定数算出則]

(i) 静電遮蔽の原因は，着目する電子に対するほかの電子のクーロン斥力であり，遮蔽定数 s はほかの電子からの寄与を合計して求める．

(ii) 遮蔽効果の大きさは，原子核に対し，各電子が着目した電子より内側を運動するか外側を運動するかによって決まるので，各軌道の相対的位置関係を，内側から外側へと / で区切ってグループ分けして示す．
$$/1\text{s}/(2\text{s}, 2\text{p})/(3\text{s}, 3\text{p})/3\text{d}/(4\text{s}, 4\text{p})/4\text{d}/4\text{f}/(5\text{s}, 5\text{p})/5\text{d}/5\text{f}/$$
$n\text{s}$ と $n\text{p}$ は，同程度の位置にあることを考慮して同じグループとする．

(iii) 着目した電子より内側の軌道の電子は，完全な遮蔽効果を与えるとして，その寄与を 1 とする．

(iv) 着目した電子と同じグループの軌道の電子は，不完全な遮蔽効果を示すので，その寄与を 1/3 とする．

(v) 着目した電子より外側の軌道の電子は遮蔽効果がないので寄与を 0 とする．

以上の規則を用いて，原子番号 $Z=1$ から $Z=18$ までの基底状態の原子の最も外側にある電子に対し遮蔽定数 s を求めて有効核電荷 $Z-s$ の周期性を調べ，原子のイオン化エネルギーの周期性の特徴を説明せよ．

6.7 原子番号 $Z=1$ から $Z=18$ までの基底状態の原子に電子1個が追加されたと仮定して，その追加された電子に対し，問題 6.6 の遮蔽定数算出則を用いて遮蔽定数 s を求めて有効核電荷 $Z-s$ の周期性を調べ，原子の電子親和力の周期性の特徴を説明せよ．

6.8 光電効果で水素原子負イオン H^- から電子を脱離させる実験の限界波長は $1.648\,\mu\text{m}$ であった．このことから，水素原子の電子親和力を決定せよ．

第7章
結合力と分子軌道

原子どうしが互いに接近すると，電子の運動を表す電子波はどう変わり，どのようにして原子間に結合が生じるのだろうか．原子核は正の電荷をもち，電子は負の電荷をもつため，原子核と電子は互いに引き合うが，原子核どうしや電子どうしは互いに斥け合う．本章では，原子核と電子の集団がどのような仕組みで結び合わされるのか，静電気力の働き方を調べてから，化学結合が生じる仕組みを解き明かす方法として分子軌道法の基礎を学ぶ．

7.1 結合力と反結合力

図 7.1 の上に示すように，正の電荷をもつ陽子どうしには，互いに反発する斥力が働く．ここで，図 7.1 の下のように，二つの陽子の中央に負の電荷をもつ電子が割り込むとどうなるだろうか．正負の電荷間には引力が働くから，陽子は電子の方に引かれる．この引力と斥力は

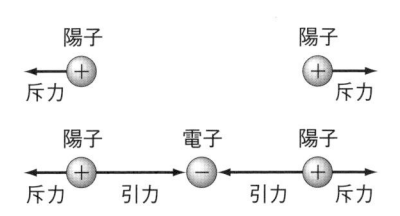

図 7.1 陽子どうしのクーロン斥力と電子の介在で生じる引力

互いに逆向きなので，どちらが大きいかによって陽子の移動方向が決まる．

第 1 章で学んだように，電荷をもつ粒子どうしにはクーロン力が働く．クーロン力の大きさは，二つの電荷の電気量 Q_A と Q_B の積に比例し，二つの電荷間の距離 r_{AB} の 2 乗に反比例する．

$$（電荷間のクーロン力）= \frac{Q_A Q_B}{4\pi\varepsilon_0 r_{AB}^2} \tag{7.1}$$

図 7.1 の下の図の場合，陽子間の距離と比べ陽子と電子の距離は半分になっているから，陽子どうしの斥力より，電子による引力の方が 4 倍大きい．これ

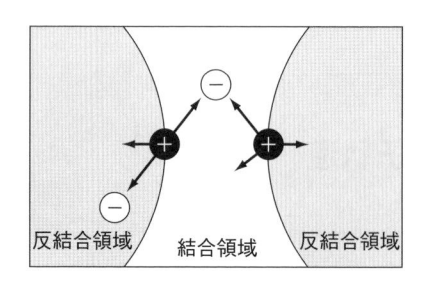

図 7.2　結合領域と反結合領域

は，電子の存在で原子核どうしが互いに結ばれる原動力となる．

二つの陽子の中央に電子があると結合力が生まれることがわかったが，電子の位置がずれたらどうなるだろうか．図 7.2 に示すように，多少ずれたとしても，二つの原子核の間の空間に電子があるときは**結合力**が生じる．一方，電子が，二つの原子核の間ではなく反対側にあったとすると，遠い原子核よりも近い原子核の方をより強く引っ張るため，二つの原子核は相対的に離れようとし，結合力ではなく**反結合力**がもたらされる．

詳しく調べてみると，二つの陽子に対し電子が結合力をもたらすか，反結合力をもたらすかの境界は，図 7.2 のような双曲線に似た形になる．中央の領域が**結合領域**であり，両端が**反結合領域**となっている．実際に結合が，できたり，切れたり，組み換わったりすることは，電子がどの領域に出入りするかに依存して引き起こされる[†1]．

7.2　原子核に働く静電気力

原子核と電子がいくつかあるとき，それぞれの原子核にどのような力が働くかが，原子間に結合力が発生するかどうかを支配している．このことを明確に示す公式は，1939 年に，当時はまだマサチューセッツ工科大学の学生であった

[†1]　1951 年にベルリンは，電子が原子核に及ぼす力を考えて，空間を結合領域と反結合領域に分けた．これは，化学結合の本質を静電気力に基づいて明らかにしたファインマンの静電定理 (1939 年) に基づいている．ファインマンやベルリンの考えは，化学結合の成り立ちを考えるうえで，直観的でわかりやすく，本質を簡明に表しているので非常に重要であるが，いまだに載せていないテキストも多く，知らずにいる人も少なくない．これは，化学教育において，共有結合を説明する原子価結合法と呼ばれる理論 (静電定理とも関係のあるビリアル定理を満たさないという根本的な問題があるのだが) が長く優先されてきたためであろう．最近は，ファインマンやベルリンの考えを導入するテキストが増えつつあり，その逆に原子価結合法は姿を消しつつある．

7.2 原子核に働く静電気力

ファインマンによって導かれた．

原子番号 Z_A の原子核 A から距離 R_i だけ離れた所に電気量 q_i をもつ電荷 i があるとする．原子核 A からこの電荷に「作用」するクーロン力 $\vec{f}_{Ai}$ は，二つの電荷の電気量の積 $Z_A e q_i$ に比例し，距離 R_i の2乗に反比例する大きさをもち，原子核 A から電荷 q_i の方向を向いたベクトルである．

$$\vec{f}_{Ai} = \frac{Z_A e q_i \vec{Ai}}{4\pi\varepsilon_0 R_i^2} \tag{7.2}$$

式 (7.2) に含まれる $\vec{Ai}$ は，原子核 A から電荷 q_i へ向かう単位長さのベクトル (**単位ベクトル**という) である．q_i の符号が正 (正電荷) ならば，原子核 A から電荷 q_i の方向へ斥力が働き，電荷 q_i の符号が負 (負電荷) ならば，逆に電荷 q_i から原子核 A の方向へ引力が働く．

ここで，

$$\vec{E}_{Ai} = \frac{Z_A e \vec{Ai}}{4\pi\varepsilon_0 R_i^2} \tag{7.3}$$

とおくと，$\vec{E}_{Ai}$ は電荷 q_i の位置に原子核 A がつくる電場を表しており，これを用いると式 (7.2) は次のように表される．

$$\vec{f}_{Ai} = q_i \vec{E}_{Ai} \tag{7.4}$$

力学の作用・反作用の法則により，$\vec{f}_{Ai}$ のちょうど -1 倍に当たる「反作用」が，逆に原子核に対して働くことになる．これと同様のことは，原子核の周囲に存在するすべての電荷について成立する．このため，原子核 A に働く静電気力 $\vec{F}_A$ は，周囲に存在する電荷からの反作用 $(-\vec{f}_{Ai})$ の合力に等しい．

$$\vec{F}_A = \sum_i (-\vec{f}_{Ai}) = \sum_i \{-q_i \vec{E}_{Ai}\} \tag{7.5}$$

もちろん，この和は原子核 A 以外のすべての荷電粒子についてとらなければならない．A 以外のほかの原子核 B (B ≠ A) は，電気量が $Z_B e$ で位置が R_B のところに固定されているとしてよいが，電子についてはその運動によって空間のいろいろな場所に現れる確率を考慮しなければならない．電子の空間分布を表す**電子密度** $\rho(x, y, z)$ を導入すると，量子論的な電子の運動の効果を正しく

考慮することができる．その際，式 (7.5) の和の部分は，全空間にわたる積分になることに注意する必要がある．

電子密度を用いると，原子核 A に及ぼされる静電気力は，空間に分布している**電子密度** ρ からの反作用（引力）とほかの原子核からの反作用（斥力）の合力になる．したがって，式 (7.5) は次のように書き表される（座標を $r = (x, y, z)$，積分の体積要素を $dxdydz = d\tau$ で表す）．

$$\vec{F}_A = \int \rho(\boldsymbol{r}) e\vec{E}_{Ar} d\tau + \sum_{B(B \neq A)} \{-Z_B e\vec{E}_{AB}\} \tag{7.6}$$

電子密度 $\rho(\boldsymbol{r})$ は，電子が空間にどれだけ分布しているかを表す量であり，量子論の波動方程式を解いて求めることができる．電子密度を全空間で積分すると全体の電子数 N になる．

$$\int \rho(\boldsymbol{r}) d\tau = N \tag{7.7}$$

個々の原子核に働く力が，電子密度からの引力とほかの原子核からの斥力との合力で表されることを示す式 (7.6) を，ファインマンの**静電定理**といい，これは，電子密度として表される電子が重要な役割をもつことを示している．図 7.2 において，電子密度が結合領域に十分に集まれば結合ができ，その逆に結合領域の電子密度が減少すると結合は弱くなるか切れてしまう．

◉7.3　分子のハミルトニアンと断熱近似

複数の原子からなる分子の問題を量子論に基づいて取り扱うためには，分子の波動方程式を解く必要がある．そのために，まず分子のハミルトニアンのつくり方について考える．

第 2 章で，粒子が多数あるときのハミルトニアンは，それぞれの粒子の運動量成分を演算子で置き換えてやればよいことを述べた．したがって，すべての粒子の運動エネルギーと位置エネルギーを，次のように表せばよい．

$$\hat{H} = \sum_I \left(-\frac{\hbar^2}{2M_I}\right) \Delta_I + \sum_{I>J} \left(\frac{Q_I Q_J}{4\pi\varepsilon_0 R_{IJ}}\right) \tag{7.8}$$

ここで, M_I, Δ_I, Q_I は, それぞれ I 番目の粒子の質量, ラプラシアン, 電気量であり, R_{IJ} は I 番目と J 番目の粒子間の距離である. 右辺の最初の項は各粒子の運動エネルギーであり, すべての粒子について和をとる. 第2項は粒子間のクーロン力による位置エネルギーであり, これは, すべての粒子の組み合わせについて和をとる. 式 (7.8) で, I と J の両方について和をとるとき, (I, J) と (J, I) を独立に数えて同じ組み合わせが重複することを避けるため, $I > J$ とする制限がついている.

式 (7.8) は電子と原子核の集団のハミルトニアンの一般式であるが, 分子の問題を扱うときには, 電子と原子核を区別した取り扱いが必要になる.

図 7.3 のように, 原子核は A, B で, 電子は i, j で, それぞれ区別する. 原子番号を Z_A, 原子核の質量を M_A のように表して原子核の種類を区別するが, 電子については, どの電子も質量は m, 電気量は $-e$ である. 粒子間の距離は, 原子核が関係するときはその原子核の記号 (A, B など) を R に添えて示し, 電子どうしの距離は r_{ij} で表す.

原子核の運動エネルギー K_n, 電子の運動エネルギー K_e, 原子核どうしのクーロン斥力の位置エネルギー U_{nn}, 原子核と電子の間のクーロン引力の位置エネルギー U_{ne}, 電子どうしのクーロン斥力の位置エネルギー U_{ee} は, それぞれ以下のように表される.

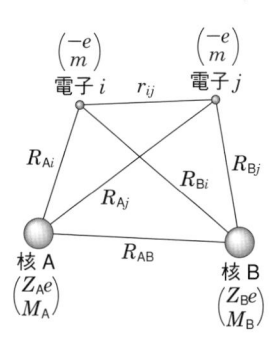

図 7.3 分子の成分と変数

$$K_n = \sum_A \left(-\frac{\hbar^2}{2M_A}\right)\Delta_A \quad (7.9) \qquad K_e = \sum_i \left(-\frac{\hbar^2}{2m}\right)\Delta_i \quad (7.10)$$

$$U_{nn} = \sum_{A>B} \left(\frac{Z_A Z_B e^2}{4\pi\varepsilon_0 R_{AB}}\right) \quad (7.11) \qquad U_{ne} = \sum_A \sum_i \left(-\frac{Z_A e^2}{4\pi\varepsilon_0 R_{Ai}}\right) \quad (7.12)$$

$$U_{ee} = \sum_{i>j} \left(\frac{e^2}{4\pi\varepsilon_0 r_{ij}}\right) \quad (7.13)$$

ここで, 原子核と電子の質量を比べると, 一番軽い原子核である陽子でも電

子との質量比は約 1840 倍もある．このため，式 (7.9) に含まれる原子核の質量の逆数は，式 (7.10) に含まれる電子の質量の逆数と比べてはるかに小さいので，無視することができる．式 (7.9) の K_n は原子核の運動エネルギーであるから，この項を無視すれば，原子核の動きが無視されることになる．分子の取り扱いで，原子核の運動を無視し，原子核は静止しているとみなす近似を**断熱近似**という．断熱近似のもとでは，原子核の位置座標は固定されて定数になり，変数は電子の位置座標だけになって，波動方程式は簡単になる．

断熱近似を採用すると，電子の運動は，次式の**電子ハミルトニアン**

$$\hat{H}_\mathrm{e} = K_\mathrm{e} + U_\mathrm{nn} + U_\mathrm{ne} + U_\mathrm{ee} \tag{7.14}$$

について，次の固有方程式を解けば求められる．

$$\hat{H}_\mathrm{e}\phi(R,r) = u(R)\,\phi(R,r) \tag{7.15}$$

ここで，R は固定された原子核の位置を表し，R は $\hat{H}_\mathrm{e}$ にも含まれるので R をずらすと，$\hat{H}_\mathrm{e}$ の固有値である $u(R)$ も変わることに注目する必要がある．また，$\phi(R,r)$ は，固定した原子核の配置のもとで電子がどのように運動するかを表す波動関数であり，主要な変数は電子の座標 r であるが，原子核の座標 R にも間接的に依存している．

断熱近似で無視した K_n に $u(R)$ を加えて次の $\hat{H}_\mathrm{n}$ を導入すると，それは，電子の運動に加えて原子核の運動も含めたエネルギーを表す演算子になる．

$$\hat{H}_\mathrm{n} = K_\mathrm{n} + u(R) \tag{7.16}$$

K_n は原子核の運動エネルギーであり，$u(R)$ は**断熱ポテンシャル**と呼ばれ，原子核の運動に対する位置エネルギーの働きをしているから，$\hat{H}_\mathrm{n}$ は原子核の運動を定めるハミルトニアンになっている．この $\hat{H}_\mathrm{n}$ の固有方程式

$$\hat{H}_\mathrm{n}\Psi = E\Psi \tag{7.17}$$

を解けば，原子の集団である分子の量子状態を定める波動関数 Ψ とそのエネルギー固有値 E が求められる．このエネルギー E には，すでに電子の運動状態が $u(R)$ に組み込まれており，さらに，原子核の動きに依存する並進・振動・回転のエネルギーが含まれている．

式 (7.15) や式 (7.17) を解くことは量子化学の中心テーマであるが，本書で

は詳細には立ち入らない．以下では，化学結合や化学反応の問題が量子化学でどのように取り扱われるかについて，その本質の概要を学ぶ．そのために，式 (7.15) の解き方の要点を調べておこう．

式 (7.15) は分子中の電子の運動を解き明かす波動方程式であり，電子が複数あれば，その波動関数は多電子波動関数である．第6章で学んだように，電子には反対称性があるので，その要請を満たすように，行列式波動関数を個々の電子の運動を記述する軌道関数 (1電子関数) を用いて組み立てることになる．電子が多数あるときに1電子関数を求める問題には多くの原子物理学者や理論化学者がチャレンジし，現在では，ハートリー–フォック法またはSCF法と呼ばれる方法 (本章コラム参照) によって，1電子関数をフォック演算子と呼ばれるものの固有方程式の解として求めることができる．その結果を用いて，行列式波動関数を組み立てて式 (7.15) の波動関数に代入して計算すると，電子の運動状態が原子核の位置によってどう変わるかを表す断熱ポテンシャル $u(R)$ が求められる．断熱ポテンシャル (1変数のときはポテンシャル曲線，2変数以上ではポテンシャル表面という) の R 依存性には，構造や反応など，化学において非常に重要な情報が含まれている (第14章参照)．本書では，分子の波動関数を精密に求めるSCF法などの方法の詳細には立ち入らないが，以下で，分子軌道法と呼ばれる手法の概略にふれる．

7.4 分子軌道

多電子系の波動関数に組み込まれる個々の電子の軌道関数は，分子では**分子軌道** (molecular orbital) または MO と呼ばれる．分子軌道 ϕ（ファイ）は，次のような個々の原子の原子軌道 (AO) χ（カイ）の線形結合を用いて求める．

$$\phi_i = C_{iA}\chi_A + C_{iB}\chi_B + \cdots \tag{7.18}$$

これには，「化学では，分子は原子からできている」，「物理学では，**重ね合わせの原理**によって波は互いに重なって干渉する」，「数学では，線形結合によって**基底関数**から複雑な関数が組み立てられる」とする，それぞれの学問の伝統が反映されている．すなわち，原子軌道の線形結合で分子軌道を表すことには，

化学，物理学，数学の知恵が融合されている．

通常，AO や MO には実数の関数を使うので，複素共役の*印は省略してよい．また，AO や MO には規格化したものを用いる．

分子軌道を求める方法を**分子軌道法**という．上で述べた SCF 法など，いろいろな理論によって分子軌道を求める方法が工夫されているが，ここでは，一番簡単な，次式のハミルトニアンとその固有方程式を用いる方法を学ぶ．

$$\hat{h} = -\frac{\hbar^2}{2m}\Delta + U \quad (7.19) \qquad \hat{h}\phi_i = \varepsilon_i\phi_i \quad (7.20)$$

式 (7.19) は，1 個の電子のラプラシアン Δ と位置エネルギー U を含む．このようなハミルトニアン $\hat{h}$ を **1 電子ハミルトニアン**といい，その固有方程式 (7.20) の固有関数 ϕ_i が**分子軌道**であり，固有値 ε_i は**軌道エネルギー**と呼ばれる．

式 (7.20) の解から複数の軌道エネルギーが出てくるが，図 7.4 のように縦軸にエネルギーをとってエネルギー準位として並べると意味がはっきりする．

パウリの原理に従って電子を配置していくと，電子が対になった**電子対**と，電子がまだ入っていない**空軌道**とができる．ここで，電子対が入っている**被占軌道**のうち一番エネルギーが高いものを**最高被占軌道**（highest occupied molecular orbital：HOMO）といい，空軌道のうち一番低いものを**最低空軌道**（lowest unoccupied molecular orbital：LUMO）という．この HOMO と LUMO は，分子の反応性を問題にするときに非常に重要な意味をもつ．

式 (7.20) を満たすように，式 (7.18) の線形結合の係数 C を決める方法を次に述べる．式 (7.20) の両辺に左から ϕ を掛けて全空間で積分すると，ε を積分の外に出してよいので，ε は次式で表されることが導かれる．

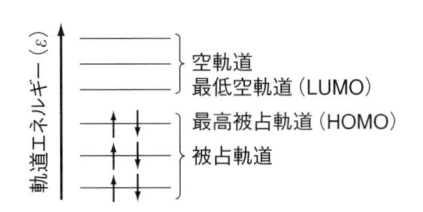

図 7.4 軌道エネルギー準位と HOMO-LUMO

7.4 分子軌道

$$\varepsilon = \frac{\int \phi \hat{h} \phi \, d\tau}{\int \phi \phi \, d\tau} \tag{7.21}$$

ここで，簡単のために分子軌道を二つの原子軌道 χ_A と χ_B の線形結合とする．

$$\phi = C_A \chi_A + C_B \chi_B \tag{7.22}$$

これを式 (7.21) に代入して計算すると，ε は次のように表される．

$$\varepsilon = \frac{C_A{}^2 \alpha_A + 2 C_A C_B \beta + C_B{}^2 \alpha_B}{C_A{}^2 + 2 C_A C_B S + C_B{}^2} \tag{7.23}$$

ここで，積分を何度も書き表すのは面倒なので，以下のように α, β および S という記号で表した．

$$\alpha_A = \int \chi_A \hat{h} \chi_A \, d\tau \quad （クーロン積分） \tag{7.24}$$

$$\beta = \int \chi_A \hat{h} \chi_B \, d\tau = \int \chi_B \hat{h} \chi_A \, d\tau \quad （共鳴積分） \tag{7.25}$$

$$S = \int \chi_A \chi_B \, d\tau = \int \chi_B \chi_A \, d\tau \quad （重なり積分） \tag{7.26}$$

$\hat{h}$ を間に挟んで同じ原子軌道を含む積分を α で表し**クーロン積分**といい，違う原子軌道を含む積分を β で表し**共鳴積分**という．$\hat{h}$ を含まない積分 S を**重なり積分**という．同一の原子軌道どうしの重なり積分は，その原子軌道が規格化されていれば値が 1 になる．式 (7.23) ではこのことを用いている．

分子軌道を表す線形結合の係数 C_A, C_B は，ε を C_A, C_B で微分した式が 0 となるための条件によって決めることができ，次の形の方程式が導かれる．

$$\left. \begin{array}{l} C_A (\alpha_A - \varepsilon) + C_B (\beta - \varepsilon S) = 0 \\ C_A (\beta - \varepsilon S) + C_B (\alpha_B - \varepsilon) = 0 \end{array} \right\} \tag{7.27}$$

これは数学の線形代数でよく出てくる連立方程式である．ここで，$C_A = C_B = 0$ とすると，式 (7.27) が満たされるので立派な解であるが，これは式 (7.22) の分子軌道を恒等的に 0 にしてしまうので，電子の存在が消えてしまうから意味がない．そこで，$C_A = C_B = 0$ とはならない解を探す必要がある．数学でよ

く知られているように,式(7.27)が $C_A = C_B = 0$ ではない解をもつための必要十分条件は,式(7.27)に含まれる四つの( )を成分とする2行2列の行列式の値が,次のように0になることである.

$$\begin{vmatrix} \alpha_A - \varepsilon & \beta - \varepsilon S \\ \beta - \varepsilon S & \alpha_B - \varepsilon \end{vmatrix} = 0 \qquad (7.28)$$

これを**永年方程式**という.これは ε を未知数とする代数方程式であり,その次数は行列式の次数に等しく,この場合は次のような2次方程式である.

$$(\alpha_A - \varepsilon)(\alpha_B - \varepsilon) - (\beta - \varepsilon S)^2 = 0 \qquad (7.29)$$

これを解くと,ε として二つの解(根)が出てくるので,2種類の軌道エネルギーが求められる.そのそれぞれについて対応する分子軌道の形を決めるには,ε の値を式(7.27)に代入して,式(7.22)の線形結合の係数 C_A, C_B を決めてやればよい.その方針で計算すると係数の比まで決まるが,一つだけ条件が足りなくなる.それを補うのは分子軌道の規格化条件であり,それは次式のようになる(規格化すると,式(7.21)(7.23)の分母は1になる).

$$\int \phi \phi \, d\tau = C_A^2 + 2 C_A C_B S + C_B^2 = 1 \qquad (7.30)$$

このようにして分子軌道 ϕ が決まれば,それを用いて化学結合の形成を支配する電子密度を計算することができる.

電子密度は,分子軌道 ϕ の絶対値の2乗に,その分子軌道に入っている電子の数(n_i:**電子占有数**)を掛けて足し合わせることで求められる.

$$\rho(\boldsymbol{r}) = \sum_i n_i |\phi_i|^2 \qquad (7.31)$$

ここで,電子占有数 n_i の値は電子配置に依存する.パウリの原理で許される電子配置は,空軌道,不対電子,または電子対であるから,それらに対応して,電子占有数は0, 1, 2のいずれかになる.

●7.5 基底関数とクーロン積分・共鳴積分

分子軌道を式(7.18)のような線形結合で表すための,いわば土台となる関

数 χ を**基底関数**という．分子軌道の基底関数としてどのような原子軌道（AO）を用いたらよいか，確認しておこう．通常，原子の基底状態で電子が収容される（可能性のある）軌道をすべて考える．すなわち，内殻電子および最外殻の価電子を収容する（可能性のある）原子軌道をすべて考慮する．

H 原子と He 原子では，1s 軌道だけを考えればよい．C 原子の電子配置は $(1s)^2(2s)^2(2p)^2$ であるから 1s, 2s, 2p を考える．ここで 2p 軌道には $2p_x$, $2p_y$, $2p_z$ の 3 種があり，そのうち C 原子では二つにだけ電子が配置されるが，三つとも全部考慮する必要がある．電子が入る可能性のあるものは全部使う．

このようにして，線形結合の基底関数に原子軌道を用いると，分子軌道に個々の原子の性質が反映されるが，そのことは，永年方程式にはどのように関係するのだろうか．永年方程式の対角成分に含まれるクーロン積分 α_A は，近似的に原子軌道 χ_A のエネルギーに等しく，α_A は χ_A の電子のイオン化エネルギー I_A の -1 倍に等しいと考えてよい．したがって，

$$\alpha_A \fallingdotseq -I_A \tag{7.32}$$

である．これは，次のように考えると容易に理解できる．式 (7.24) に戻り，式 (7.19) の 1 電子ハミルトニアン $\hat{h}$ の位置エネルギー U において，原子 A の軌道 χ_A の電子に対するほかの原子核からの寄与は距離を考慮すると小さいので無視すると，

$$\hat{h} \fallingdotseq -\frac{\hbar^2}{2m}\Delta - \frac{Z_A e^2}{4\pi\varepsilon_0 R_A}$$

となって，右辺は原子 A のハミルトニアンに一致する．よって，式 (7.24) の積分は次のように，原子軌道 χ_A のエネルギー E_A に等しく，それは A 原子の軌道から電子を取り去るイオン化エネルギー I_A の -1 倍に等しくなる．

$$\alpha_A = \int \chi_A \hat{h} \chi_A \, d\tau \fallingdotseq E_A = -I_A$$

ここで，式 (7.32) の A は原子の区別ではなく，原子軌道を区別するものであることに注意する必要がある．A が 1s か 2s か 2p かによって，それぞれイオン化エネルギーは異なり，I_A は 1s > 2s > 2p の順に小さくなる．原子の種

類が変わると，同じタイプの軌道でもその軌道エネルギーは異なる．大まかには，化学結合に関係する価電子の原子軌道の I_A は，原子のイオン化エネルギー（第6章参照）が大きいものほど大きくなる傾向がある．たとえば，$I(\mathrm{F2p}) > I(\mathrm{O2p}) > I(\mathrm{H1s}) > I(\mathrm{C2p})$ の順になる．

次に，二つの原子軌道 χ_A と χ_B が関係する共鳴積分 β_{AB} は，二つの原子軌道の種類だけでなく，各原子軌道の方向性や原子間距離にも依存する．おおまかな特徴は，共鳴積分の定義式に含まれる $\hat{h}$ を近似的に定数 $\bar{h}$ とみなして積分の外に出すと，次式のように重なり積分 S_{AB} に比例する形になる．

$$\beta_{AB} = \int \chi_A \hat{h} \chi_B \, d\tau \fallingdotseq \int \chi_A \bar{h} \chi_B \, d\tau = \bar{h} \int \chi_A \chi_B \, d\tau = \bar{h} S_{AB} \quad (\bar{h} < 0) \quad (7.33)$$

$\bar{h}$ の大きさを見積もるため，仮にAとBが非常に接近したとすると，積分 β_{AB} の値は α_A や α_B にほぼ等しくなり，その平均値 $(\alpha_A + \alpha_B)/2$ に近づくと推定される．AとBが離れると式(7.33)のように S_{AB} に比例することを考慮すると，次の近似式が得られる．

$$\beta_{AB} = K \cdot S_{AB} \cdot \frac{\alpha_A + \alpha_B}{2} \quad (K > 0) \quad (7.34)$$

ここで，$K = 7/4$ とすると実験とよく合うことが知られている．クーロン積分 α は式(7.32)から常に負と考えてよいので，式(7.33)の $\bar{h}$ の符号も負である．つまり，β と S は互いに比例するが異符号の関係にある．もう一つ重要なことは，AとBの距離 R_{AB} が大きくなると，β も S もともに0に近づくことである．

シュレーディンガー方程式が発見されて数年後の1930年に，ヒュッケルは，分子軌道の計算を簡単にして，ベンゼンなどの有機分子の性質を研究した．当時は今のようなコンピュータは存在しなかったため，計算は自分の手で行わなければならなかった．ヒュッケルは，とくに計算の面倒な永年方程式と規格化のところで，$S_{AB} = 0 (A \neq B)$ とする近似（**ヒュッケル近似**）を採用した．ヒュッケルは，永年方程式や規格化条件の式に含まれる重なり積分は0と置いても結果にあまり関係しないことを考慮してこの近似を導入したが，式(7.33)や式(7.34)の共鳴積分のところでは，$S_{AB} = 0 (A \neq B)$ とすると原子軌道の電

子波の干渉効果が起こらないので，この近似を適用しなかった．ヒュッケル近似は，重なり積分と共鳴積分での扱い方が異なるが，本質をよく考えた合理的な取り扱いであることに注意する必要がある．

　ヒュッケル近似を用いた分子軌道法である**ヒュッケル法**は，簡便ながらも高いレベルの分子軌道法を用いたのと本質的に同等のことを予測できることが多く，おもにπ電子をもつ平面分子に適用されている．なお，重なり積分の計算を実際に行って，式 (7.34) を用いて共鳴積分を評価し，永年方程式や規格化などでも重なり積分を無視せずに計算する方法は，**拡張ヒュッケル法**と呼ばれ，非平面分子やいろいろな種類の原子を含む場合にも適用できる．

　ここで，基底関数として導入される原子軌道 χ の符号の取り方についてふれておこう．χ が波動方程式を満たすなら，$-\chi$ も同じ波動方程式を満たす．つまり，χ には符号の任意性がある．このため β や S の符号は χ の符号の取り方に依存してしまう．その不便さを解消するため，通常，χ の符号の取り方は次のようにする．s 軌道では遠方での符号が正になるようにする．p_x 軌道では x 軸の正の部分の遠方で符号が正になるようにし，p_y, p_z も同様とする．d 軌道もこれに準じ，通常，図 5.2 に示された符号が採用されている．

● 7.6　重なり積分と軌道の重なり

　ヒュッケル法に基づいて分子軌道の成り立ちを考えると，原子軌道の電子波の干渉作用によって分子軌道ができるときに，共鳴積分 β の大きさ $|\beta|$ が非常に重要であることがわかる．そこで，β が重なり積分 S に比例するという式 (7.33) を踏まえ，S の特徴を調べる．

　重なり積分 S は原子軌道の種類と組み合わせで異なり，二つの原子軌道が置かれている原子核の間の距離 R によって変化する．その概略を**図 7.5** に示す．この図では，s 軌道として 1s 軌道，p 軌道として 2p 軌道を用い，各原子軌道の空間的な広がりは，s 軌道は球対称なので円で，p 軌道は座標軸の正負の方向に広がり原点で符号が交代するので二つの楕円で示し，関数値の符号は $+-$ の記号を添えて示した．原子軌道関数の値は，原子の中心から遠く離れる

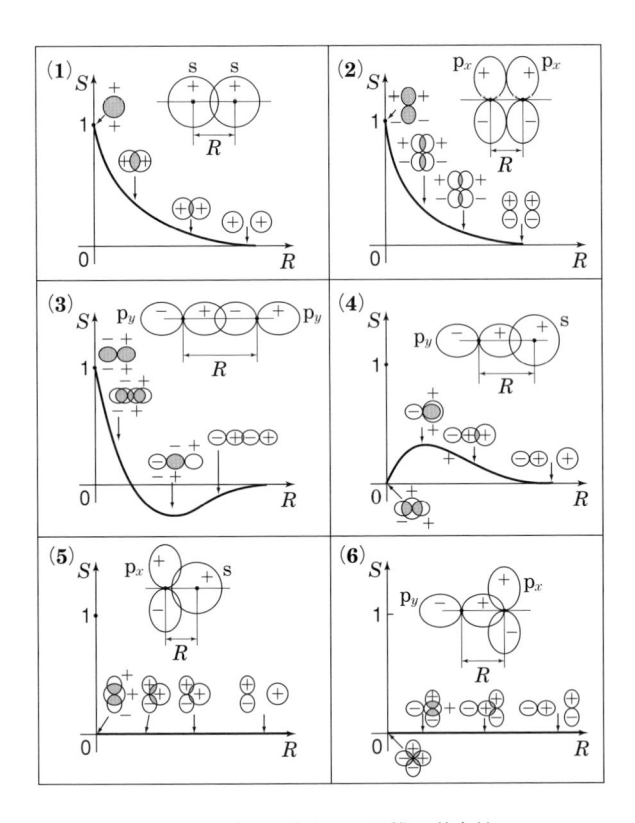

図 7.5 重なり積分 S の距離 R 依存性

と一般に小さくなり 0 に近づく．模式的に示した円や楕円の外側にも電子波が減衰しながら広がっていることを思い浮べることが重要である[†1]．

[†1] 図 7.5 に示した重なり積分の R 依存性の特徴のうち，とくに大切なのは，原子どうしが互いに近づいて重なりが現れ始める（R の大きい）領域である．そのときとくに大事なのは，原子軌道の種類により，方向によって節になったり符号が変わったりする性質が違うことである．方向に関する特徴は主として方位量子数 l で決まるため，$l=0, 1$ などによって決まる原子軌道の種類（s 軌道，p 軌道など）がどれであるか，また s 軌道以外では，さらにどのような方向性をもった軌道（p_x, p_y, p_z など）であるかが決定的に重要になる．図 7.5 で，s 軌道には 1s 軌道，p 軌道には 2p 軌道を用いたが，R が非常に大きいところから次第に近づいて軌道どうしが重なり始める特徴は，2s 軌道や 3p 軌道の場合でも，1s 軌道や 2p 軌道の場合とそれぞれ同様である．したがって，以下本書では，ns 軌道は丸で，np 軌道は 8 の字で表して，外側への広がり方の方向性を示し，それに基づいて原子軌道どうしの重なり方を議論する．

図7.5(1)はs軌道どうしの重なりであり，$R=0$では規格化条件より1であるが，Rが大きくなると急激に減衰し，遠方では0になる．図7.5(2)は平行な向きの二つのp軌道どうしの重なりであり，この場合も$R=0$では1で，Rが大きくなるにつれ単調に減少して遠方では0になる．このように平行な向きのp軌道間の重なりを**π型の重なり**といい，これが原因となってできる結合を**π結合**という．π型の重なりでは，原子核間を結ぶ結合軸が，二つの原子軌道に共通する節面に含まれる．この節面上では，π型の重なりでできるπ軌道の電子が存在する確率は0である．

これに対し，図7.5の(1)，(3)，(4)は結合軸上に共通の節面のない軌道の組み合わせによるものであり，**σ型の重なり**という．σ型の重なりで生じる結合を**σ結合**という．σ型の重なりの(3)，(4)では変化が単調ではなくなるが，Rがかなり大きくなると次第に0に近づく傾向は(1)，(2)の場合と同様である．この共通する特徴は，一般に軌道どうしが近づくにつれて軌道の重なりが増し，電子波の干渉作用が強まることと関係している．

図7.5の(5)，(6)では，以上の例とは違って，結合軸を含む節面をもつ軌道ともたない軌道とが組み合わされている．この結合軸を含む面の上下方向の軌道の広がり方を見ると，この面に対して対称的な位置での軌道関数の絶対値は上下で互いに等しく，符号は，一方の軌道では逆転し，他方の軌道では同じになっている．したがって，これらの軌道の重なり積分は，距離Rがどこでも，面の上下からの積分への寄与が完全に打ち消し合うため，値が0になる．このような軌道どうしの重なりを**対称の合わない重なり**といい，このような場合は電子波の干渉は起こらず，結合はできない．

原子どうしの軌道が互いに重なり合って相互作用することを，**軌道間相互作用**という．軌道間相互作用の起こり方は軌道の重なり（重なり積分S）に支配され，上の議論をまとめると次のようになる．

[**軌道の重なりと軌道間相互作用の関係**]
(1) 重なり（$|S|$）が大きいほど相互作用が大きい．
(2) 重なりがある（$S \neq 0$）軌道どうしは相互作用する．

(3) 対称の合わない $(S=0)$ 軌道どうしは相互作用しない.

> ### コラム
>
> #### ハートリーとSCF法
>
> ハートリーが考えた1電子関数の単純な積の形の波動関数は，電子の本質である反対称性を満たさないので多電子波動関数として正しいものではなく，現在，一般によく用いられている行列式波動関数の中に1電子関数の積としてその痕跡をとどめているだけである．しかし，ハートリーは，1電子関数を合理的に求める方法としてSCF法を導入したので，そのSCF法を行列式波動関数に拡張したフォックの名とともに，ハートリー–フォック法という名称でその功績がたたえられている．
>
> 多電子系の1電子関数を決める方程式を変分法という数学的手法で導入できるが，困ったことに，解くべき微分方程式の演算子の部分に，解いた結果として得られる1電子関数が含まれてしまう．解くべき方程式が解かないと得られない解に依存しているというのでは，解が得られなければ方程式が定まらないので，普通に考えると，解くのは不可能ということになりそうであるが，そこであきらめないのが優れた科学者の面目躍如たるところである．
>
> ハートリーは，真の解がわからなくても，なんとかその近似解が予測できれば，それを用いて解くべき方程式の近似式を出し，それを解いて次の近似解を求め，その解を使って次の近似的方程式を定め，それを解いてさらに次の近似解を求めていき，方程式や解がほとんど変わらなくなり，解と方程式がいわば自己無撞着（むどうちゃく）（self-consistent）になるまで続ければよいことに気付いた．これがSCF法である．このやり方は，電子の反対称性を考慮した場合にも使える方法であったので，ハートリーの名は，量子化学の世界で今も輝きを放っている．一方，電子の反対称性を正しく考慮して行列式波動関数を生み出したスレイターの名は，行列式波動関数がハートリー–フォックのSCF法の大前提として使われているにもかかわらず，今ではハートリーとフォックの名前の背後に隠されてしまい，皮肉な状況になっている．

演習問題

7.1 2個の陽子の中間に電子を置くと，陽子間の斥力より陽子と電子の引力の方が強いので，陽子は次第に電子の方に移動し，やがて2個の陽子と電子が1点で重なり，核融合を起こすかのようになる．実際にこのようなことがあり得るか，もしもあり得ないとすると，それはなぜか考察せよ．

7.2 直径 184 m の野球場の中央に電子または陽子を置き，同じ強さの電場をかけたとしよう．電場によって加えられた力によって，荷電粒子には加速度が働き，一定時間後には加速度に比例した距離だけ移動する（A.4 節参照）．電子がこの球場の端まで移動するとき，陽子はどのあたりまで移動するか．この違いに基づいて，断熱近似の意味を考えよ．

7.3 二つの原子軌道 χ_A と χ_B の線形結合で表した分子軌道 $\phi = C_A\chi_A + C_B\chi_B$ を，ヒュッケル近似を用いて考える．

(i) 2行2列の永年方程式において，$\alpha_A = \alpha_B = \alpha = -11\,\text{eV}$, $\beta_{AB} = \beta_{BA} = \beta = -4\,\text{eV}$ であるとして，軌道エネルギー ε を求めよ．

(ii) (i) で求めた ε のうちエネルギーの低い方について C_A と C_B の関係式を書き，C_A と C_B の比を定めよ．

(iii) (ii) の結果に規格化条件を適用して C_A と C_B を決定し，分子軌道 $\phi = C_A\chi_A + C_B\chi_B$ を求めよ．

7.4 二原子分子の断熱ポテンシャル $u(R)$ は，しばしば次の関数で表される．
$$u(R) = D\left[\mathrm{e}^{-b(R-R_0)/a} - b\mathrm{e}^{-(R-R_0)/a}\right]$$
ここで，D, R_0, a, b はいずれも正の定数であるが，二原子分子が形成されるためには，$u(R)$ は極小値をもたなければならない．

(i) b の値にどのような制限がつくか．

(ii) 平衡核間距離 $R = R_e$ を求めよ．

(iii) 結合エネルギー $D_e = u(\infty) - u(R_e)$ を求めよ．

(iv) 分子振動の力の定数 $k = \mathrm{d}^2u/\mathrm{d}R^2\ (R = R_e)$ を求めよ．

第8章
軌道間相互作用

電子の働きによって正の電荷をもつ原子核どうしが結ばれる仕組みの基本を前章で学んだ．この章では，結合ができる仕組みを，分子軌道法を用いて水素分子イオンについて調べ，さらに，軌道どうしの相互作用で新しい軌道とエネルギー準位が形成される仕組みを明らかにし，軌道間相互作用に基づいて分子軌道を組み立てる方法を考える．

8.1 結合性軌道と反結合性軌道

結合ができる一番簡単な例として，水素分子イオン H_2^+ を取り上げる．図8.1のように変数をとると，ハミルトニアン $\hat{h}$ は次のようになる．

$$\hat{h} = -\frac{\hbar^2}{2m}\Delta - \frac{e^2}{4\pi\varepsilon_0 r_A} - \frac{e^2}{4\pi\varepsilon_0 r_B} + \frac{e^2}{4\pi\varepsilon_0 R} \tag{8.1}$$

断熱近似に従って二つの原子核の距離 R を固定するので，ハミルトニアンに原子核の運動エネルギーの項は含まれていない．右辺第1項は電子の運動エネルギーで，電子の質量が分母にあり，電子座標のラプラシアンを含んでいる．次の二項は電子と2個の陽子とのクーロン引力による位置エネルギーである．最後の項は，陽子どうしのクーロン斥力による位置エネルギーである．このハミルトニアンの固有方程式を解くために，分子軌道を二つのH原子の1s軌道 χ_A と χ_B の線形結合とする．

$$\phi = C_A\chi_A + C_B\chi_B \tag{8.2}$$

線形結合の係数 C_A, C_B を決める問題は，すでに述べたように，第7章の式(7.27)の連立方程式と式(7.28)の永

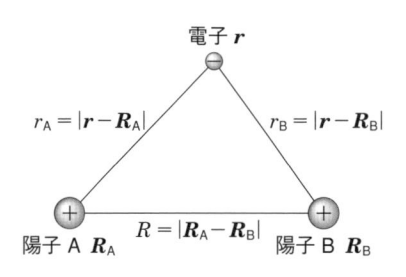

図8.1 水素分子イオン

年方程式を解く問題に帰着する．ここでは，二つの陽子がまったく同等なので，クーロン積分 α の添え字は省いてよいことに注意すると，ε に関する方程式は，次のようになる．

$$(\alpha - \varepsilon)^2 - (\beta - \varepsilon S)^2 = 0 \tag{8.3}$$

解（根）の公式か因数分解で二つの解を求め，一方を ε_a，他方を ε_b とする．

$$\varepsilon_a = \frac{\alpha - \beta}{1 - S} \tag{8.4} \qquad \varepsilon_b = \frac{\alpha + \beta}{1 + S} \tag{8.5}$$

これらの式は，クーロン積分 α，共鳴積分 β，重なり積分 S で表されている．

クーロン積分は，ハミルトニアンを両側から原子軌道で挟んで積分したものなので，二つの陽子のうちの一方を遠くに離すと，単独の原子のエネルギーに近づく．水素の場合，その値は 1s 軌道のエネルギー E_{1s} になる．α は，二つの陽子が異常に接近しないかぎり，遠く離れているときと値がほぼ等しく，原子軌道のエネルギーに等しいとみなしてよい．

二つの原子軌道でハミルトニアンを挟んだ積分である共鳴積分 β は，二つの陽子が遠く離れると 0 になり，近づくにつれて原子軌道どうしの重なりが増して絶対値が大きくなる．通常の距離では，β は重なり積分 S とちょうど逆符号の関係になっており，β と S はどちらも原子軌道どうしが近づいて重なると干渉作用を示すことを反映している．

水素分子イオンについて得られた二つのエネルギー固有値が距離 R とともにどうなるか（ポテンシャル曲線）を，1s 軌道を使って実際に積分を実行して求めると**図 8.2** のようになる．

エネルギーの高い ε_a の曲線は右下がりになり，二つの原子核は遠くに離れていくが，エネルギーの低い ε_b の曲線は近づくにつれてエネルギーが下がり，ある距離で最小になって安定な

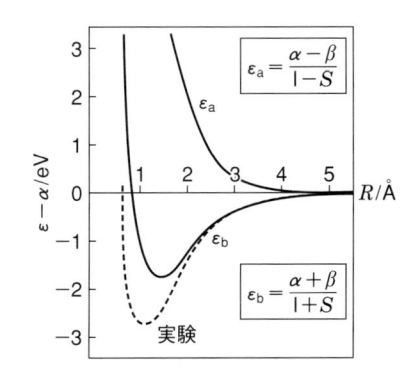

図 8.2 水素分子イオン (H_2^+) のポテンシャル曲線

結合を形成する．ε_b の曲線の谷底は**結合エネルギー**（結合の形成とともにどれだけエネルギーが下がるか）を表し，谷底を与える距離は結合の長さ（**平衡核間距離**）を表している．

水素分子イオンは，このように一定の距離で結ばれて，安定な分子イオンとして存在する．この計算結果を実験と比べると，実験では，結合の長さは2割程度短く，結合エネルギーの大きさは5割程度大きくなっている．

図8.2の計算結果と実験結果との違いは，分子軌道を求める計算に近似が含まれているためである．もっと実験とよく一致する計算を行うこともできるが，その取り扱いは簡単ではなくなる[†1]．

次に，分子軌道を求めるため，軌道エネルギー ε と分子軌道の係数を含む次式を用いる．

$$C_A(\alpha - \varepsilon) + C_B(\beta - \varepsilon S) = 0 \tag{8.6}$$

この式の ε に式 (8.4) または式 (8.5) の軌道エネルギーを代入すると，それぞれの軌道の C_A と C_B の比を決める式が導かれる．ε_a を代入すると次式が得られる．

$$(C_A + C_B)\frac{\beta - \alpha S}{1 - S} = 0 \tag{8.7}$$

α や β を含む分数の部分は0にならないので，$C_A + C_B = 0$ であり，これから，

$$C_A = -C_B \tag{8.8}$$

となる．ここで，分子軌道の規格化条件である第7章式 (7.30) を使うと，

$$C_A{}^2 - 2C_A{}^2 S + C_A{}^2 = 2(1-S)C_A{}^2 = 1$$

と書ける．よって，

$$C_A = -C_B = \frac{1}{\sqrt{2(1-S)}} \tag{8.9}$$

[†1] $H_2{}^+$ については，式 (8.2) よりも複雑な関数を用いて分子軌道を求めると，実験にぴったり一致する結果を得ることができる．電子が2個以上の一般の場合のポテンシャル曲線を求めるには，多電子系全体のエネルギーを扱う量子化学計算法を用いる必要がある．いずれも本書の範囲を超えるので詳細は参考書にゆずる．

となり，エネルギーの高い方に対応する分子軌道として次式が得られる．

$$\phi_a = \frac{\chi_A - \chi_B}{\sqrt{2(1-S)}} \tag{8.10}$$

次にエネルギーの低い方についても同様に計算すると，

$$C_A = C_B \tag{8.11}$$

となって，次式が得られる．

$$\phi_b = \frac{\chi_A + \chi_B}{\sqrt{2(1+S)}} \tag{8.12}$$

ここで，求められた分子軌道は，電子波の干渉効果を表している．エネルギーが低い方の分子軌道 ϕ_b は二つの原子軌道の足し算に比例し，**図8.3左上**に示したように，原子の周りで減衰しながら広がる1s軌道どうしが同符号で重なることによって互いに強め合い，**図8.3左下**のように核間の結合領域の電子密度を高めている．その結果，この軌道の電子は結合力をもたらす．このように同位相で強め合い結合力をもたらす軌道を**結合性軌道**という．

これに対し，エネルギーが高い方の分子軌道 ϕ_a は二つの原子軌道の引き算に比例し，**図8.3右上**のように原子の周りの電子波の広がりが一方と他方で逆符号になっていて，**図8.3右下**のように核間の結合領域の電子密度が原子軌道の場合より減少する．その結果，この軌道に電子が入ると原子核どうしは電子がないときよりも強く反発し，反結合力がもたらされる．このように逆位相で打ち消し合い反結合力をもたらす軌道を**反結合性軌道**という．

水素分子イオン H_2^+ の1個の電子は，エネルギーが低い方の結合性軌道に入ることによって結合を形成す

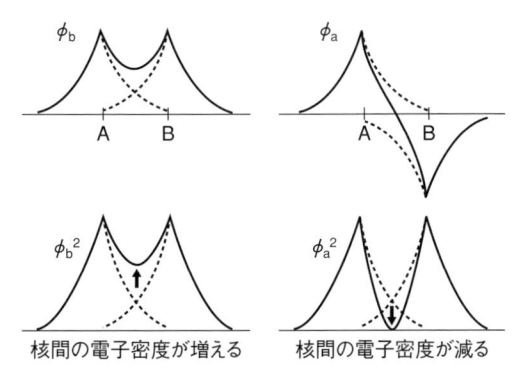

図8.3 結合性軌道（左）と反結合性軌道（右）

る．このように，電子が1個だけでも結合を形成することができる．1個の電子だけで結ばれた結合を **1電子結合** という．

以上で得られた結合形成の仕組みは，無限遠から結合ができる距離までは重なり積分があまり大きくならないので，ヒュッケル近似 (式 (8.3) で $S=0$) を用いても得ることができる．結論が同じなら取り扱いが簡単な方がよいので，以下ではヒュッケル近似に基づいて分子軌道が生じる仕組みを学ぶ．

◉ 8.2 軌道間相互作用の基本原理

ヒュッケル近似を用いた分子軌道法 (**ヒュッケル法**) によって，軌道どうしの相互作用から分子軌道ができる仕組みを調べてみよう．簡単のために，軌道エネルギーがそれぞれ α_A と α_B で，相互の共鳴積分が β である二つの原子軌道 χ_A と χ_B が相互作用して，軌道エネルギー ε の分子軌道 $\phi = C_A\chi_A + C_B\chi_B$ が生じる場合を考える．永年方程式にヒュッケル近似を適用すると，

$$\begin{vmatrix} \alpha_A - \varepsilon & \beta \\ \beta & \alpha_B - \varepsilon \end{vmatrix} = 0 \tag{8.13}$$

となり，左辺を $f(\varepsilon)$ とおいて行列式を展開すると次式が導かれる．

$$f(\varepsilon) = (\varepsilon - \alpha_A)(\varepsilon - \alpha_B) - \beta^2 = 0 \tag{8.14}$$

ここで $\beta = 0$ なら ε は二つの解 α_A と α_B をもち，これはそれぞれの原子軌道のエネルギーそのものであり，何の変化も生じない．対応する波動関数も，α_A に対して $\phi_A = \chi_A$，α_B に対して $\phi_B = \chi_B$ が，それぞれ固有関数となるので，軌道の変化も起こらない．よって $\beta = 0$ のときは軌道どうしはまったく相互作用せず，エネルギーも軌道関数も元のまま変化しない．

次に $\beta \neq 0$ の場合について考える．$\alpha_A \geq \alpha_B$ と仮定しても一般性は失われな

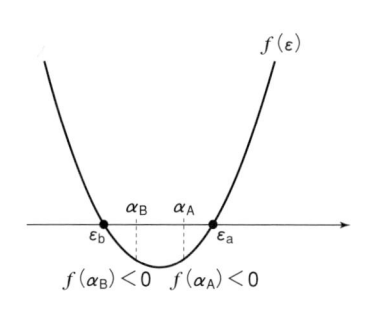

図 8.4 軌道間相互作用で生じる新しい軌道エネルギー準位の位置

い．式 (8.13) の解がどこに現れるかを知るために，$f(\alpha_A)$ と $f(\alpha_B)$ を計算すると，それらの符号は負になる．

$$f(\alpha_A) = f(\alpha_B) = -\beta^2 < 0 \tag{8.15}$$

式 (8.14) の $f(\varepsilon)$ は ε の 2 次関数で下に凸の放物線であるから，**図 8.4** に示すように二つの解 (新しいエネルギー準位) をもち，大きい方を ε_a，小さい方を ε_b とすると，次の不等式が成り立つ．

$$\varepsilon_a > \alpha_A \geqq \alpha_B > \varepsilon_b \tag{8.16}$$

エネルギーの高い解 ε_a が反結合性軌道 ϕ_a に対応し，エネルギーの低い解 ε_b が結合性軌道 ϕ_b に対応する．この結果を，A と B がそれぞれ単独で存在する状態を両端に示し，A と B とが接近して相互作用した状態を中央に示すと，**図 8.5** のようになる．一対の軌道 ($\alpha_A \geqq \alpha_B$) が相互作用して新しくできる軌道のうち，高い方 (ε_a) は元の軌道の高い方 (α_A) より高く，低い方 (ε_b) は元の軌道の低い方 (α_B) より低い．

式 (8.14) の 2 次方程式を解いて $\varepsilon_a, \varepsilon_b$ を求め，α_A, α_B と比べてどれだけ変化したかを調べると，次式が得られる．

$$\alpha_B - \varepsilon_b = \varepsilon_a - \alpha_A = \Delta = \frac{\sqrt{(\alpha_A - \alpha_B)^2 + 4\beta^2} - (\alpha_A - \alpha_B)}{2} \tag{8.17}$$

この結果は，図 8.5 にも示したように，新しい軌道ができるときの軌道の安定

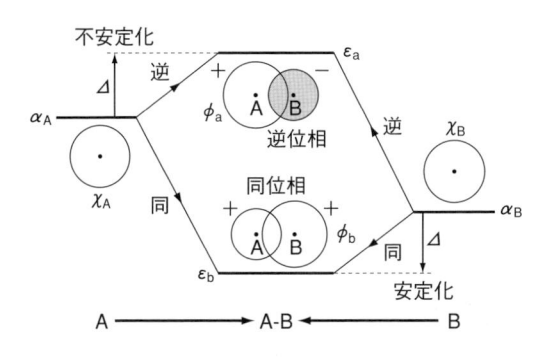

図 8.5　1 対 1 軌道間相互作用

化 ($\alpha_B - \varepsilon_b$) と不安定化 ($\varepsilon_a - \alpha_A$) が，どちらも同じ大きさ $\varDelta$ であることを示している[†1]．この $\varDelta$ は軌道間相互作用の大きさを表すので，その大きさが α や β にどのように依存するかを調べてみよう．

式 (8.17) で与えられる $\varDelta$ が ($\alpha_A - \alpha_B$) と $|\beta|$ に依存してどのような範囲の値をとり得るか，次のような置き換えを利用するとわかりやすくなる．$\alpha_A \geqq \alpha_B$ としたことに注意して，$(\alpha_A - \alpha_B)/2|\beta| = t$ ($t \geqq 0$) とおき，さらに $\sqrt{t^2+1} - t = F(t)$ とおくと，次式が得られる．

$$\varDelta = F(t)|\beta| \tag{8.18}$$

ここで $F(t)$ は $t=0$ で $F(0)=1$ であり，$t \geqq 0$ では単調に減少して，$t \to \infty$ では 0 に収束するから，$1 \geqq F(t) > 0$ であることがわかり，次の不等式が得られる．

$$|\beta| \geqq \varDelta > 0 \tag{8.19}$$

左側の等号は，$t=0$ となる $\alpha_A = \alpha_B$ の場合に成り立ち，このとき $\varDelta = |\beta|$ となる．$\varDelta$ の大きさは，次に示す二つの要因に左右される．

[**重なりの原理**]

$|\beta|$ が大きくなると t が小さくなって $F(t)$ が大きくなり，$\varDelta = F(t)|\beta|$ であるから $\varDelta$ は大きくなる．$|\beta|$ は $|S|$ に比例すると考えてよいから，<u>重なり ($|S|$) が大きいほど（共鳴積分の絶対値（$|\beta|$）が大きくなり）軌道間相互作用が大きくなる</u>．これを**重なりの原理**という．

[**エネルギー差の原理**]

α_A と α_B の差が小さいと t が小さくなって $F(t)$ が大きくなり，$\varDelta = F(t)|\beta|$ であるから $\varDelta$ は大きくなる．よって，<u>エネルギーの差（$|\alpha_A - \alpha_B|$）が小さいほど軌道間相互作用は大きくなる</u>．これを**エネルギー差の原理**という．

相互作用の対象となっている軌道どうしのエネルギー差が大き過ぎると，軌道間相互作用はほとんど起こらない．したがって，異なる電子殻の軌道どうし

[†1] ヒュッケル近似を使わず，式 (8.14) の代わりに第 7 章式 (7.29) を用いると，反結合性軌道の不安定化の大きさの方が結合性軌道の安定化の大きさより大きくなるが，この差を無視しても，結合の形成や反応の仕組みの議論には差し支えない．

は相互作用しない．一方，同じ電子殻の軌道どうしは，エネルギーの差があまり大きくないため，よく相互作用する．その結果，化学結合を問題にするとき，価電子どうしの相互作用は重要であるが，価電子と内殻電子の相互作用は無視してかまわない．

次に，軌道どうしが相互作用して互いに混じり合い新しく生じる軌道の「形」について調べてみよう．分子軌道の係数と軌道エネルギーを含む式に $S=0$ とするヒュッケル近似を適用すると次のようになる．

$$\left.\begin{array}{l}(\alpha_A - \varepsilon)C_A + \beta C_B = 0 \\ \beta C_A + (\alpha_B - \varepsilon)C_B = 0\end{array}\right\} \quad (8.20)$$

この2式のうち上の式を用いると（どちらを用いても最終的には同じになる），

$$\frac{C_B}{C_A} = \frac{\varepsilon - \alpha_A}{\beta} \quad (8.21)$$

となり，これに，式 (8.17) の ε_a または ε_b を代入し，再び $(\alpha_A - \alpha_B)/2|\beta| = t$ ($t \geq 0$) と置き換えると，次式が得られる．

$$\frac{C_B}{C_A} = -\frac{|\beta|}{\beta}(t \pm \sqrt{t^2 + 1}) \quad (8.22)$$

ここで複号の + は結合性軌道 (ε_b, ϕ_b) の場合の (C_B^b/C_A^b) に，- は反結合性軌道 (ε_a, ϕ_a) の場合の (C_B^a/C_A^a) に対応する．

結合性軌道では，$t \geq 0$ で常に $t + \sqrt{t^2+1} \geq 1$ なので，以下の式が得られる．

$$|C_B^b| \geq |C_A^b| \quad (\text{等号は } \alpha_A = \alpha_B \ (t=0) \text{ の場合}) \quad (8.23)$$

$$C_A^b C_B^b \beta < 0 \quad (8.24)$$

この結果のうち式 (8.23) から，結合性軌道 $\phi_b = C_A^b \chi_A + C_B^b \chi_B$ では，軌道エネルギーが低い方の χ_B の寄与 $C_B^b \chi_B$ が主成分になる（絶対値が大きい）ことがわかる．軌道エネルギーが低いほど電気的に陰性が強いので，結合性軌道の電子は，電気的に陰性の強い原子の方に偏る．これは，結合の形成に伴って電子分布に偏りが生じ，結合に電気的極性が生まれる仕組みを説明する．

式 (8.24) からは，二つの係数の符号が同符号であることが次のようにして導かれる．共鳴積分の定義式と重なり積分との近似的比例関係より，

$$\beta = \int \chi_A \hat{h} \chi_B \, d\tau \fallingdotseq \bar{h} S_{AB} = \bar{h} \int \chi_A \chi_B \, d\tau \quad (\bar{h} < 0) \tag{8.25}$$

よって，式 (8.24) と式 (8.25) から，

$$C_A{}^b C_B{}^b \bar{h} \int \chi_A \chi_B \, d\tau < 0$$

となり，$\bar{h} < 0$ なので，

$$C_A{}^b C_B{}^b \int \chi_A \chi_B \, d\tau > 0$$

となる．この式の積分の符号は，χ_A と χ_B が空間的に重なって干渉作用を起こす場所 (**重なり領域**) での χ_A と χ_B の積の符号と同じになるから，この重なり領域において次式が結論される．

$$C_A{}^b C_B{}^b \chi_A \chi_B = (C_A{}^b \chi_A)(C_B{}^b \chi_B) > 0 \tag{8.26}$$

つまり，相互作用する χ_A と χ_B の重なり領域で，結合性軌道 $\phi_b = C_A{}^b \chi_A + C_B{}^b \chi_B$ の二つの成分，$C_A{}^b \chi_A$ と $C_B{}^b \chi_B$ が互いに同符号 (同位相) であることが導かれた．したがって，結合性軌道に電子が入ると，電子波の重ね合わせが同位相で強め合って重なり領域の電子密度が増加し，原子核の間の電子密度の高まりが二つの原子核を引きつけるため，結合力が生じることがわかる．

反結合性軌道の場合はどうなるだろうか．再び式 (8.22) に戻り，複号の − の方に着目して，同様の議論を行えばよい．

反結合性軌道では，$t \geqq 0$ で常に $1 \geqq \sqrt{t^2+1} - t > 0$ なので，

$$|C_A{}^a| \geqq |C_B{}^a| \quad (\text{等号は } \alpha_A = \alpha_B \ (t=0) \text{ の場合}) \tag{8.27}$$

$$C_A{}^a C_B{}^a \beta > 0 \tag{8.28}$$

式 (8.27) から，反結合性軌道 $\phi_a = C_A{}^a \chi_A + C_B{}^a \chi_B$ では，軌道エネルギーが高い方の χ_A の寄与 $C_A{}^a \chi_A$ が主成分になり，反結合性軌道の電子は電気的に陰性の弱い原子の方に偏ることがわかる．式 (8.28) からは，二つの係数の符号が異符号であることが次のようにして導かれる．式 (8.25) と式 (8.28) から，

$$C_A{}^a C_B{}^a \int \chi_A \chi_B \, d\tau < 0$$

となり，χ_A と χ_B が互いに干渉する重なり領域において次式が結論される．

$$C_A^a C_B^a \chi_A \chi_B = (C_A^a \chi_A)(C_B^a \chi_B) < 0 \tag{8.29}$$

よって，重なり領域では，反結合性軌道 $\phi_a = C_A^a \chi_A + C_B^a \chi_B$ の二つの成分 $C_A^a \chi_A$ と $C_B^a \chi_B$ が互いに異符号（逆位相）であることが導かれた．したがって，反結合性軌道に電子が入ると，電子波の重ね合わせが逆位相で打ち消し合って重なり領域の電子密度が減少し，原子核の間の電子密度が低下して，二つの原子核が互いに強く反発する反結合力が生じることがわかる．

以上から，結合性軌道では元のエネルギーの低い方が主成分になり，反結合性軌道では逆に，元のエネルギーの高い方が主成分になることがわかったが，式 (8.23) または式 (8.27) で等号がなりたつ場合，すなわち $\alpha_A = \alpha_B$ ($t=0$) の場合は，

$$|C_A^a| = |C_B^a|$$

となるから，分子軌道への二つの成分の寄与は均等になる．つまり，α_A と α_B が等しいときは，χ_A と χ_B が同じ割合で混合する．以上の結果をまとめてみると，χ_A と χ_B の混合は，α_A と α_B のエネルギー差が大きいと少なく，差が小さいほどよく混合し，差がなくなると均等に混じり合うことがわかる．

図 8.5 では，軌道の混合の程度を次のように表現している．係数 C の絶対値の大きい方を大きな円で，小さい方を小さい円で表し，原子軌道が分子軌道に成分として含まれる割合の大小を表現している．

以上で示したことや図 8.5 に示したことをまとめると，次のようになる（ここでは，二つの軌道 χ_A と χ_B が相互作用する状況を対象としている．次節で学ぶ 2 対 1 軌道間相互作用と区別するときは，ここで扱った軌道間相互作用は，1 対 1 軌道間相互作用と呼ぶべきものである）．

[1 対 1 軌道間相互作用]

(1) 相互作用がないときは，軌道のエネルギーも形も元のままで変化しない．
(2) 軌道間に相互作用があるときは，軌道のエネルギーも形も変化する．相互作用する前の軌道 χ_A と χ_B ($\alpha_A \geqq \alpha_B$) のうち，低い方の χ_B よりもさらに低く安定な結合性軌道と，高い方の χ_A よりさらに高く不安定な反結合性軌

道ができる．軌道の混合の割合は，結合性軌道ではエネルギーの低い方が主成分となり，反結合性軌道ではエネルギーの高い方が主成分となるが，エネルギーの差がない（$\alpha_A = \alpha_B$）ときは同じ割合になる．

(3) 軌道間相互作用による軌道のエネルギー変化と混合の程度は，軌道間の重なりが大きくエネルギーの差が小さいほど大きくなり，逆に，重なりが小さくエネルギーの差が大きいほど小さくなる．

8.3　2対1の軌道間相互作用

図8.5に示した1対1軌道間相互作用をよく理解すると，永年方程式を解かなくても，新しいエネルギー準位と分子軌道を予想することができる．一般には多数の軌道どうしが相互作用することになるので複雑であるが，次に示す2対1の軌道間相互作用の仕組みも理解すると広い応用が可能になる．

軌道エネルギーをそれぞれ α_A と α_B ($\alpha_A > \alpha_B$) として，互いに相互作用しない ($\beta_{AB} = 0$) 一組の軌道 χ_A と χ_B が，軌道エネルギーを α_C とする軌道 χ_C とそれぞれ共鳴積分 β_{AC}, β_{BC} ($\beta_{AC} \neq 0$, $\beta_{BC} \neq 0$) で相互作用するときの2対1の軌道間相互作用の永年方程式は，次式で与えられる．

$$\begin{vmatrix} \alpha_A - \varepsilon & 0 & \beta_{AC} \\ 0 & \alpha_B - \varepsilon & \beta_{BC} \\ \beta_{AC} & \beta_{BC} & \alpha_C - \varepsilon \end{vmatrix} = 0 \tag{8.30}$$

左辺の行列式を展開して $f(\varepsilon)$ とおくと，

$$f(\varepsilon) = (\alpha_A - \varepsilon)(\alpha_B - \varepsilon)(\alpha_C - \varepsilon) - \beta_{AC}^2(\alpha_B - \varepsilon) - \beta_{BC}^2(\alpha_A - \varepsilon) = 0 \tag{8.31}$$

となる．$f(\varepsilon)$ は $-\varepsilon^3$ の項を含む ε の3次関数であり，$\alpha_A > \alpha_B$ であることを考慮すると次の不等式が得られる．

$$f(\alpha_A) = -\beta_{AC}^2(\alpha_B - \alpha_A) > 0 \tag{8.32}$$

$$f(\alpha_B) = -\beta_{BC}^2(\alpha_A - \alpha_B) < 0 \tag{8.33}$$

よって $f(\varepsilon)$ は，ε が非常に大きいときは符号が負，$\varepsilon = \alpha_A$ では正，$\varepsilon = \alpha_B$ では負，ε が負で絶対値が大きくなると符号は正になる．すなわち図8.6に示すよ

8.3 2対1の軌道間相互作用

うに，$f(\varepsilon)$ は，$\varepsilon > \alpha_A$ の領域に一つの解（根），$\alpha_A > \varepsilon > \alpha_B$ の領域に一つの解，$\varepsilon < \alpha_B$ の領域に一つの解，合わせて三つの解をもつことがわかる．すなわち，新しい三つのエネルギー準位が図 8.6 に示した位置に現れる．α_A や α_B に対して，三つの解が定性的にどの領域に現れるかを示すこの結果は，α_C がどのような位置にあるかにはまったく依存しないことに注意しよう．

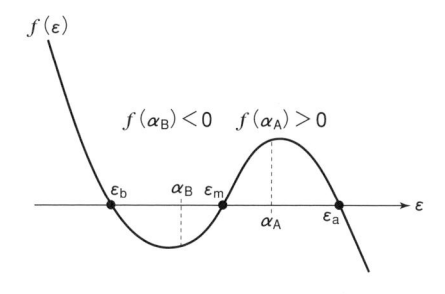

図 8.6 2対1軌道間相互作用で生じるエネルギー準位の位置

さらに，式 (8.31) の三つの解に対応する分子軌道の係数を調べると，各軌道成分の混合の仕方についても大小や符号の関係がわかる．その結果は，図 8.7 のようにまとめることができる．

新しくできる一番高いエネルギー準位 ε_a は，相互作用する前の高い方の α_A よりも高い．それとは逆に，新しくできる一番低いエネルギー準位 ε_b は，相互作用する前の低い方の α_B よりも低い．また，新しくできる中ほどのエネルギー準位 ε_m は，相互作用前の高い方 α_A と低い方 α_B の間になる．

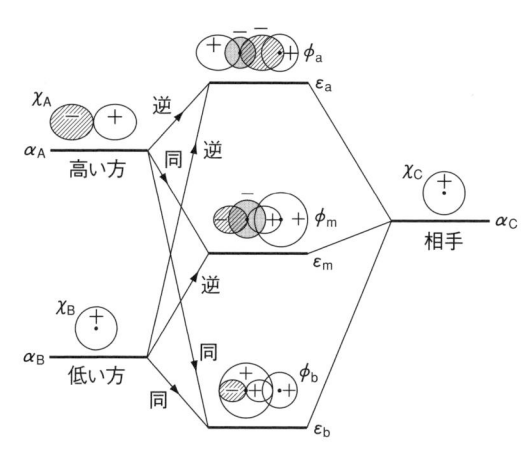

図 8.7 2対1軌道間相互作用

$$\varepsilon_\mathrm{a} > \alpha_\mathrm{A} > \varepsilon_\mathrm{m} > \alpha_\mathrm{B} > \varepsilon_\mathrm{b} \tag{8.34}$$

このことは図 8.6 から明らかであり，相手の軌道準位の α_C の位置には依存しない．ただし，式 (8.34) の関係を崩さない範囲で，新しい各準位は，α_C が高ければ高い方へ，α_C が低ければ低い方へずれる．

新しくできる分子軌道は，相互作用する前の軌道が電子波として干渉（混合）してできる．このときの位相（符号）関係は，エネルギー的に一番安定で結合性の強い ϕ_b では，相手の軌道 χ_C に対して，高い方の χ_A と低い方の χ_B が，どちらも（図中の矢印のように，上から下に）同位相になる．これとは逆に，一番不安定で反結合性の強い ϕ_a では，相手の軌道 χ_C に対して，高い方の χ_A も低い方の χ_B もともに（下から上に）逆位相になる．エネルギー的に中間の安定度の軌道 ϕ_m では，相手の軌道 χ_C に対して，高い方の χ_A は（上から下に）同位相に，低い方の χ_B は（下から上に）逆位相になる．

新しい軌道に含まれる各軌道成分の大きさは，新しい軌道とのエネルギー差が小さいものほど寄与が大きくなると考えてよい．これは一般に成り立つが，新しい軌道とのエネルギー差は，高い方の α_A や低い方の α_B だけでなく，相手の α_C も関係する．α_C と新しい三つの軌道準位とのエネルギーの関係は，最低のものより低いところから，最高のものより高いところまで，大幅に変わり得る．図 8.7 の ϕ_b では，一番エネルギー的に近い α_B が主成分になっているが，図 8.7 の状況と違って，もしも相手の α_C が α_B より低くなれば ϕ_b の主成分は χ_C になる．このように，相手の α_C の高さによって軌道成分の大小の状況は変化するので注意する必要がある．

●8.4 分子軌道の組み立て方

すでに 1 対 1 および 2 対 1 の軌道間相互作用の仕組みを学んだが，実際に問題とする系では，もっと多数の軌道間の相互作用を考えなくてはならない．とすると，すでに学んだ軌道間相互作用だけでは，実際の問題には使えないのではないかと心配になる．しかし，すべての軌道どうしの相互作用を考えなければならないかというと，そうではない．以下に示すように，軌道どうしが相互

作用しないか，あるいは相互作用を無視できることがあるので，そのような場合を除外すると，軌道間相互作用をまともに取り扱わなければならない範囲がかなり限定され，問題が大幅に単純化されるからである．

[軌道間相互作用を省略できる場合]

(1) 対称の合わない軌道間の相互作用は考えなくてよい．これは第7章の最後に学んだことに基づいており，対称の合わない軌道どうしは重なり積分が0になるので，重なり積分に比例する共鳴積分も0になり，それらの軌道どうしは相互作用せず，軌道準位や軌道の形を変える原因とならない．

(2) エネルギーの差が非常に大きい軌道間の相互作用は無視してよい．最外殻の価電子とそれより内側の内殻電子の軌道間や，価電子とそれより外側の電子殻にある励起電子の軌道間の相互作用は，エネルギーの差が非常に大きいので，通常，無視してかまわない．

ここで，相互作用の対象となる軌道のエネルギーの高低については，第6章で原子の軌道準位の序列を学んだ．この序列は，同じ原子の軌道準位についてのものであるから，種類の異なる原子の軌道間の序列には使えない．大まかには，クーロン積分 α が原子のイオン化エネルギーの -1 倍にほぼ等しいので，原子のイオン化エネルギーを参照すると，異なる原子の軌道準位の高低を推定できる．図8.8に精密な計算で求められた原子の価電子軌道のエネルギーを原子番号20のCaまで示す．分子軌道の組み立てを行うときに参考にするとよい．

分子中の原子数が多くなると，一度に分子全体を組み立てるのは困難になる．そういう場合には，分子をいくつかの部分に分けて，部分どうしの相互作用を段階的に進めることで全体を構築するようにすると，比較的簡単に分子軌道の組み立てを進めることができる．

本章で学んだ軌道間相互作用の仕組みとそれに基づく分子軌道の組み立て方を応用すると，いろいろな分子の分子軌道を簡単に組み立てることができるが，具体的な適用例については次章以下で学ぶ．

量子化学計算プログラムを使って分子軌道計算を行うと，精密に分子軌道の

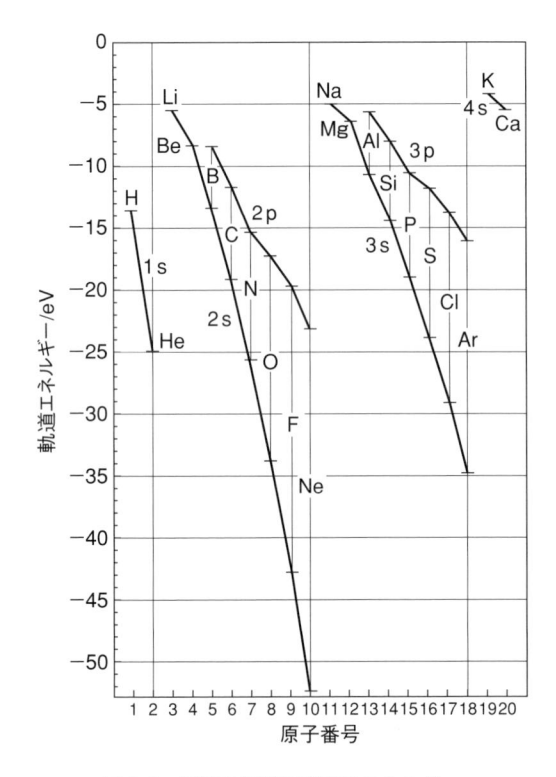

図 8.8 原子の価電子軌道のエネルギー

エネルギー準位と軌道関数を求めることができるが，なぜそのようなエネルギー準位と軌道の形になるのかは，計算結果を得ても理解はできない．本章で扱った定性的考え方をマスターできれば，精密な分子軌道計算で得られる結果をよく理解し，応用が利くようになるという大きなメリットがある．

コラム

計算の高速化

　量子化学の問題解決には，数値計算が必要になることが多い．筆算でできる程度ならよいが，方法が精密になればなるほど計算量は膨大になる．

　1960年代の初めには電卓が存在せず，普通の計算は筆算か算盤でやる時代で，科学計算には計算尺や対数表がよく使われた．研究室では手回し計算機が使われ，ハンドルを何度も回して掛け算や割り算をするのだが，4行4列の永年方程式を解くにも朝から晩までかかるほどたいへんであった．

　1964年ごろから国産の電気式卓上計算機（後に電卓と命名された）が発表されたが，重さが20 kgほどもあり，値段も当時は高嶺の花の乗用車1台分に相当し，とても個人で所有できるものではなかった．その後急速に改良と普及が進み，1970年代には誰でもが電卓を使う時代が到来した．

　一方，科学技術計算用の大型電子計算機は，1940年代から試作が進められ，1950年代には相次いで商用の電子計算機が発表された．日本の大学にも大型計算機センターが設置され，1960年代には研究に盛んに利用されるようになった．1970年ごろには分子軌道法を用いた量子化学計算を大学院生が行うようになったが，計算速度が現在と比べてはるかに遅かったので，何でも計算できるというわけにはいかなかった．

　2011年に世界最速の計算機が日本国内に登場し，演算速度 10 PFlops（ペタフロップス） $= 10^{16}$ Flops を記録した．1 Flops というのは，浮動小数点計算を1秒に1回行う速度である．

スーパーコンピュータ「京」

桁数にもよるが，筆算では1 Flopsに満たないし，暗算や算盤の達人でも1 Flopsを達成するのは至難である．現在は普通のパソコンでも 10^{10} Flops以上あり，1 Flopsの計算速度で 10^{10} 秒 ≒ 317年もかかることを瞬く間の1秒で片づけてしまう．世界最速の 10^{16} Flopsでは，1 Flopsの速度で 10^{16} 秒 ≒ 3.17億年かかることを瞬時にやってのける．

　計算機は3.5年ごとに1桁速くなっている．7年後には今より2桁速くなり，ビッグバンから1 Flopsの速度で処理し始めたとしても，宇宙の年齢は137億年なので，まだ半分も済んでいない計算が1秒以内で終わるようになる．

演習問題

8.1 共鳴積分の評価式として，第7章式 (7.34) $\beta_{AB} = K \cdot S_{AB} \cdot (\alpha_A + \alpha_B)/2$ を用い，水素分子イオンの二つのエネルギー準位の間隔 $\varepsilon_a - \varepsilon_b = |\alpha|$ となるように K の値を定めよ．ただし，$S_{AB} = 1/2$, $\alpha_A = \alpha_B = \alpha$ とする．

8.2 二つの軌道 A と B の軌道間相互作用の大きさについて，ヒュッケル法を用いて調べよ．両者の軌道エネルギーの差 δ が以下の (1) ~ (4) であるとき，共鳴積分 $\beta = -2\,\mathrm{eV}$ として，相互作用で生じる軌道エネルギーの変化の大きさ $\varDelta$ をそれぞれ求め，β の大きさと比較せよ．

(1) $\delta = 0\,\mathrm{eV}$ (2) $\delta = 2\,\mathrm{eV}$ (3) $\delta = 20\,\mathrm{eV}$ (4) $\delta = 200\,\mathrm{eV}$

8.3 光電効果と同様の実験によると，水素分子イオンから電子を取り出すのに必要なエネルギーは，$16.38\,\mathrm{eV}$ である．水素分子イオンの解離エネルギーを求めよ（水素分子イオンの解離エネルギーは，結合した状態から，H 原子と H^+ とに解離させるのに必要なエネルギーである）．

8.4 ある原子の二つの軌道 χ_A と χ_B が，別な原子の軌道 χ_C と相互作用してできる三つの軌道のエネルギー準位の位置を，元の三つの軌道のエネルギー準位と比べてどうなるか，ヒュッケル法の永年方程式を用いて推定せよ．ただし，クーロン積分と共鳴積分はそれぞれ次のようであるものとする．

$\alpha_A = -10\,\mathrm{eV}$, $\alpha_B = -20\,\mathrm{eV}$, $\alpha_C = -12\,\mathrm{eV}$, $\beta_{AC} = \beta_{BC} = -2\,\mathrm{eV}$, $\beta_{AB} = 0\,\mathrm{eV}$

次に，χ_B は p 軌道，χ_A と χ_C は s 軌道であるとして，新しくできる軌道のエネルギー準位と軌道の形の概略を，図 8.7 に倣って描け．

第 9 章
分子軌道の組み立て

これまでに学んだ軌道間相互作用の考え方を応用すると，いろいろな分子の分子軌道とそのエネルギー準位を組み立てることができる．本章では，簡単なものから始めて，やや複雑なものまで，分子軌道の組み立てを行い，分子の世界の量子論的特徴を調べる．

9.1 AH 型分子

軌道間相互作用に基づいて分子軌道がどのように組み立てられるのか，その手始めに，H 原子を含む二原子分子として AH 型分子を取り上げる．

H_2 分子

H 原子の価電子は 1s 軌道に 1 個収容されているから，図 9.1 のように二つの H1s 準位を左右に離して示す．2s 以上の準位は 1s と比べかなり高いところにあるので，エネルギー差の原理により 1s との相互作用は無視できるので書かなくてよい．

二つの H 原子が近づいてできる分子軌道のエネルギー準位を図の中央に示

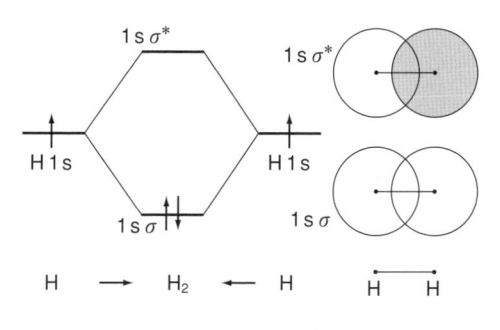

図 9.1 H_2 の分子軌道

す．安定な準位 $1s\sigma$ は相互作用する前の H1s より低いところにでき，二つの H1s 軌道が同位相で混じって結合性の $1s\sigma$ 軌道となる．逆に，不安定な準位 $1s\sigma^*$ は相互作用する前の H1s より高いところにでき，二つの H1s 軌道が逆位相で混じって反結合性の $1s\sigma^*$ 軌道となる．ここで，新しく生じる分子軌道が σ 軌道であるのは，二つの 1s 軌道が原子間を結ぶ軸を含む節面のない σ 型の重なりをするからである．また，軌道の名称から性質がわかるように，反結合性軌道には*印をつけ，結合性軌道と区別している．このように，相互作用する二つの原子が同等なときは，反結合性軌道に*印をつけて区別する．

水素原子のH1sにあった価電子2個は，水素分子の $1s\sigma$ 軌道の電子対となる．水素分子では，$1s\sigma$ 軌道が，電子対をもつ一番上の軌道，すなわち最高被占軌道（HOMO）である．一方，$1s\sigma^*$ 軌道は電子の入らない空軌道のうち一番低いので，これが最低空軌道（LUMO）である．

H原子は，不対電子があるためそのスピンにより**常磁性**を示す．一方，水素分子は，電子対のスピンが互いに打ち消し合うため**反磁性**の分子である．常磁性の物質は磁石にくっつくが，反磁性の物質は磁石にくっつかない．

結合性軌道の電子対によって原子どうしが結ばれてできる結合を，**電子対結合**または**共有結合**という[†1]．

LiH 分子

各原子の価電子までの電子配置を，図9.2のように左右に離して示す．このとき，原子のイオン化エネルギーを比較し，大きい方のH原子のH1sをLi原子のLi2sより下になるよう

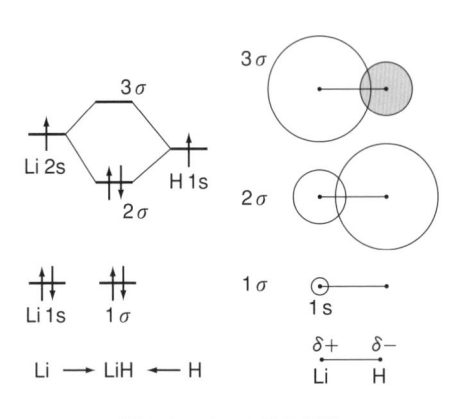

図9.2 LiHの分子軌道

[†1] 電子対で結合した H_2 は H^+ と H^- からも生じる．電子対結合・共有結合という呼び名は，できた結合に対するもので，結合の形成過程にはよらない．

にする．Li1sは内殻の準位であるから，Li2sやH1sより下になる．Li2pを考慮してもよいが，その影響は小さいのでここでは無視する．また，価電子より外側の電子殻の準位は，エネルギー差の原理により省略する．なお，LiとHを左右のどちらにするかは任意でよいが，ここでは化学式の書き方に従いLiを左にした．

図の中央に2原子が近づいてできるLiH分子のエネルギー準位を書く．Li1sは内殻軌道であるため，価電子をもつH1sとはエネルギーの差が大きいので相互作用せず，エネルギーも軌道の形もそのままで，一番低い分子軌道1σとなる．ここには，Li1sと同様に電子対が入る．残るLi2sとH1sは，1対1の軌道間相互作用により，低い方のH1sより安定化してさらに低い位置に結合性の2σと，高い方のLi2sより不安定化してより高い位置に反結合性の3σができる．2σ軌道は，低い方のH1sを主成分とし（大きい円），これに高い方のLi2sが同位相（小さい円）で少し混じった結合性軌道である．3σ軌道は，高い方のLi2sを主成分とし（大きい円），これに低い方のH1sが逆位相で（塗りつぶした小さい円）少し混じった反結合性軌道である．ここでは，相互作用する二つの原子が異なるため，H_2分子のときとは違って，エネルギーの低い方から順番に1σ，2σと番号を付して分子軌道を区別した．このように，A_2型を除きたいていの分子では，σやπなどの軌道の種類にエネルギーの低い方から順に番号をつけて分子軌道を区別する．

LiとHから価電子1個ずつが提供されて，LiH分子では価電子2個が2σ軌道の結合性電子対となる．このとき，2σ軌道の主成分はH1sであることに注意する必要がある．最初はLiとHに1個ずつあった価電子が，2σ軌道ではH原子の方に偏って存在する．このため，LiHの結合は，H原子側が少しだけ負（$\delta-$：デルタマイナス）になり，Li原子側が少しだけ正（$\delta+$：デルタプラス）になって**電気的極性**が生じ，LiH分子は**電気双極子モーメント**をもつ[†1]．H_2では結合に極性が生じないので，H_2分子は双極子モーメントをもたない．

[†1] 微小な距離（r）を隔てて存在する同じ大きさの正負の電荷（電気量$\pm q$）は**電気双極子**と呼ばれ，大きさが$\mu = qr$の電気双極子モーメントをもつ．

LiH 分子の HOMO は 2σ, LUMO は 3σ であり、この分子は反磁性である.

HF 分子

H 原子と F 原子の電子配置を図 9.3 の左右に分離して示す．イオン化エネルギーが大きい F2p を H1s より下に書き，F2s はそれより下に，内殻の F1s はさらに下に書く．すでに述べたように，価電子より高い軌道は無視してよい．座標軸の取り方は任意でよいが，ここでは 2 原子を結ぶ結合軸を z 軸にとる．

F 原子には多数の軌道が関係しているので，H1s との相互作用が複雑に思えるが，相互作用しない組み合わせを考慮すると，簡単に議論が進められる．

内殻の F1s はエネルギー差の原理より H1s とは相互作用せず，そのまま HF の分子軌道となって 1σ を与える．次に，H 原子を含む z 軸とは直交する方向を向いた $F2p_x$ と $F2p_y$ は，どちらも H1s とは対称の合わない重なりの関係にあり，そのため，これらはまったく相互作用しない．その結果，$F2p_x$ と $F2p_y$ はそのまま HF の分子軌道 1π になる．これらは縮重した π 軌道であり，結合性を持たない価電子軌道なので**非結合性軌道**と呼ばれる．

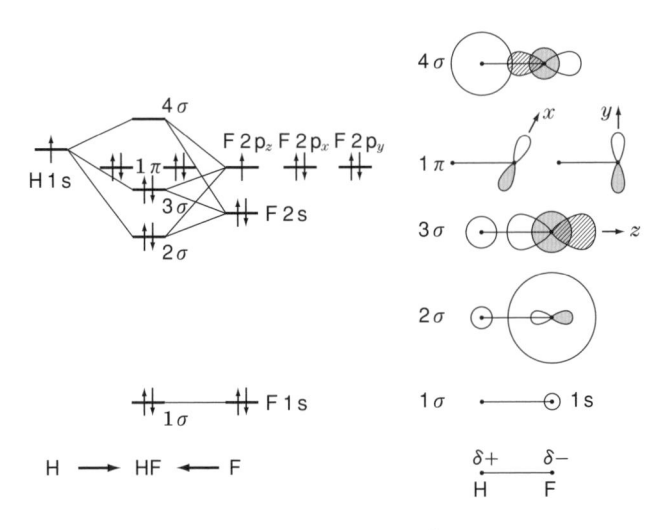

図 9.3 HF の分子軌道

残っているのは，F2p$_z$（高い方），F2s（低い方）とH1s（相手）との2対1の軌道間相互作用である．まず，F2p$_z$（高い方）もF2s（低い方）もともに，H1s（相手）に対して（上から下向きに）同位相で混じって，F2sより下に結合性の強い2σ軌道を与える．主成分は，エネルギー的に一番近いF2sである．エネルギー的にF2pとF2sの中間に生じる3σ軌道は，H1sに対して，高い方のF2p$_z$は（上から下向きに）同位相で，低い方のF2sは（下から上向きに）逆位相で混じってでき，中途半端な結合性をもった軌道となる．一番高い位置にできる4σ軌道は，F2p$_z$（高い方）もF2s（低い方）もともにH1s（相手）に対して（下から上向きに）逆位相で混じって，反結合性の強い軌道となる．全部で10個の電子は，1σから1πまでの五つの準位に電子対となって入り，1πがHOMOに，4σがLUMOになる．

HFは不対電子をもたないので反磁性であり，H1sの電子がF2sやF2p$_z$の方に偏るため結合に極性が生じ，電気双極子モーメントをもつ．

9.2　AH$_2$型分子

軌道間相互作用に基づいて，多原子分子の分子軌道と分子構造について調べてみよう．ここでは，原子A（C, N, O, Fなど）とH原子2個を含むAH$_2$型分子を取り上げ，その分子軌道を組み立てる．

まず，すでに学んだH$_2$の分子軌道の成り立ちを参考にし，図9.4の左上に示したステップ1のように，2個のH原子を並べてそれらの相互作用を考える．二つのH1sの間の相互作用によって，エネルギーが低下し結合性の1sσと，エネルギーが上昇し反結合的な1sσ*ができる．

次にこのH$_2$の結合を垂直二等分する方向から原子Aを近づけ，図9.4の左下に示したステップ2のように，直角二等辺三角形の形にする．座標軸は，Aを通り上下の方向をz軸，水平方向をy軸，紙面に垂直な方向をx軸としておこう．この状況で，H$_2$の部分は，すでに述べたように1sσ，1sσ*となっている．これに対し，Aの電子配置はA原子の種類に依存するが，C, N, O, Fなど第2周期の原子の場合は，図の右側に示したようにA1sからA2pまでを

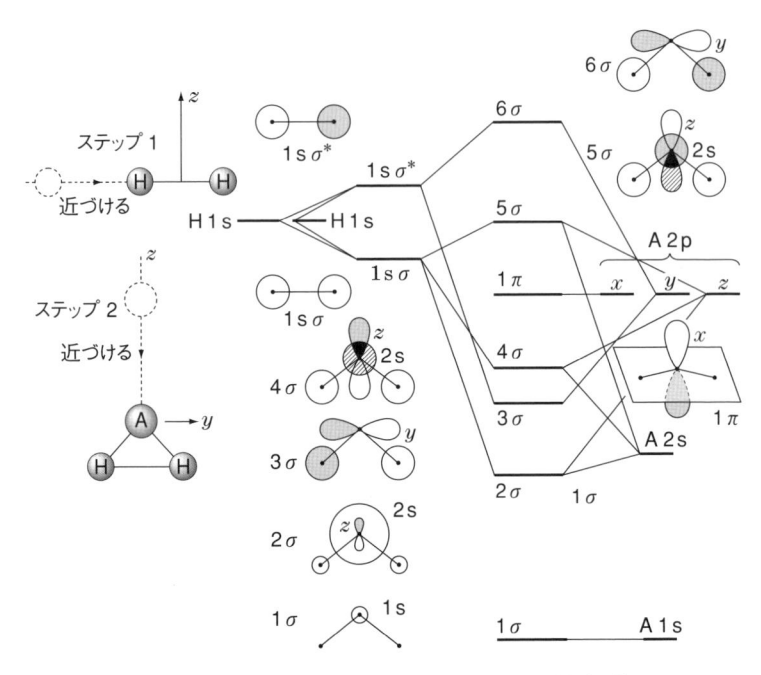

図 9.4 AH₂ 型分子の分子軌道の組み立て (直角型)

考えればよい．

　Aの内殻準位であるA1sは，エネルギーの差が大きいのでH原子の軌道とは相互作用しないとみなしてよいから，そのままAH₂の一番低い分子軌道1σとなる．この軌道の形は，図の中央の下に示したように，ほとんどAの内殻の1s軌道のままであり，広がりが小さいので小さな円で示してある．

　次に対称性を考えると，H₂部分の1sσ，1sσ* とそれぞれ対称の合わない軌道は相互作用しない．Aの軌道は，H₂の1sσ，1sσ* との関係で，次の三つのグループに分類される．

(1) $H_2 1s\sigma$，$1s\sigma^*$ のどちらとも対称の合わないもの：$A2p_x$
(2) $H_2 1s\sigma^*$ と対称の合うもの：$A2p_y$
(3) $H_2 1s\sigma$ と対称の合うもの：A1s，A2s，$A2p_z$

　このうち，$H_2 1s\sigma$，$1s\sigma^*$ のどちらとも対称の合わない$A2p_x$は，そのまま

9.2 AH$_2$型分子

AH$_2$の分子軌道1πになる．そのエネルギー準位は，Aの$2p$準位とほぼ同じであり，形もほとんどA$2p_x$のままで，AH$_2$分子の平面に垂直な方向を向いている．

A$2p_y$は対称の合うH$_2$1sσ^*と1対1の相互作用をする．その結果，結合性の3σと反結合性の6σが生じる．これらの軌道の結合性は，$2p_y$軌道の正負の部分（負の部分に網掛けをしてある）とH1s成分との位相関係を反映している．

H$_2$1sσと対称の合うもののうち，内殻のA1sはすでに議論が済んでいるので除外すると，価電子のA2s，A$2p_z$とH$_2$1sσとの2対1の軌道間相互作用に帰着する．その結果，A2sより低いところに結合性の非常に強い2σができ，A2pより高いところに反結合性の強い5σができ，さらにA2pとA2sの間に中間的な性質をもつ4σができる．この4σがA$2p_y$を含む3σより上になるのは，4σの2s成分がH1sと逆位相になっているためである．ここで軌道の形を詳しくみると，2σではAH$_2$の3原子とも結合的であり，4σでは二つのH原子間が結合的であるのに対しAとHの間は反結合的になっており，5σではA2sとA$2p_z$の負の部分が二つのH1sの正の部分に割り込み，三つの原子間に節が生じている．

これで二等辺三角形型のAH$_2$分子の分子軌道の成り立ちがわかったが，AH$_2$分子が直線型になるときはどうであろうか．**図9.5**に，AH結合の長さを一定にして，結合角θを直角型から直線型へと変化させたときの変化を，ステップ3として調べた結果を示す．1σは，内殻のA1s成分しかないので，そのエネルギーは角度によらず一定であり，図9.5では省略した．また，1πもH1sとは対称の合わないA$2p_x$のみからなるので，これも角度によらずエネルギー準位が一定となる．この1πより高い準位は，通常，電子が入らないので，図9.5では省略した．

2σは，角度が直線に近づくにつれて，二つのH1s間の同位相の重なりが減少し，直線では対称の要請でA$2p_z$の同位相の寄与がなくなるため，わずかに右上がりになる．3σは，H1sとA$2p_y$との重なりが直線に近づくほど大きく

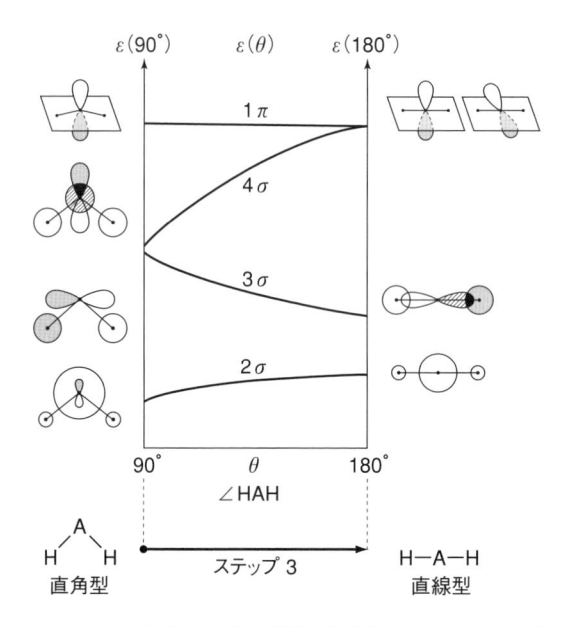

図 9.5 AH_2 型分子の分子軌道の結合角 (θ) に対する変化（ウォルシュダイヤグラム）

なるので，大きく右に下がって行く．4σ は，直線に近づくにつれて，H1s どうしおよび $A2p_z$ の下半分との同位相の重なりが小さくなり，また直線では対称の要請から純粋な $A2p_z$ となるため，右に大きく増加して，直線型では $A2p_x$ 成分と完全に縮重した 1π になる．

図 9.5 のように，結合角による軌道エネルギー準位の変化をグラフにしたものを**ウォルシュダイヤグラム**という．この図を利用すると，精密な計算をしなくても，結合角に関する議論ができる．図 9.5 において，右下がりの曲線は，その準位に電子が入ると角度が増すほどエネルギーが下がって安定化することを示し，角度を広げる働きをもつ．逆に，右上がりの曲線は，その準位に電子が入ると角度が小さいほどエネルギーが下がるため，角度を狭くする働きをもつ．また，水平な準位は，電子が入っても結合角に対しエネルギーが変化しないので，結合角には関係しない．

9.2 AH₂型分子

　各軌道に何個電子が入るかは電子配置の問題であり，原子 A の価電子数に依存する．そこで，AH₂ 分子の結合角について，A として第 2 周期の Be から O までの範囲で調べてみよう．BeH₂ では価電子数が 4 であるから，3σ 準位まで電子対が収容されるので，主に 3σ の大きな右下がりの効果によって結合角は 180° になる．次の BH₂ では，価電子が 1 個増えて 5 個になり，4σ 準位に電子が 1 個追加される．詳しく調べてみると，直角型と直線型のエネルギーの違いは，4σ の方が 3σ よりもおよそ 2 倍大きい．このことから，4σ 電子 1 個は 3σ 電子 2 個分の働きをちょうど打ち消すと考えられるので，結合角は直角型と直線型のほぼ中間（135° 付近）になると予想される．実際の BH₂ 分子の結合角は 131° であり，予想した角度に非常に近い．

　CH₂（メチレン）では，さらに価電子が 1 個追加される．メチレンには，$(4\sigma)^2$ の電子対をもつ反磁性のスピン状態（**一重項状態**）のもの（一重項メチレン）と，同じ向きのスピンをもつ電子が接近した二つの準位に分かれた $(4\sigma)^1(1\pi)^1$ の電子配置をとる常磁性のスピン状態（**三重項状態**）のもの（三重項メチレン）の 2 種類がある[†1]．このうち，三重項メチレンでは，追加された電子が結合角に関係しない 1π に入るので，その結合角は BeH₂ の結合角（131°）と同程度と予想される．実際の三重項メチレンの結合角は 136° であり，この予想に近い．一重項メチレンでは，結合角を狭める働きをもつ 4σ に電子が追加されるので，その結合角は BeH₂ の結合角（131°）よりかなり小さくなると予想される．一重項メチレンの実際の結合角は 102.4° であり，確かに BeH₂ の結合角より小さい．

[†1] スピン状態は，スピン多重度 ($2S+1$) で分類される．S は問題にしている電子配置のスピン量子数で，その値が決まれば，角運動量の一般的性質から，成分に関する量子数 M_S は S から $-S$ まで $2S+1$ 通り可能であり，$2S+1$ をスピン多重度と呼ぶ．S の大きさは，個々の電子のスピン磁気量子数の組み合わせで可能な M_S の値の最大値で決まる．電子対では上下のスピン磁気量子数 $\pm 1/2$ が打ち消し合うため（最大の M_S）$= 1/2 - 1/2 = 0$，$S = 0$ であり，そのスピン多重度は $2S+1 = 1$ となるので一重項となる．二つの電子のスピンの向きがそろうときは（最大の M_S）$= 1/2 + 1/2 = 1$ を与えるので $S = 1$ が得られ，$2S+1 = 3$ となるので三重項となる．なお，あとで出てくるが，不対電子 1 個だけの状態では M_S の最大値は $1/2$ で $S = 1/2$ なので，$2S+1 = 2$ となり二重項となる．一重項は不対電子がないので反磁性であるが，二重項と三重項は不対電子をもつので常磁性になる．

表 9.1 AH₂ 型分子の分子構造と電子配置

AH₂	価電子数	結合角 $\theta°$	結合距離 R_{AH} (pm)	電子配置 1σ	2σ	3σ	4σ	1π	スピン状態
BeH₂	4	180	133	↑↓	↑↓	↑↓			一重項
BH₂	5	131	118	↑↓	↑↓	↑↓	↑		二重項
CH₂	6	136	108	↑↓	↑↓	↑↓	↑	↑	三重項
CH₂	6	102.4	111	↑↓	↑↓	↑↓	↑↓		一重項
NH₂	7	103.4	102	↑↓	↑↓	↑↓	↑↓	↑	二重項
H₂O	8	104.5	96	↑↓	↑↓	↑↓	↑↓	↑↓	一重項

どちらの CH₂ (メチレン) に電子を 1 個加えても，その次の NH₂ (アミノラジカル) では，1σ から 4σ まですべて電子対になり，1π に 1 個電子が入った状態になる．すでに述べたように，1π の電子は結合角に関係しないから，NH₂ の結合角は，4σ まで電子対が配置されている一重項メチレンの結合角 (102.4°) と同程度になると予想される．実際の NH₂ の結合角は 103.4° であり，この予想に非常に近い．H₂O 分子の場合も，追加された電子は結合角に関係しない 1π に入るので，その結合角は一重項メチレン (102.4°) や NH₂ (103.4°) と同程度と予想される．実際の H₂O 分子の結合角は 104.5° であり，ほぼ予想通りである．

以上の検討結果を，**表 9.1** にまとめて示す．ここで，BH₂ と NH₂ の電子配置には不対電子が 1 個残っており，このようなスピン状態は**二重項状態**と呼ばれる．H 原子と比べて A 原子の電気陰性度が増すほど，結合性分子軌道の電気的極性が A 原子の方へ偏って結合のイオン性が増加し，AH 結合はより強くなる (第 6 章，ポーリングの電気陰性度の説明参照)．このため，Be から O へと移行するにつれて，H 原子との結合の長さ (結合距離) は短くなる．

● 9.3 A₂ 型分子

2 個の同種原子 A からなる A₂ 型分子を**等核二原子分子**という．その分子軌道の成り立ちの基本は，ns 軌道どうし，および np 軌道どうしの相互作用によって，図 9.6 に示すようになる．ここで，結合軸を含む節面の有無に注意し

9.3 A₂型分子

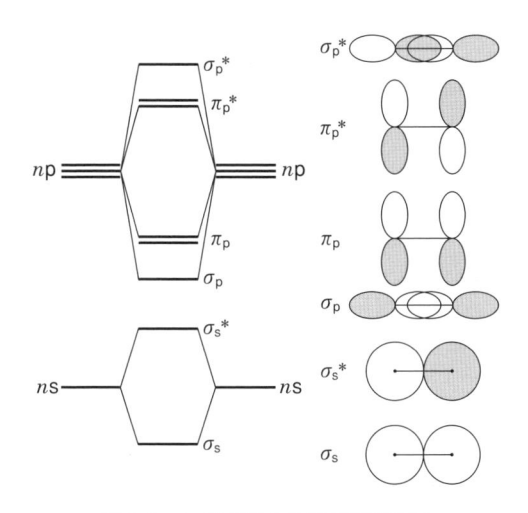

図 9.6 A₂型分子の軌道間相互作用

て π と σ を区別し，位相のそろった結合性軌道に対し，位相が逆になっている反結合性軌道には * 印を付けて区別した．また，由来が p か s かの区別を右下の添え字で示した．π_p より σ_p の方が下になるのは，重なり方が，直線的に角を突き合わせるような σ 型の方が，横方向で肩が触れ合うように重なる π 型より大きいため，相互作用による安定化も σ 型の方が大きくなるからである．ns と np のエネルギー差が十分大きければ（周期表の右側にある O, F, Ne など）図 9.6 と同じ基本型（**図 9.7 (a)**）でよいが，ns と np のエネルギー差が小さくなる周期表の左側の原子（Li, Be, B, C など）では，対称性が同じ軌道どうしがさらに相互作用して**図 9.7 (b)** のような修正型になる．このとき相互作用する 1 対の軌道について，低い方は高い方を少し取り込んで相対的に結合性を増加させ，エネルギーが下がってより安定になる．逆に高い方は低い方を少し取り込んで結合性を低下させ，エネルギーが上昇する．

図 9.7 の (a) または (b) のエネルギー準位に電子を配置したときに，結合の強さがどの程度になるかを推定する指標として，個々の軌道が結合性であるか反結合性であるかに基づいて次のように A₂ 型分子の**結合次数** P を定義する．

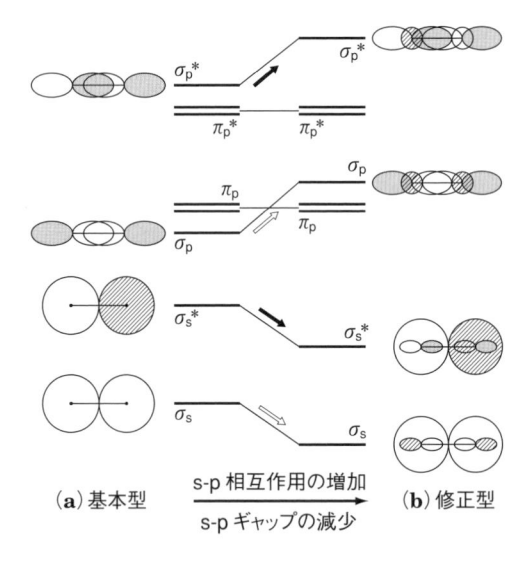

図 9.7 A_2 型分子のエネルギー準位

$$P = \frac{(結合性軌道の電子数) - (反結合性軌道の電子数)}{2} \quad (9.1)$$

この定義によると，結合性軌道の電子対1組当たりの結合次数が1になり，反結合性軌道の電子対は結合次数を1だけ下げる．この結合次数は，共有結合（電子対結合）の**多重度**とよく対応する．

図9.6，図9.7を用いて種々のA_2型分子の電子配置を組み立て，その性質を調べてみよう．H_2は$(\sigma 1s)^2$となるので，結合性電子対が1組あり，結合次数は1となって単結合であることがわかる．He_2は，電子配置が$(\sigma 1s)^2 (\sigma 1s^*)^2$で，結合次数は$P = (2-2)/2 = 0$となるため結合せず，安定な分子にはならない．次のLiからの第2周期の原子の等核二原子分子についても，同様に電子配置を組み立てると，**図9.8**のようになる．

Li_2では，$(\sigma 1s)^2 (\sigma 1s^*)^2 (\sigma 2s)^2$ となるが，He_2の電子配置と同じ部分は結合次数への寄与が0になるので，$\sigma 2s$の電子対だけで結合次数が決まり，$P = 1$となる．このように，内殻電子の部分は結合次数への寄与が0になるので，

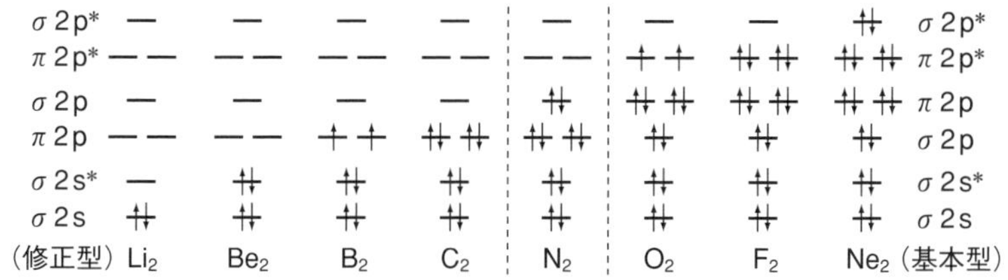

9.3 A_2型分子

	Li$_2$	Be$_2$	B$_2$	C$_2$	N$_2$	O$_2$	F$_2$	Ne$_2$	
$\sigma 2p^*$	—	—	—	—	—	—	—	⥮	$\sigma 2p^*$
$\pi 2p^*$	— —	— —	— —	— —	— —	+ +	⥮ ⥮	⥮ ⥮	$\pi 2p^*$
$\sigma 2p$	—	—	—	—	⥮	⥮	⥮	⥮	$\sigma 2p$
$\pi 2p$	— —	— —	+ +	⥮ ⥮	⥮ ⥮	⥮	⥮	⥮	$\sigma 2p$
$\sigma 2s^*$	—	⥮	⥮	⥮	⥮	⥮	⥮	⥮	$\sigma 2s^*$
$\sigma 2s$	⥮	⥮	⥮	⥮	⥮	⥮	⥮	⥮	$\sigma 2s$
(修正型)								(基本型)	

図9.8 Li$_2$–Ne$_2$ の価電子の電子配置 (N$_2$ は基本型と修正型の中間)

一般に，価電子の寄与だけを用いて結合次数を計算してかまわない．なお，この Li$_2$ のように不対電子をもたない分子はすべて反磁性である．

Be$_2$ では，$\sigma 2s^*$ にも電子対が入るため，価電子の電子配置は $(\sigma 2s)^2 (\sigma 2s^*)^2$ となって，$P = (2-2)/2 = 0$ となる．このため，Be$_2$ は He$_2$ の場合と同様に結合をつくらず，安定な分子にはならない．

B$_2$ では，価電子の数が6個になるので，$\sigma 2s^*$ の次にどの軌道に電子が入るかが問題になる．周期表の左側にある B 原子では，s と p のエネルギー差が小さいため，s-p 間の相互作用が重要であり，そのため図9.7の修正型の電子配置が適用される．その結果，価電子の電子配置は $(\sigma 2s)^2 (\sigma 2s^*)^2 (\pi 2p)^2$ となる．$(\sigma 2s)^2$ と $(\sigma 2s^*)^2$ の寄与は互いに打ち消しあうが，$(\pi 2p)^2$ の寄与は残り $P=1$ となる．したがって，B$_2$ 分子は π 型の結合による単結合の分子である．ここで，電子配置を詳しく見ると，$\pi 2p$ が縮重しているために，フントの規則によって，スピンの向きのそろった不対電子が2個生じている．このため，B$_2$ 分子は常磁性を示す．

C$_2$ の場合にも，B$_2$ と同様に $\sigma 2p$ より先に $\pi 2p$ に電子が入る修正型が適用され，$\pi 2p$ が HOMO になる．このため，C$_2$ 分子の結合は結合次数が $P=2$ であり，π 結合二つからなる二重結合である．

N$_2$ は，図9.7の基本型と修正型の中間のケースであるが，どちらを適用しても結合次数は $P=3$ で，π 結合二つと σ 結合一つからなる三重結合である．実験によると，N$_2$ の HOMO は $\pi 2p$ ではなく $\sigma 2p$ であることが知られており，

図 9.8 に示したように，修正型を用いた方がより事実に合致している．

O_2 では，周期表の右側に位置するため，s と p のエネルギー間隔が大きくなり基本型の電子配置になるが，縮重している $\pi 2p^*$ に，2個の電子がフントの規則に従って同じ向きのスピンをもつ不対電子となって入るので，常磁性になる．結合次数は，N_2 と比べて反結合性の電子が2個増えたので，次数が一つ下がり $P=2$ となって，π 結合一つと σ 結合一つの二重結合になる．

F_2 では，反結合性の $\pi 2p^*$ に電子が2個入るので結合次数が1下がって $P=1$ になり，σ 結合一つの単結合になる．Ne_2 では，$\sigma 2p^*$ までが完全に電子対で満たされて $P=0$ となるので，He_2 や Be_2 と同様に安定な分子をつくらない[†1]．

ここまで，第1周期および第2周期の等核二原子分子の電子配置と結合の強さについて詳しく見てきたが，これと同様の議論は，第3周期の原子からなる等核二原子分子 $Na_2 \sim Ar_2$ についても成立する．

結合次数は結合の強さを表す指標であるが，その大きさは結合の形成によるエネルギーの安定化の大きさ（結合を解離させるのに必要な**解離エネルギー**に相当する）や，できた結合の長さ（**平衡核間距離**）とも関係している．上で検討した等核二原子分子について，基底状態における価電子の電子配置，結合次数，解離エネルギー，平衡核間距離を**表 9.2** にまとめて示す．

大まかには，結合次数が大きくなると，結合が強くなり，解離エネルギーが大きくなって，平衡核間距離は短くなる．ただし，価電子の電子殻が異なるものどうしの比較は単純には行えない．H_2 の場合，単結合ではあるが，第2周期の等核二原子分子の場合の二重結合並みに解離エネルギーは大きく，平衡核間距離は N_2 の三重結合よりも短い．これは，K殻のH1s軌道の電子は，L殻の 2s や 2p 軌道と比べて原子核までの距離が近いため，結合性の電子密度によって原子核に働く力が大きくなるためである．

[†1] 表 9.2 のように，Ne_2 は分子間力で弱く結ばれた分子（ファンデルワールス分子という）をつくるが，その結合力は水素結合より弱く，原子間の距離もかなり長いので，ほかの分子の衝突や熱の作用で簡単に壊れてしまう．

表 9.2 等核二原子分子の電子配置と結合の強さ

分子	価電子の電子配置						結合次数	解離エネルギー D_0 (eV)	平衡核間距離 R (pm)
	$\sigma 2s$	$\sigma 2s^*$	$\sigma 2p$	$\pi 2p$	$\pi 2p^*$	$\sigma 2p^*$			
H_2	2						1	4.4781	74.144
He_2	2	2					0		
Li_2	2						1	1.046	267.29
Be_2	2	2					0		
B_2	2	2		2			1	3.02	159.0
C_2	2	2		4			2	6.21	124.25
N_2	2	2	2	4			3	9.759	109.77
O_2	2	2	2	4	2		2	5.116	120.75
F_2	2	2	2	4	4		1	1.602	141.19
Ne_2	2	2	2	4	4	2	0	0.0036	309

 N_2 や O_2 など電気的に中性な分子から電子を1個除いて N_2^+ や O_2^+ にすると，通常，一番エネルギーの高い軌道から電子が抜け，電子が抜けた軌道の結合性に従って結合次数が増減する．N_2^+ の場合は，結合性軌道の電子が1個減るので，$P = 3 - 1/2 = 2.5$ となり結合次数が減少する．O_2^+ の場合は，反結合性軌道の電子が1個抜けるため，相対的に結合性が増して $P = 2 + 1/2 = 2.5$ となり，結合次数が増加する．このように，電子が抜ける軌道の性質によって，結合の強さや結合の長さの変化の方向が異なることに注意する必要がある．

コラム

分子軌道の観測

 分子中の電子の運動状態を表す分子軌道とそのエネルギー準位を観測することができるだろうか．分子軌道は理論上の産物ではあるが，その特性をほぼ直接的に反映する現象を通して，実験的に調べることができる．

 K. シーグバーンは，マグネシウムの特性X線などの光子を用いて，いろいろな物質の光電効果で飛び出てくる電子の運動エネルギーを詳しく測定する実験法を1960年代に開発し，化学分析に有力な情報を提供できることを示した．得られるスペクトルはX線光電子スペクトルと呼ばれ，その方法はX線光電子分光法 (XPS) または ESCA (electron spectroscopy for chemical analysis；化学分析のための電子

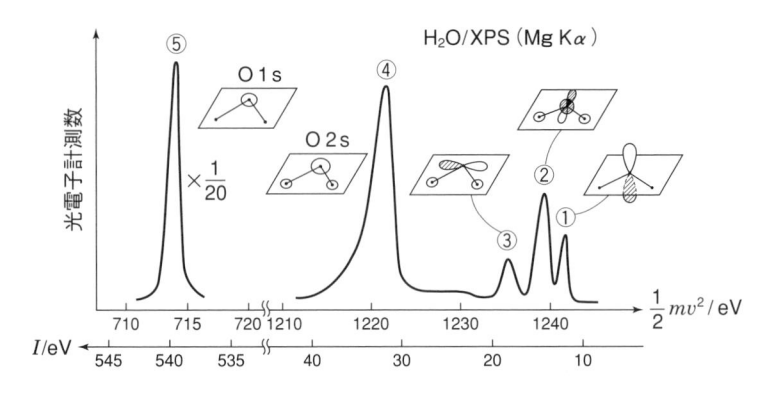

図 H₂O 分子の X 線光電子スペクトル

分光法) と呼ばれている.

　図は，H_2O 分子の X 線光電子スペクトルであり，水の分子の 10 個の電子が 5 組の電子対となって，そのそれぞれの電子対が五つの分子軌道の準位 (O1s 準位，O2s を主成分とする準位，および，O2p 軌道成分を含む三つの分子軌道の準位) に分かれていることが観測されている.

　X 線より光子のエネルギーがずっと小さい紫外線の光子を光源とする紫外線光電子分光法 (UPS) も，1960 年代にターナーらによって開発された．UPS では光子のエネルギーが小さいので，内殻電子を調べることはできないが，価電子の分子軌道の特徴をより詳細に調べることができる.

　このほか，分子軌道の空間的な広がり具合を調べることは，電子や励起原子を試料分子に衝突させたときに飛び出してくる電子の運動エネルギーを調べる電子分光法によって研究されている.

演習問題

9.1 次の分子およびイオンの結合次数を調べよ．
(1) B_2 (2) C_2 (3) O_2 (4) H_2^+ (5) He_2^+ (6) HeH^+ (7) N_2^+ (8) O_2^+

9.2 次のうち，常磁性を示すものを選べ．
Li_2, B_2, C_2, N_2, O_2, N_2^+, O_2^+, F^-

9.3 次のうち，水素原子が $\delta+$ の電気的偏りをもつものを選べ．
LiH, NaH, NH_3, H_2O, HF, HCl

9.4 アミノイオン NH_2^+ には，一重項と三重項の2種類がある．両者の結合角の大小を予想せよ．

9.5 ハロゲンの二原子分子の F_2, Cl_2, Br_2, I_2 の解離エネルギーは，この順に小さくなる．なぜか．

9.6 HCl 分子の分子軌道とそのエネルギー準位を組み立てよ．

9.7 本文の AH_2 分子の分子軌道の組み立て方を参考にして，H_2O 分子の分子軌道とそのエネルギー準位を組み立てよ．

9.8 紫外線光電子分光の実験によって，水分子の価電子軌道から電子を1個抜き出したイオン化状態として，3σ 軌道，4σ 軌道，1π 軌道のそれぞれから電子が1個抜けたことに相当する三つの状態が観測され，結合角として大きい方から順に，次の (1)〜(3) が得られた．

(1) $180°$ (2) $109°$ (3) $86°$

また，変角振動の振動数（波数）として，大きい方から順に，次の (a)〜(c) が得られた．

(a) 1610 cm^{-1} (b) 1380 cm^{-1} (c) 975 cm^{-1}

これらの結合角および振動数は，それぞれ，3σ, 4σ, 1π のどの軌道からのイオン化状態に対応すると考えられるか．結合角に対する電子の働き具合を示すウォルシュダイヤグラムに基づいて考察せよ．

第10章
混成軌道と分子構造

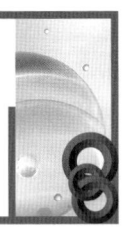

　原子間に結合ができる仕組みや，それを担う電子の運動状態を支配する分子軌道の組み立て方を学んできた．本章では，それぞれの原子がどのような結合をいくつ形成できるか，また，同じ原子の軌道どうしが混じり合って形成される混成軌道によって結合の方向性と原子価がどのように決まるのか，その仕組みを調べてみよう．また，混成軌道に基づいて分子の立体構造がどのように組み立てられるのか，その基本的な考え方をマスターしよう．

10.1　軌道の混成

　異なる原子の軌道どうしが相互作用して混合することで，結合ができる仕組みを詳しく学んできたが，同じ原子の軌道どうしが混合する効果はないのだろうか．実は，すでに学んだ2対1軌道間相互作用や具体的な分子軌道の組み立てにおいて，同じ原子の軌道を複数含む分子軌道の例は多数みられる．ここでは，同じ原子の軌道が互いに混合することがどのような意味をもつのか調べてみよう．

　図 10.1 (a) のように，p_x と p_y を同じ原子上で混合する（p_x と p_y の軌道関数の線形結合をとる）と，その結果は，両者の中間の方向を向いた p 軌道になる．これは，p_x と p_y とが第一象限（x 軸方向の 0° から y 軸方向の 90°

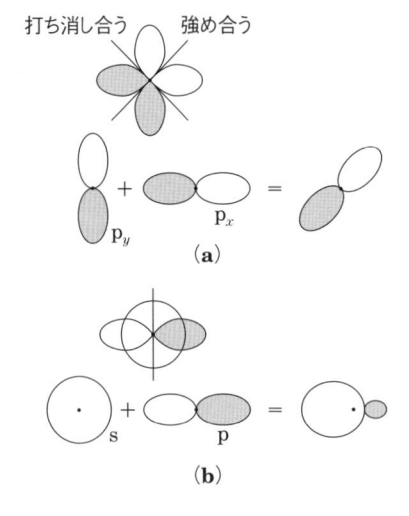

図 10.1　同じ原子の軌道の混合
(a) p 軌道どうし，(b) s 軌道と p 軌道

まで) と第三象限 (180 ～ 270°) で強め合い, 第二象限 (90 ～ 180°) と第四象限 (270 ～ 360°) で打ち消し合うためである. 混ぜ方 (線形結合の係数の大きさや符号の調節) によって, 混合してできる p 軌道の向きは 0° から 360° までの任意の方向に向けることができる. このことは, 座標軸の取り方で p 軌道による結合形成の仕方が変わるのではないかと心配する必要がないことを意味している.

　異なる種類の原子軌道を同じ原子上で混合するとどうであろうか. 同じ原子の s 軌道と p 軌道を混ぜると, **図 10.1 (b)** のように, p 軌道と s 軌道の位相がそろった方向で強め合い, 反対方向で打ち消し合うため, 生じる軌道は強め合う方向に大きく広がる. こうしてできる軌道は, 元の軌道とは形が違うので, このような軌道の混合を「**混成**」と呼び, 生じた軌道を**混成軌道**と呼ぶ.

　混成軌道によって特定の方向の電子波が強められると, その方向でほかの原子との軌道の重なりがより大きくなり, 相互作用しやすくなる. それに加え, 個々の原子軌道の電子分布は原子核を中心とする点対称性をもつので, 原子核をどの方向にも引っ張らないが, 混成軌道は電子分布が点対称ではなくなり, 電子分布が広がる方向へ原子核を強く引っ張る効果をもたらす. つまり, 混成軌道の形成によって, 電子分布の広がりで相手との重なりが増すだけでなく, 原子核を相手の方向に強く引っ張って結合の形成を促す効果も生じる. したがって混成軌道は, 形成される結合の方向性を決めるとともに, その方向に強い結合が生じるよう促進する働きがある.

　混成軌道にはいろいろなものがあるが, とくに重要なものについて, その成り立ちと特徴を詳しく調べてみよう.

sp 混成

　s 軌道と, 3 種類ある p 軌道のどれか一つとが 1 対 1 の割合で混成すると (**sp 混成**すると), **図 10.2** の左に示すように **sp 混成軌道** a と b ができ, そのエネルギー準位は s と p のちょうど中間になる. a では, 図 10.2 の右に示したように z 軸の正の方向に広がりが強められ, その方向で結合を作りやすくなっている. 一方, b では z 軸の負の方向への広がりが強められている.

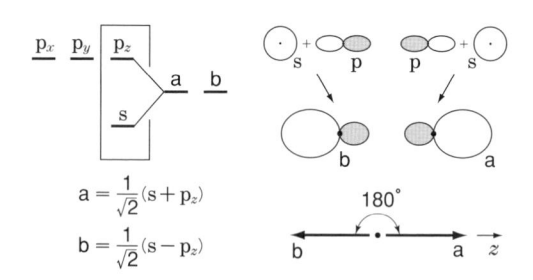

$$a = \frac{1}{\sqrt{2}}(s + p_z)$$
$$b = \frac{1}{\sqrt{2}}(s - p_z)$$

図 10.2 sp 混成軌道

互いに反対方向を向いた一対の sp 混成軌道を使って 2 組の結合ができると，それらの結合角は 180° になる．これによってできる直線状の分子の例としては，2 族や 12 族の原子のハロゲン化物である MgF_2 や $HgCl_2$，CN や CC 原子間に三重結合をもつ HCN や C_2H_2 などがある．

sp^2 混成

s 軌道と 2 種類の p 軌道が混成すると，**図 10.3** に示すように，混成に参加する二つの p 軌道で決まる平面内で互いに 120° ずつ方向が異なる混成軌道 a, b, c からなる sp^2 (**エスピーツー**) **混成**が形成される．s 軌道に加えて x 軸方向の p 軌道 (p_x) だけを含む a は，x 軸の正の方向への広がりが強められている．s 軌道成分に p_x と p_y を $(-1 : \sqrt{3})$ の割合で混合する (線形結合をとる) と，p 軌道成分の向きは x 軸から +120° の方向になり，それと s 軌道を混ぜてでき

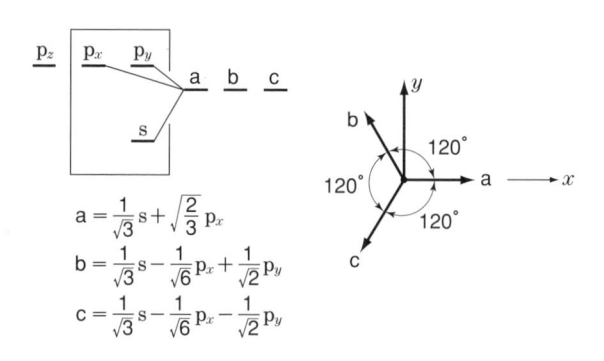

$$a = \frac{1}{\sqrt{3}}s + \sqrt{\frac{2}{3}}p_x$$
$$b = \frac{1}{\sqrt{3}}s - \frac{1}{\sqrt{6}}p_x + \frac{1}{\sqrt{2}}p_y$$
$$c = \frac{1}{\sqrt{3}}s - \frac{1}{\sqrt{6}}p_x - \frac{1}{\sqrt{2}}p_y$$

図 10.3 sp^2 混成軌道

る b もその方向を向く．これに対し，p_y の向きを逆に（−1倍）して混ぜ合わせると −120° の向きをもつ c ができる．こうしてできる3組の **sp^2 混成軌道**は，同じ平面内で互いに 120° ずれた方向を向いている．

　sp^2 混成軌道のエネルギー準位は s : p = 1 : 2 の加重平均になっており，s から p への 2/3 のところになる．この混成軌道を用いて中心原子が平面内で三つの結合をつくると結合角は 120° になる．このような sp^2 混成を使って結合している例としては，CH_3^+, BH_3, BF_3 などの平面三角形型のイオンや分子，エチレン C_2H_4 やベンゼン C_6H_6 のような平面状の不飽和炭化水素のほか，グラファイトなどがある．

sp^3 混成

　s 軌道 1 個と p 軌道 3 個から **sp^3（エスピースリー）混成**を形成すると，四つの **sp^3 混成軌道** a, b, c, d を，**図 10.4** に示すように，立方体の中心から四つの頂点の方向に，互いに正四面体角（109.5°）だけずらしてつくることができる．

　a, b, c, d の方向の四つの頂点を結んだ立体は正四面体であり，混成軌道をつくっている原子はその中心に位置している．この場合も，方向を決めているのは三つの p 軌道成分であり，s 軌道成分は関係しない．エネルギー準位は，s と p が 1 : 3 なので，s から p への 3/4 のところになる．sp^3 混成によって正四面体角の結合をつくる代表的な例としては，CH_4, SiH_4, NH_4^+ などのほか，ダイヤモンドや二酸化ケイ素 SiO_2 などの巨大な共有結合結晶がある．

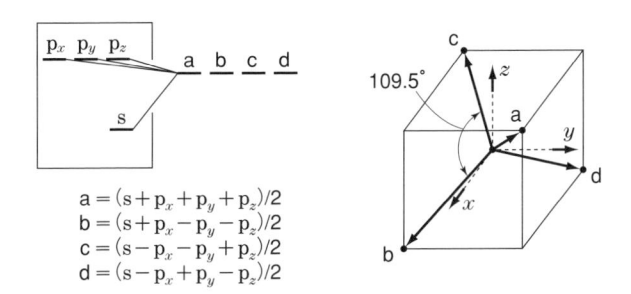

$$a = (s + p_x + p_y + p_z)/2$$
$$b = (s + p_x - p_y - p_z)/2$$
$$c = (s - p_x - p_y + p_z)/2$$
$$d = (s - p_x + p_y - p_z)/2$$

図 10.4　sp^3 混成軌道

10.2 不対電子と原子価

前章までに学んだことであるが,不対電子をもつ軌道どうしが相互作用して結合性軌道に電子対が生じると,**共有結合 (電子対結合)** ができて安定化する.このとき,結合性軌道にできる電子対を**共有電子対**という.結合に関係しない電子対は**非共有電子対 (孤立電子対)** と呼ばれる.

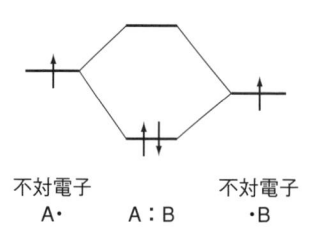

図 10.5 共有結合 (電子対結合) の形成
不対電子 A・　A:B　・B 不対電子

ここで,一つの原子がつくることができる結合の数を,その原子の**原子価**という.図 10.5 に示したように,通常,不対電子を1個ずつ出し合って共有電子対ができるため,原子の原子価は,その原子がもつ不対電子の数と考えてよい.ただし,不対電子の数は電子配置によって異なるので注意が必要である.

通常の C 原子の原子価は 4 であるが,**図 10.6** の左端に示したように,C 原子の基底状態の電子配置 (**基底電子配置**) は $(1s)^2(2s)^2(2p)^2$ であって,不対電子数は 2 であり,原子価と不対電子数とが食い違っている.しかし,2s 軌道から 2p 軌道に電子を 1 個励起した電子配置 (**励起電子配置**) を考えると,不対電子数は 4 になり,通常の原子価 4 と一致す

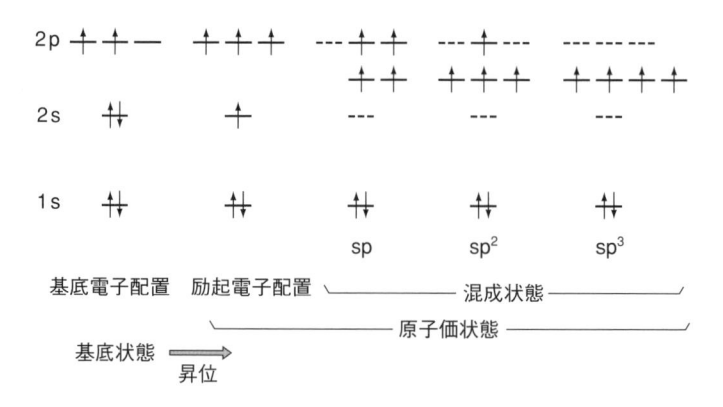

図 10.6 昇位と原子価状態

基底電子配置　励起電子配置　　　　混成状態　　　
　　　　　　　　　　　　sp　sp² sp³
　　　　　　　　　原子価状態
基底状態 ⟹ 昇位

表 10.1　不対電子数と原子価

原子	電子数		不対電子数		通常の原子価
	最外殻	価電子	基底電子配置	原子価状態	
H	1	1	1	1	1
He	2	0	0	0	0
Li	1	1	1	1	1
Be	2	2	0	2	2
B	3	3	1	3	3
C	4	4	2	4	4
N	5	5	3	3	3
O	6	6	2	2	2
F	7	7	1	1	1
Ne	8	0	0	0	0

る．さらに混成軌道に電子を配置する場合も，不対電子数は 4 になる．このように，通常の原子価を満たす電子配置を，**原子価電子配置**または**原子価状態**という．

通常の原子価を示すためには，基底電子配置よりもエネルギーを高くする必要があり，これを**昇位**という．また，昇位に必要なエネルギーを**昇位エネルギー**という．図 10.6 の原子価状態への昇位エネルギーは，どの場合も 2s 電子 1 個を 2p の準位に上げるエネルギーに等しく，優劣はない．電子対結合（共有結合）の形成によって安定化することで，昇位による不安定化を償うことができれば，原子価状態を経由する反応がエネルギー的に可能になる．実際に，Be，B，C の原子が原子価状態の原子価を示すのはこのためである．表 10.1 に，原子番号が 10 までの原子の，最外殻電子数，価電子数，不対電子数，およびよく知られた原子価の値をまとめて示す．

10.3　多原子分子の構造

混成軌道による原子価状態の不対電子を使って電子対結合を形成することで多原子分子が形成される例を，ここでいくつか取り上げる．

sp 混成による化合物の例として代表的なものにアセチレン C_2H_2 がある．ア

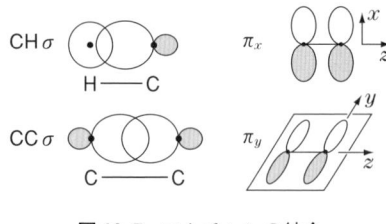

図 10.7 アセチレンの結合

セチレンでは，図 10.2 のように各炭素原子が 1 対の sp 混成軌道をもち，相手の C 原子の方向を向いた sp 混成軌道を互いに重ね合わせて電子対を共有し，図 10.7（左下）のように CCσ 結合をつくる．各 C 原子には，混成に参加しない p 軌道として，CC 結合軸を z 軸とするとそれに垂直な x 軸と y 軸の方向を向く $C2p_x$ と $C2p_y$ があり，これらが，二つの C 原子間で π 型の重なりをすることによって，図 10.7（右）のように 2 組の π 結合（π_x と π_y）を形成する．このため，アセチレンの CC 原子間は σ 結合一つと π 結合二つからなる三重結合である．

さらに各 C 原子において，相手の C 原子とは反対方向を向いた sp 混成軌道の不対電子と，H1s の不対電子とが電子対結合により CHσ 結合をつくる．したがって，アセチレン分子は H−C≡C−H 骨格をもつ直線分子である．ここで CH 基は三つの不対電子をもち，N 原子の電子配置に相当する．したがって，アセチレンの CH 基の一つを N 原子で置き換えると，もう一つの CH 基の C 原子と N 原子との間に C≡N 三重結合をつくることができ，直線状の HCN 分子ができる．さらにもう一つの CH 基を N 原子で置き換えると N≡N となり，窒素分子ができる．つまり，H−C≡C−H → HC≡N → N≡N のように変化する．このように，同じ電子配置の原子や原子団（置換基）を相互に置き換えることを**等電子置換**という．このような三重結合を多数もつ分子として，H−C≡C−C≡C−C≡C−H や H−C≡C−C≡C−C≡N などが存在し，その構造は，sp 混成の 180° の結合角が連なって一直線上に原子が配列した直線分子である．

図 10.3 に示した sp^2 混成軌道による化合物の代表例にエチレン C_2H_4 がある．C 原子の三つの sp^2 混成軌道にそれぞれ不対電子がある状態で，そのうちの二つが，それぞれ H1s の不対電子と電子対結合をつくると，図 10.8 (1) に

10.3 多原子分子の構造

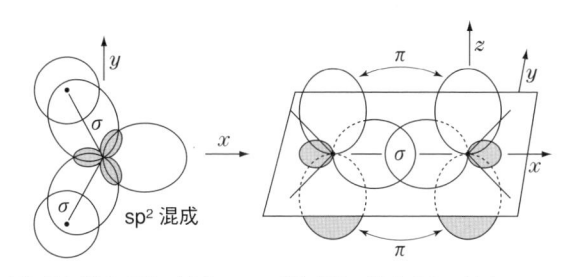

(1) CH_2 基と CH σ 結合   **(2)** CC π 結合 CC σ 結合

図 10.8 エチレンの結合

示すように，二つの CHσ 結合を含むメチレン基 CH_2 ができる．残る一つの sp^2 混成軌道の不対電子が，もう一つのメチレン基の不対電子と重なって CCσ 結合をつくることができる．このとき，各メチレン基の面に垂直な，混成には参加していない p 軌道（p$_z$ とする）どうしは，二つのメチレン基が同じ面上にそろうとき，互いに π 型の重なりをして CCπ 結合をつくる．その結果，二つの C 原子間は，σ 結合一つと π 結合一つからなる二重結合となる．ここで，CCσ 結合の形成には二つのメチレン基が同一平面になくてもよいが，さらに CCπ 結合ができるためには全体が同一平面にならなければならないことに注意する必要がある．

メチレン基 CH_2 は，不対電子を二つもち，O 原子と同等とみなすことができる．したがって，エチレンのメチレン基に等電子置換を行うと，エチレン C_2H_4 →ホルムアルデヒド H_2CO →酸素分子 O_2 のように変化する．さらに二重結合を多数持つ平面分子として，ブタジエン $CH_2=CH-CH=CH_2$ やグリオキサール $CHO-CHO$ などがある．ブタジエンやグリオキサールの中央の CCσ 結合の形成には，両端の二重結合部分の平面の向きが同一平面にそろっている必要はないが，中央の単結合を担う炭素原子上の p 軌道どうしの間に π 型の重なりが生じると，分子全体がさらに安定化するため，中央の単結合は少しだけ二重結合性をもつ．つまり，二つの二重結合に挟まれた単結合には π 結合性が生じるため，全体が平面構造をとろうとする．このように二重結合と単結合が交互に並んだ構造を **π 電子共役系**（または単に**共役系**）という．なお，π 型の重な

りを通じて全体が平面構造をとろうとする働きが生じるときには，π電子がその平面に沿って遠くまで広がる性質をもち，それが電気伝導性と関係する．本書ではこれ以上ふれないが，有機EL素子など，有機電子材料の多くにはこうしたπ電子の特性が利用されている．

図10.4に示したsp^3混成でできる分子の代表例にメタンCH_4がある．正四面体の中心にC原子を置いて四つの頂点の位置にH原子を置くと，4組のCHσ結合ができ，正四面体型のCH_4分子ができあがる．これからH原子を一つ取り外すとメチル基CH_3ができるが，これは同じ電子配置のF原子と等電子置換することができる．

また，メチル基は不対電子を一つもつので，メチル基どうしがCCσ結合をつくるとエタンC_2H_6分子ができる．エタンの隣り合う結合同士の結合角はsp^3混成を反映し，すべてほぼ正四面体角になっている．また，二つのメチル基をつなぐCCσ結合の形成において，それぞれのC原子周りのsp^3混成の空間的向きは，CC結合に使われる一つを除き任意であるため，二つのメチル基はCC結合軸の周りで360°ほぼ自由に回転できる．このように，分子の内部で結合状態を変えずに，単結合の周りでその両側が相対的に回転することを**内部回転**という．また，内部回転によって生じる立体的に異なる形状を**立体配座**といい，とくに位置エネルギーが極小になるものを**配座異性体**という．sp^3混成でこのように炭素鎖が伸びてできるプロパン$CH_3CH_2CH_3$などのアルカンでは，こうした内部回転の自由度が多数あるため，いろいろな立体配座をとり得る．

メチル基とF原子が互いの不対電子で電子対結合をつくると，フッ化メタンCH_3Fができる．また，周期表の同族原子は最外殻の電子配置が同じであり，同数の不対電子をもつので，相互に置換することができ，類似した化合物をつくる．同族原子どうしの置換を**同族置換**という．CH_3Fに同族置換を行うと，CH_3Cl, CH_3Br, CH_3Iができる．

メタン分子CH_4の水素原子の原子核（陽子）を，電子配置はそのままにして，C原子核中に移してみよう．すると，陽子が消えたところに非共有電子対ができ，C原子は原子番号が1増えてN原子に変わる．このような仮想的操作を繰

り返すと，次に示すように CH_4 から NH_3，H_2O，HF を経て Ne 原子に至る．

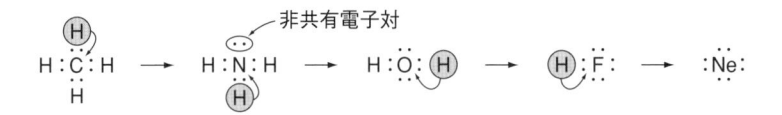

```
                     ―非共有電子対
        Ⓗ              ⋰
     ‥    ‥    ⋱ ‥   ‥       ‥
   H:C:H → H:N:H → H:O:Ⓗ → Ⓗ:F: → :Ne:
     ‥    ‥     ‥  ‥    ‥       ‥
     H     Ⓗ
```

　これらは電子数が同じで電子配置が似ているため，**等電子系列**と呼ばれる．陽子を実際に移動させることは難しいが，得られた等電子系列は実際に存在する分子や原子である．ここで，CH_4 と NH_3 の分子構造を比較すると，結合距離は 109 pm から 101 pm へと少し短くなるが，結合角は 109.5° から 107.1° へと，わずか 2.4° しか変わらない．H_2O の場合も結合角は 104.5° であり，sp^3 混成の正四面体角 109.5° にかなり近い．したがって，等電子置換を行うとき，分子構造はあまり変化しないとみなしてよい．

　メタン分子 CH_4 に含まれるメチル基 $-CH_3$ について，同様に等電子系列を考えると，アミノ基 $-NH_2$，ヒドロキシ基（水酸基）$-OH$，フルオロ基 $-F$ へと変化する系列が得られる．これらも相互に置換可能な等電子系列である．このような操作から，メチレン基 $\rangle CH_2$ から $\rangle NH$ を経て $\rangle O$ に至る系列や，すでに述べた CH 基と N 原子を結ぶ系列を考えることができる．このような等電子系列を利用して等電子置換を行うと，電子配置と混成状態の類似した分子を簡単に組み立てることができる．たとえば，プロパン $CH_3CH_2CH_3$ からジメチルアミン $NH(CH_3)_2$ やジメチルエーテル CH_3OCH_3 が，イソブタン $CH(CH_3)_3$ からトリメチルアミン $N(CH_3)_3$ が，それぞれ簡単に組み立てられる．**表 10.2** にメタンに関連する 7 電子から 10 電子までの等電子系列を，**表 10.3** に多重結合を含む等電子系列の例を示す．

　等電子置換や同族置換，不対電子数が同じものどうしの置換によっていろいろな分子の骨組みを作り出す操作は，電子対結合（共有結合）によって実際に存在する分子構造を予想するのに役立つことが多い．

表 10.2　7〜10 電子の等電子系列

電子数	原子価	系列
10	0	$CH_4 \leftrightarrow NH_3 \leftrightarrow H_2O \leftrightarrow HF \leftrightarrow Ne$
9	1	$-CH_3 \leftrightarrow -NH_2 \leftrightarrow -OH \leftrightarrow -F$
8	2	$>\!CH_2 \leftrightarrow >\!NH \leftrightarrow >\!O$
7	3	$\equiv\!\!CH \leftrightarrow \equiv\!\!N$

表 10.3　多重結合の等電子系列

$H-C\equiv C-H \leftrightarrow H-C\equiv N \leftrightarrow N\equiv N$
　アセチレン　　　シアン化水素

$-C\equiv C-H \leftrightarrow -C\equiv N$
　エチニル基　　シアノ基

$H_2C=CH_2 \leftrightarrow H_2C=O \leftrightarrow O=O$
　エチレン　　ホルムアルデヒド

$\overset{H}{}\!\!>\!C=CH_2 \leftrightarrow \overset{H}{}\!\!>\!C=NH \leftrightarrow \overset{H}{}\!\!>\!C=O$
　ビニル基 (エテニル基)　　　　アルデヒド基 (ホルミル基)

$>\!C=CH_2 \leftrightarrow >\!C=NH \leftrightarrow >\!C=O$
　　　　　　　　　　カルボニル基

● コラム ●

分　子　模　型

　次ページの図は，生命をつかさどる分子の中でもとりわけ重要な DNA の立体構造の模型である．このように，分子を構成する原子どうしの空間的位置関係を表す模型を**分子模型**という．分子模型には，大きく分けて 2 種類ある．一つは，原子の大きさ (原子半径) が原子の種類で異なることを大きさの異なる球で表すもので，**空間充填モデル**と呼ばれる．もう一つは，原子を表す球 (もしくは多面体) を小さくして結合の長さを表す棒で原子どうしをつなぐもので，**球棒モデル**と呼ばれる．
　ワトソンとクリックが 1953 年に X 線構造解析のデータに基づいて DNA の構造を発見したときには，分子模型が決め手になった．また，クロトーらがサッカーボール状のフラーレン分子 C_{60} を発見したときにも，分子模型が大きな手掛かりになった．分子模型は化学に欠かせないツールとなっている．

現在は，コンピュータを用いて分子の立体構造を可視化することも盛んに行われている．量子化学計算や実験で得られた構造データを，そのまま手に取るように可視化して観察することができ，パソコンの画面上で，自由に向きを変えたり，拡大縮小したり，結合の長さや結合角を調べたりすることができる．また，反応過程や異なる構造に変化する様子を，アニメーションとして見ることもできる．インターネットで，たとえば次の URL につないで，分子のコンピュータグラフィクスを楽しんでみるとよい．

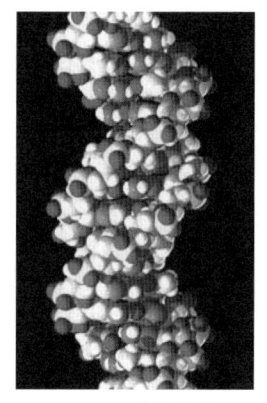

http://jmol.sourceforge.net/

DNA の分子模型

演習問題

10.1 次の中から，直線分子を選べ．
H_2O　$MgCl_2$　$H-C\equiv C-C\equiv N$　$CH_3-C\equiv N$　$HCHO$

10.2 次の中から，sp^2 混成が使われていると考えてよいものを選べ．
HCN　NH_3　$CH_2=CH-CH=CH_2$　CH_3Cl　BF_3

10.3 プロペンは C_3H_6 の化学式で表される不飽和炭化水素で，C=C 二重結合を一つもつ．この分子の構造を，混成軌道を用いて説明せよ．（ヒント：一つの C 原子が sp^3 混成をとり，ほかの二つの C 原子が sp^2 混成をとる．）

10.4 アレンは C_3H_4 の化学式で表される不飽和炭化水素で，CC 二重結合を二つもつ．この分子の構造を，混成軌道を用いて説明せよ．（ヒント：一つの C 原子が sp 混成をとり，ほかの二つの C 原子が sp^2 混成をとる．）

10.5 プロピンは C_3H_4 の化学式で表される不飽和炭化水素で，CC 三重結合を一つもつ．この分子の構造を，混成軌道を用いて説明せよ．（ヒント：二つの C 原子が sp 混成をとり，ほかの一つの C 原子が sp^3 混成をとる．）

10.6 ケテンは C_2H_2O の化学式で表される化合物で，CC 二重結合を一つと CO 二重結合一つをもつ．この分子の構造を，混成軌道を用いて説明せよ．（ヒント：一つの C 原子が sp 混成をとり，ほかの一つの C 原子が sp^2 混成をとる．）

10.7 次の中から，二酸化炭素分子 CO_2 の等電子系列に属するものを選べ．
プロパン C_3H_8　　プロペン C_3H_6　　プロピン C_3H_4
アレン C_3H_4　　ケテン C_2H_2O　　二硫化炭素 CS_2

10.8 テトラメチルシラン $Si(CH_3)_4$ は，ネオペンタン $C(CH_3)_4$ の中央の炭素をケイ素で同族置換して得られる化合物であり，化学の研究室でよく使われる NMR 分光法の基準物質として利用されている．テトラメチルシランとネオペンタンの分子構造を，混成軌道に基づいて説明せよ．

10.9 sp, sp^2, および sp^3 混成軌道について，以下の問に答えよ．
(1) s 軌道成分の係数の 2 乗と p 軌道成分の係数の 2 乗の総和の比を求めよ．
(2) 各混成軌道のエネルギー $\alpha(sp^n) = \int \phi(sp^n)^* \hat{h} \phi(sp^n) d\tau$ を，s 軌道と p 軌道のエネルギー $\alpha(s) = \int \phi(s)^* \hat{h} \phi(s) d\tau$ と $\alpha(p) = \int \phi(p)^* \hat{h} \phi(p) d\tau$ を用いて求めよ．なお，原子軌道関数はそれぞれ規格化されており，異なる原子軌道どうしは直交する（掛け算して積分すると値が 0 になる）ことを用いよ．

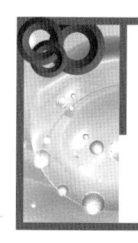

第 11 章
配位結合と三中心結合

　不対電子が組み合わされて生じた電子対が二つの原子間に共有されてできる電子対結合（共有結合）によって，いろいろな化合物ができることを学んだが，化学結合の形成にはそれ以外の仕組みも存在する．空軌道と電子対の相互作用で生じる配位結合や，三つの原子間の相互作用でできる三中心結合によって，化学の世界はさらに多様になり面白くなる．この章では，配位結合と三中心結合の仕組みを調べ，それらで生じる様々な化学結合について学ぶ．

11.1 配位結合

　図 11.1 のように，空軌道と電子対の相互作用で，原子間に共有電子対が生じてできる結合を**配位結合**という．配位結合は，2 個の不対電子が組み合わされて生成するわけではないが，できた電子対結合自体は 2 個の不対電子からできたものとまったく区別がつかないので，配位結合でできた電子対結合も共有結合とみなされる．

　狭い意味の共有結合は，不対電子どうしの組み合わせからできる電子対結合のことをいう．空軌道と電子対の組み合わせでできる電子対結合は，配位結合または供与結合と呼ばれる．「供与」の意味は，電子（電子対）が与えられることを意味し，その逆に電子（電子対）を受け取ることは「受容」という用語で表される．

　共有結合の考え方を最初に提唱したルイスの酸塩基理論（1923 年）では，電子対を与えるものを塩基（**ルイス塩基**），電子対を受け取るものを酸（**ルイス酸**）と定義した．現在は，電子対に限らず，相手に電子を与える（供与する）性

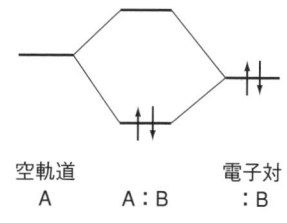

図 11.1　配位結合の形成

空軌道　　　　　　　　　電子対
A　　　A：B　　　：B

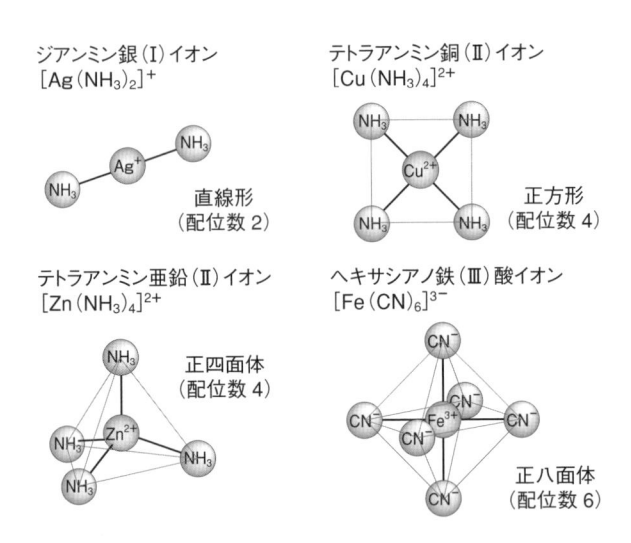

図11.2 錯イオン

ジアンミン銀(I)イオン $[Ag(NH_3)_2]^+$ 直線形(配位数2)

テトラアンミン銅(II)イオン $[Cu(NH_3)_4]^{2+}$ 正方形(配位数4)

テトラアンミン亜鉛(II)イオン $[Zn(NH_3)_4]^{2+}$ 正四面体(配位数4)

ヘキサシアノ鉄(III)酸イオン $[Fe(CN)_6]^{3-}$ 正八面体(配位数6)

質を「**電子供与性**」，相手から電子を受け取る（受容する）性質を「**電子受容性**」という．配位結合の形成では，電子対の軌道がルイス塩基，空軌道がルイス酸として働いている．

配位結合ができるときの空軌道の担い手としては，金属陽イオンがよく知られている．**図11.2**に示すように，Ag^+イオンに非共有電子対をもつ2個のNH_3分子が配位して，N-Ag-Nの3原子が直線上に並んだジアンミン銀(I)イオン$[Ag(NH_3)_2]^+$ができ，Cu^{2+}イオンに4個のNH_3分子が配位して平面正方形型のテトラアンミン銅(II)イオン$[Cu(NH_3)_4]^{2+}$ができる．これらのイオンは**金属錯イオン**と呼ばれ，金属イオンが中心にあり，これにNH_3が**配位子**として結合している．一つの金属イオンに配位している配位子の数を**配位数**という．図11.2に示したように，直線型は配位数2，平面正方形型と正四面体型は配位数4，正八面体型は配位数6である．

配位結合で電子対を受け入れる空軌道としては，**図11.3**の例のようにH^+であってもよいし，LUMOが低いところにある原子や分子であってもよい．一方，電子対を提供する配位子としては，NH_3, H_2O, CO, CN^-, F^-, Cl^-な

ど，非共有電子対をもつ分子や陰イオンがある．

分子の空軌道の例としては，B原子を含む化合物が代表的である．たとえばBF$_3$は，B原子がsp^{2}混成をとって正三角形の中心にあり，三つのsp^{2}混成軌道に3個の価電子がそれぞれ不対電子として配置され，正三角形の頂点の位置にあるF原子の2p軌道の不対電子と組み合わされて電子対結合を3組形成し，正三角形型の分子になる．

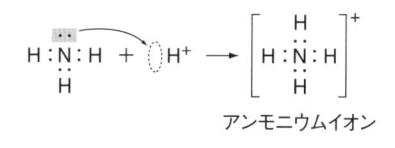

アンモニウムイオン

オキソニウムイオン

図11.3 H$^+$ への配位結合

ここで，B原子上の混成に参加せずに残っている2p軌道は，三角形の面に垂直な方向を向いており，電子が配置されていないので空軌道である．この空軌道に，NH$_3$分子のN原子上の非共有電子対が配位すると，N原子とB原子の間に共有電子対が生じて，H$_3$N-BF$_3$型の配位化合物が生じる．このとき，電子対が空軌道に与えられる（供与される）ので，（負の）電荷がN原子からB原子に移動するため，このような配位化合物のことを**電荷移動化合物**もしくは**電荷移動錯体**という．なお，H$_3$N-BF$_3$分子の中心のNB結合はσ結合であり，エタン分子H$_3$C-CH$_3$のCCσ結合と同様に内部回転が可能である．H$_3$N-BF$_3$とH$_3$C-CH$_3$の構造が似ていることは，H$_3$N-BF$_3$のN原子核から一つの陽子をB原子核に移すとH$_3$C-CH$_3$になる，すなわち両者が等電子系であることから理解できるであろう．

●11.2　三中心結合

3原子間の相互作用で新しい軌道が生じる問題は，すでに学んだことを応用すると簡単に取り扱うことができる．**図11.4（上）**に示したように，3原子ABCがCを中心にして並んでいるとき，AとBは離れているので相互作用がないと考えてよい．そこで，AB間の共鳴積分 β_{AB} を0とおくと，ヒュッケル近似の永年方程式は**図11.4（下）**に示した式のようになる．

```
  A   C   B
 (左) (中) (右)
```

$$\begin{vmatrix} \alpha_A - \varepsilon & 0 & \beta_{AC} \\ 0 & \alpha_B - \varepsilon & \beta_{BC} \\ \beta_{AC} & \beta_{BC} & \alpha_C - \varepsilon \end{vmatrix} = 0$$

図 11.4 三中心相互作用の永年方程式

この永年方程式は，第 8 章で 2 対 1 の軌道間相互作用を調べたときの永年方程式（式 (8.30)）とまったく同じである．したがって，(A＋B)：C の 3 原子の問題に，2 対 1 軌道間相互作用について学んだことをそのまま応用することができる．

[三中心二電子結合]

貴ガス原子が 2 個のハロゲン原子の間に割り込むと，面白いことが起こる．その例として，中心に Xe 原子，左右に F 原子を配置し，3 原子を結ぶ方向の p 軌道どうしの相互作用を考えよう．この問題は，2 対 1 の軌道間相互作用を適用すると容易に結果を予想できる．ただしこの場合は，二つの F 原子のエネルギー準位 F2p の高さが同じなので，高い方と低い方の準位が一致し，新しくできる中間の準位 m は F 原子の準位 F2p と同じ高さになる．

新しくできる分子軌道とそのエネルギー準位は **図 11.5** に示すようになり，下から 2 番目までの準位に 4 個の価電子が配置される．図 11.5 の右側に示したように，一番下の軌道 ϕ_b は，中心とその両側の原子との間が同位相で結合的になっており，この準位に電子対が入ることによって，中央の Xe とそれぞれの F 原子の間に結合性が生じる．下から 2 番目の軌道 ϕ_m は，二つの F 原子の p 軌道間が同位相で結合的に見えるが，距離が遠いのでほとんど結合性をもた

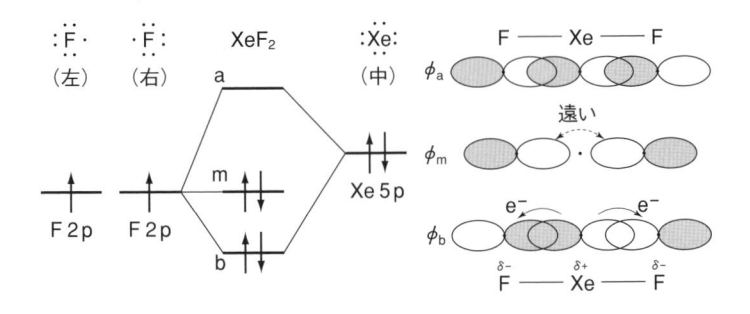

図 11.5 XeF_2 の三中心二電子結合

ず，この軌道は**非結合性軌道**になっている．したがって，この軌道準位の電子対は結合の形成に関与しない．

この結果から，中心のXe原子とその両隣のF原子との間の2組のXeF結合は電子1個分の電子密度でつながっており，したがってその結合次数は1/2である．このように，通常の電子対結合の半分の強さで直線的に結ばれてできる結合を**三中心二電子結合**という．実際，この形の結合によって直線状のXeF_2分子が生じる．

図11.5の三中心二電子結合は，原子に最初から電子対として存在するp軌道の電子対を中心にして，電気的に陰性の強い（電気陰性度の大きい）原子の不対電子2個とが，直線的に結ばれることによってできている．これと同様にして，ほかの方向を向いたp軌道の電子対も三中心二電子結合をつくると，**図11.6**に示すようなXeF_4やXeF_6などの分子が形成される．

このような三中心二電子結合の中心は，Xe原子に限らず，反応の相手となる原子よりイオン化エネルギーが小さく，相手に電子を与えやすい軌道をもつ電子であればよい．たとえば，電子対結合で生じたBrFのBr原子には，BrF結合軸に垂直なp軌道に非共有電子対がある．また，sp^2混成軌道を利用して3組の電子対結合で形成された平面正三角形構造のPCl_3のP原子には，平面に垂直な方向のp軌道に非共有電子対がある[†1]．これらの非共有電子対を使うと，図11.6のように，T字形をしたBrF_3分子や三方両錐型の

直線型（XeF_2）

T字型（BrF_3）

三方両錐型（PCl_5）

正方形型（XeF_4）

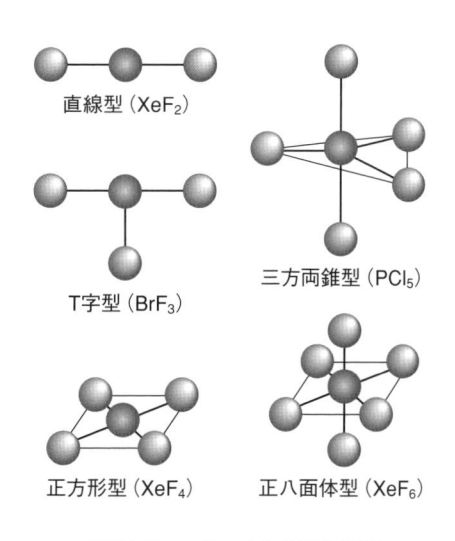

正八面体型（XeF_6）

図11.6 いろいろな分子の構造

[†1] PCl_3は，sp^3混成軌道でできるNH_3と似た構造をとる方が平面正三角形構造よりも安定である．ここでは，PCl_5ができるときの過渡的な構造として平面構造を考えている．

PCl$_5$ 分子など，興味深い形の分子ができる^{†1}．

ここで面白いことは，電子対結合と三中心二電子結合では結合次数が異なるので，結合の強さの違いが結合の長さの違いをもたらすことである．当然，電子対結合の結合力が三中心結合より強いので，電子対結合の方が結合の長さが短い．したがって，BrF$_3$ 分子では，T 字の縦棒部分 (172 pm) の BrF 結合が，T 字の水平部分 (184 pm) の BrF 結合より短くなっている．PCl$_5$ 分子では，正三角形に垂直な方向の PCl 結合 (212.4 pm) は三中心結合なので，正三角形の頂点に向かう方向の PCl 結合 (201.7 pm) より長くなっている．

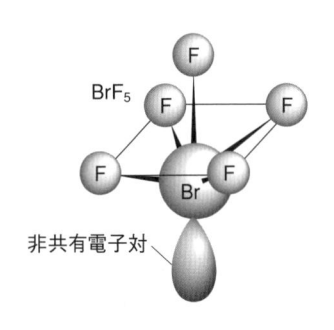

図 11.7 BrF$_5$ 分子の四角錐構造と非共有電子対

BrF 分子の Br 原子上には，非共有電子対を収容した p 軌道が 2 組ある．この 2 組の p 軌道の電子対を両方とも使って，それぞれ三中心二電子結合を 2 個の F 原子とつくると，四角錐型の BrF$_5$ 分子ができる（図 11.7）．ここで，四角錐の頂点方向の BrF 結合 (169.8 pm) は電子対結合なので，ほかの BrF 結合 (176.7 pm) より短い．また，BrF 電子対結合の真下にある非共有電子対の電子密度は，ほかの結合の電子密度より，より強く Br 原子を引っ張るため，Br 原子は 4 個の F 原子で囲まれた正方形の面より少しだけ下にずれており，∠F (水平) BrF (垂直) = 85.1° となっていることが実験で確認されている．

11.3 橋架け結合

3 原子の中央に H 原子があると，3 原子が直線上になくても三中心二電子結合が可能であり，H 原子をはさんで湾曲した形の結合が形成される．これはホウ素の水素化物（ボランという）に多く見られ，代表的な分子としてジボラン

---

^{†1} 図 11.6 に示された分子の構造を，d 軌道も含めた混成軌道によって説明する考え方もあるが，分子軌道法で調べてみると，必ずしも d 軌道の寄与を前提としなくても，結合の形成を説明できる場合が多い．

11.3 橋架け結合

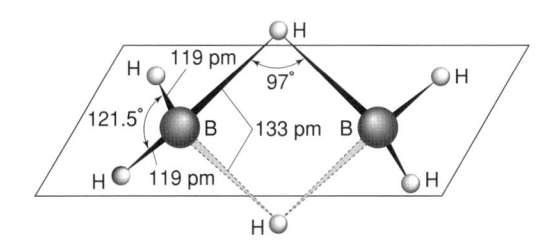

図 11.8 ジボラン B_2H_6 の橋架け構造

B_2H_6 がよく知られている．ジボランの BHB 結合は 2 組あり，**図 11.8** のような橋架け構造になっている．

B 原子が sp^3 混成をとっているとして，二つの sp^3 混成軌道に B 原子の 3 個の価電子のうちの 2 個を一つずつ不対電子として配置すると，2 組の電子対結合 BH ができる．この BH 結合の結合次数は 1 である．残る二つの sp^3 混成軌道の一つに価電子の残り 1 個を配置し，一つの H1s との相互作用を考えると，**図 11.9** のような 2 対 1 の軌道間相互作用になる．空間的な配置は，B 原子の不対電子，H 原子の不対電子，B 原子の空軌道の順になっており，H 原子より B 原子の方がイオン化エネルギーが小さいので，相互作用する前の準位の上下関係は図 11.9 のようになる．2(B＋B) 対 1(H) の軌道間相互作用の結果，図 11.9 の右に示したように曲がった形の分子軌道ができる．結合性軌道 ϕ_b にだけ電子対が入り，B 原子と H 原子は結合次数 1/2 の三中心二電子結合で結ば

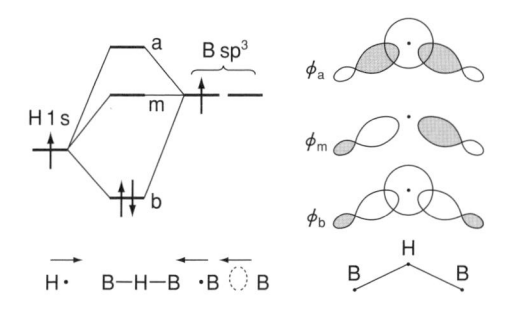

図 11.9 ジボラン B_2H_6 の分子軌道

れる.結合の長さは結合次数を反映し,橋架け部分の BH 結合 (133 pm) の方が外側の BH 結合 (119 pm) よりかなり長くなる.電子対結合の 4 組の BH 結合は同じ平面内にあり,三中心二電子結合による 4 組の橋架け BH 結合は面の上下に鏡で映ったかのようになっている.

● 11.4 水 素 結 合

H 原子を仲立ちとする結合としては,水分子など OH 基をもつ分子がつくる水素結合がある.水素結合ができる仕組みも,すでに学んだ 2 対 1 の軌道間相互作用に基づいて理解することができる.

一般に,水素結合は,電気的に水素原子より陰性の強い原子 X と結合した H 原子が,非共有電子対をもつ原子 Y (N, O, P, S, Cl など) と結ばれてできる.この場合,H 1s 軌道がほかの原子と比べてエネルギー的に高いので,相互作用する軌道のエネルギー準位は 図 11.10 のようになる.X と Y については,ここでは (同じ原子のことも多いので) 陰性の程度を区別せずに並べて示した.なお,X と Y は H をはさんで互いに離れた関係にあるので,どちらも H 原子とは相互作用するが,X と Y の間の相互作用は無視できる.

相互作用したあとの電子配置では,全部で 4 個ある価電子が,新しくできた結合性軌道 ϕ_b と中間的な軌道 ϕ_m にそれぞれ 1 組の電子対となって収容される.ϕ_m は,X と Y の関係が反結合的な重なりになっているが,距離が遠いの

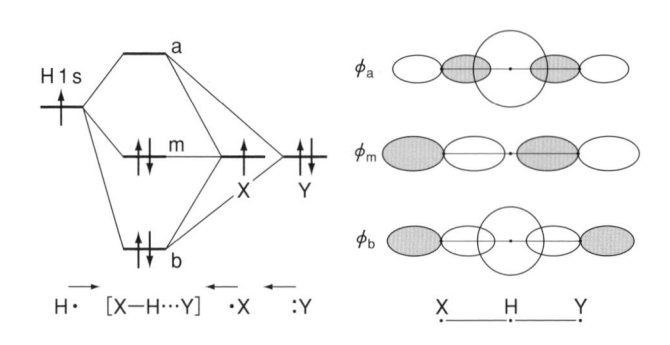

図 11.10 水素結合の分子軌道

11.4 水素結合

表 11.1 水素結合の例と結合エネルギー

X−H⋯Y	物質例	結合エネルギー (kJ mol^{-1})
F$^-$⋯H$^+$⋯F$^-$	KHF$_2$ (固体)	110
F−H⋯F	(HF)$_6$ (気体)	28
O−H⋯O	H$_2$O (固体)	27
	(CH$_3$COOH)$_2$ (気体)	32
	(CH$_3$OH)$_4$ (気体)	25
N−H⋯F	NH$_4$F (固体)	21
N−H⋯N	NH$_3$ (固体)	5
C−H⋯N	(HCN)$_2$ (気体)	14

でその影響はほとんどなく,非結合性軌道になっている.したがって,結合性の ϕ_b に収容された1組の電子対が X-H-Y の3原子を結んでおり,XH および YH の結合次数はどちらも 1/2 である.

 XH 結合は,水素結合する前は通常の電子対結合で結合次数が1であったから,水素結合の形成に伴って XH 結合は弱くなり,結合が長くなる.これと関連して,XH 結合が伸縮する分子振動は,水素結合の形成によって振動数が低下する.その低下の度合いは水素結合が強いほど大きい.

 水素結合したあとの結合性軌道の電子分布が X と Y のどちらに偏るかは,X と Y の電気的陰性の強さに依存する.Y 原子の陰性があまり強くないときは,結合性軌道 ϕ_b の電子対は XH 結合部分に集中する.**表 11.1** に,水素結合のいくつかの例と,結合エネルギー(結合を解離させるのに必要なエネルギー)の概略値を示す.

コラム

貴ガス（希ガス）とその化合物

ラムゼー（Wikipedia より）

メンデレーエフが 1869 年に発表した周期表には，He，Ne，Ar は含まれていない．現在の周期表の 18 族に含まれるこれらの元素は，地上では長らく知られていなかったため，希ガス（rare gas）または貴ガス（noble gas）と呼ばれた．He は太陽大気のスペクトル線中から発見されたため，ギリシャ語の太陽（helios）に因んで名づけられた．現在は，アメリカで産出する天然ガスに豊富に含まれている．Ne，Ar，Kr，Xe はラムゼーらによって発見されたが，そのうち Ar は空気中に 0.93 ％含まれており，環境問題になっている二酸化炭素 0.03 ％よりもはるかに多い．Ar よりは少ないが，Ne，Kr，Xe も空気中に存在する．したがって，18 族のガスは「珍しい気体」というにはふさわしくないという批判があり，むしろ「価値の高い気体」として，希ガス（以前は「稀ガス」と書いた）より貴ガスと呼ぶことが推奨されている．

多くの元素はいろいろな化合物を与えるが，18 族の元素は長い間化合物が知られていなかったため，不活性ガス（inert gas）とも呼ばれていた．ところが，1962 年にバートレットは Xe と PtF_6 から $XePtF_6$ を合成し，同年にクラッセンらは Xe と F_2 との熱反応から XeF_4 を合成した．このほか，XeF_2，XeF_6，XeO_3，XeO_4 など，種々のキセノン化合物が合成された．こうして，18 族の元素は「化合物をつくらない」とは言えなくなり，不活性ガスとも呼ばれなくなった．

演習問題

11.1 塩化ベリリウム $BeCl_2$ にジエチルエーテル $O(C_2H_5)_2$ が2分子配位して付加化合物ができる．この反応の仕組みと生成物の構造を説明せよ．

11.2 I_3^- や ICl_2^- は，I^- イオンを中心にして生じるとすると，どのような構造であると考えられるか．

11.3 塩化ベリリウムの結晶中の Be−Cl 結合の長さはすべて 202 pm である．結合の仕組みを考えて構造を推定せよ．

11.4 塩化物イオン Cl^- と酸素原子が反応すると，次亜塩素酸イオン ClO^-，亜塩素酸イオン ClO_2^-，塩素酸イオン ClO_3^-，過塩素酸イオン ClO_4^- が生じる．これらの化合物イオンが生じる反応と生成物の構造を説明せよ．ここで，通常の O 原子は2個の不対電子をもつが，不対電子をもたず 2p の空軌道を一つもつ O 原子も存在し得ることを考慮せよ．

11.5 XeO_3 と XeO_4 の分子構造を推定せよ．

11.6 $TeCl_4$ の分子構造が右の図のようになることを説明せよ．

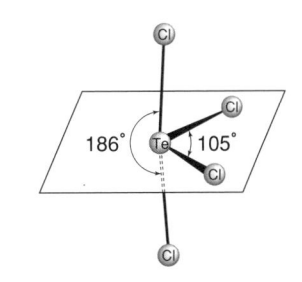

11.7 酢酸 CH_3COOH 分子2個は2量体を与える．構造を推定せよ．また，以下の分子振動の振動数は，単量体と比べて2量体ではどうなるか，推定せよ．
(i) OH 伸縮振動
(ii) C=O 伸縮振動
(iii) C−C=O 変角振動

11.8 o-ニトロフェノールの融点は 44℃ であるが，p-ニトロフェノールの融点は 114℃ である．両者は異性体であるが，融点にこのような大きな違いが生じるのはなぜか．

第 12 章
反応性と安定性

反応を起こしにくい物質は化学的に安定であるといわれる．化学的安定性は何によって決まるのだろうか．逆に，化学的に不安定で反応しやすいということはどういうことだろうか．反応のしやすさを支配するのは一体何なのか．本章では，これまで学んできた軌道概念に基づいて，結合の形成や組換えを起こす化学的反応性の量子論的仕組みを解き明かす．

12.1 電子配置と反応性

軌道間相互作用で結合性軌道や反結合性軌道ができることを学んだが，実際に結合ができるかどうかは，電子配置に依存している．ここでは，電子配置と結合次数の関係を系統的に調べておこう．まず，1対1の軌道間相互作用で結合性軌道と反結合性軌道ができたとして，そこに可能な電子配置を考える．各軌道に可能な電子占有数は，パウリの原理によって，0（空軌道）か1（不対電子）か2（電子対）のいずれかに限られる（**表 12.1**）．

したがって，1対1軌道間相互作用に基づく電子配置の基本パターンは，次の**表 12.2**のように6通りのパターンに分類される．

それぞれのパターンの結合次数は，表 12.2に示したように，電子配置によって0から1までの範囲になる．(3)と(4)では，結合性の電子対が1組でき，電子対結合が形成され，結合次数は1になる．(2)と(5)は，結合性の電子1個分の結合（1電子結合）に相当し，結合次数は1/2である．(1)の空軌道どうしと(6)の電子対どうしは，どちらも結合次数は0で，結合をつくらない．

この結果をまとめる前に，(1)～(6)があてはまる具体的な例を調べておこう（**表 12.3**）．(1)は空軌道どうしの相互作用であり，Heの2s軌道どうしの相互作用が該当し，安定な結合は生じない．(2)は空軌道と不対電子の組み合

12.1 電子配置と反応性

表12.1 一つの軌道に可能な電子配置

電子占有数	0	1	2
電子配置	——	↑	↑↓
分類	空軌道	不対電子	電子対

表12.2 1対1軌道間相互作用の基本パターンと結合次数

パターン	(1)	(2)	(3)	(4)	(5)	(6)
電子配置	—— ——	—— ↑	↑ ↑	↑ ↑↓	↑ ↑↓	↑↓ ↑↓
結合次数	0	1/2	1	1	1/2	0

表12.3 1対1軌道間相互作用による反応の例

軌道の組み合わせ	反応例
(1) 空軌道 + 空軌道	$He(2s) + He(2s) \nrightarrow He_2$
(2) 空軌道 + 不対電子	$H^+ + H \longrightarrow H_2^+$
(3) 不対電子 + 不対電子	$H + H \longrightarrow H_2$
(4) 空軌道 + 電子対	$H^+ + H^- \longrightarrow H_2$
空軌道 + 電子対	$H^+ + He \longrightarrow HHe^+$
(5) 不対電子 + 電子対	$He^+ + He \longrightarrow He_2^+$
(6) 電子対 + 電子対	$He(1s) + He(1s) \nrightarrow He_2$

わせであり，陽子 H^+ と水素原子 H から水素分子イオン H_2^+ が生じる反応に相当し，1電子結合が形成され，結合次数は 1/2 である．(3) は不対電子どうしの組み合わせであり，$H + H \rightarrow H_2$ の反応例からわかるように，1組の結合性電子対が誕生し，結合次数1の電子対結合が形成される．これと同じ結果は次の (4) において，$H^+ + H^- \rightarrow H_2$ という反応によっても得ることができる．H^- は水素原子の電子親和力が正なので実在する．ここで H^- の代わりに He 原子を導入すると，$H^+ + He \rightarrow HHe^+$ という反応で，結合次数が1の HHe^+ 分子イオンをつくることができる．(4) のパターンは，空軌道と電子対の組み合わせであり，これはすでに学んだ配位結合の形成過程に対応している．

表 12.4 解離エネルギーと結合距離

	解離エネルギー/eV	結合距離/pm
H_2	4.4781	71.44
H_2^+	2.648	106.0
He_2^+	2.365	108.1

不対電子と電子対のパターン (5) には，$He^+ + He \rightarrow He_2^+$ という反応が対応しており，結合電子対が 1 組できるが，反結合性軌道に残り 1 個の電子が入るため，結合次数は $(2-1)/2 = 1/2$ となる．つまり，(5) のパターンは 1 電子結合と同じ強さの結合を与える．たいへん興味深いことに，H_2^+ と He_2^+ はともに結合次数が 1/2 であり，その解離エネルギーと結合距離はよく似ていて，結合次数 1 の H_2 の場合と比べてみると非常に面白い (**表 12.4**)．

最後のパターンの (6) は，電子対どうしの組み合わせであり，この場合は，二つの He 原子の 1s 軌道間の相互作用を考えれば明らかであるが，結合性の電子対で「稼いだ儲け」が反結合性の電子対で完全に失われてしまうため，結合次数は $(2-2)/2 = 0$ となり，結合はできない．He_2 分子ができないことは，表 12.2 のパターンの (1) と (6) のよい例である．

以上の考察では，二つの軌道が互いに相互作用するものとして議論を進めたが，実際の問題に適用するときには，軌道間相互作用が有効に働くかどうか，エネルギー差の原理と重なりの原理を考慮する必要がある．

表 12.2 の 6 通りのパターンの特徴を，電子占有数と結合次数に着目して検討すると，反応性は以下の規則に支配されていることがわかる．

(1) 空軌道どうし，電子対どうしは反応しない．（パターン (1) と (6)）
(2) 不対電子は，相手を選ばず反応し得る．（パターン (2), (3), (5)）
(3) 空軌道と電子対は反応し得る．（パターン (4)）

不対電子をもつ原子や分子は，相手が何であっても反応をしかける活性化学種であり，**遊離基**（ラジカル）と呼ばれる．遊離基は，ほかの物質と出会うと速やかに反応して別のものに変わっていくので，化学的に不安定である．一方，

不対電子をもたないものは，それ以上反応せず，化学的に安定なものが多い．ただし，パターン (4) では，不対電子がなくても反応が可能である．前章で学んだように，空軌道をもつもの (H^+, 金属イオン，BF_3 など) に非共有電子対をもつもの (NH_3, H_2O, Cl^-, CN^- など) が配位して結合をつくる反応は，パターン (4) に該当する．このパターン (4) の反応は，不対電子をもたず，通常安定な分子の間に起こる反応を担うので，それがどのようにして起こるのか，また，起こるかどうかは何によって決まるのか．たいへん興味がもたれるが，この問題については 12.3 節で述べる．

12.2 物理的安定性

　不対電子をもつかどうかが化学的安定性と関係していることを学んだ．実は，化学的安定性については，不対電子の有無のほかにも重要な因子があるが，それにふれる前に，物理的安定性についてふれておこう．

　物理的に安定かどうかの基本は，力学的安定性である．水は低いところに流れ落ち，ボールも低いところに転がり落ちる．水もボールも位置エネルギーが極小となるところまで落ちるとそれ以上は移動できず，位置エネルギー極小の位置 (極小点) にとどまって安定する．つまり，位置エネルギーが極小点にあるかどうかが，力学的安定性を決める条件となっている．

　原子の集団の位置エネルギーは，すでに学んだ断熱ポテンシャルである．したがって，分子の力学的安定性は，その構造が断熱ポテンシャルの極小点かどうかで決まる．水素分子イオンや二原子分子のように，原子核が 2 個しかないときは，断熱ポテンシャルは原子核間距離 (結合距離) を変数とする曲線 (ポテンシャル曲線) であるので単純だが，一般の分子の場合は，断熱ポテンシャルが多数の原子核の位置に依存して変わるので，多次元の曲面 (表面) となる．このため，断熱ポテンシャルは，**ポテンシャル曲面**または**ポテンシャル表面**とも呼ばれる．図 12.1 に，化学結合ができたり切れたり組み換わったりする場合の断熱ポテンシャル (位置エネルギー) 曲線の例を示す．

　分子構造の物理的安定性を考えるとき，その分子構造を中心に振動運動する

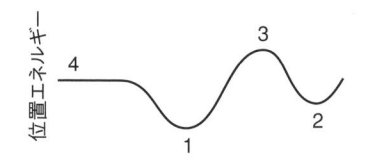

図12.1 1, 2：平衡構造，3：遷移状態，4：解離経路

分子振動のことを考慮することも重要である．なぜかというと，もしも振動運動が活発で，極小点（平衡点）の構造（**平衡構造**）付近から大きくずれたところまで分子構造が変形して，山道の峠のようなところ（**遷移状態**という）を越えて別な極小点（別な分子構造）へ移動すると，結合の組換えが起こり，元の構造とは違うもの（組成が同じで構造の異なるものを**異性体**という）に変わってしまうからである．このとき，遷移状態と平衡構造のエネルギー差が，反応の**活性化エネルギー**に相当する．別な可能性として，活発な熱運動によって結合が切れて解離してしまう可能性もある．分子がいくつかの部分に分かれることを解離といい，解離に必要なエネルギーを**解離エネルギー**という．また，解離の道筋を**解離経路**という．

　温度が高くなると分子の熱運動が活発になり，振動運動が大きな振幅で起こるようになるため，高温では分子の物理的安定性が崩れる．これは熱の作用であるため，このような物理的安定性を**熱的安定性**という．活性化エネルギーや解離エネルギーが十分大きければ，少しの熱では分子構造は変化せずに安定している[†1]．活性化エネルギーや解離エネルギーが小さいと，少しの熱でも分子構造の変化が起こるので熱的に不安定になる．

　温度が0K，すなわち絶対零度では，分子は熱エネルギーをもたないので，力学的に安定な位置エネルギーの極小点にありさえすれば，たとえ極小点のすぐ近くに低エネルギーの遷移状態や解離反応の可能性があったとしても，ほかの構造に変化する心配はない．ただし，零点振動の効果を考慮すると，0Kでも極小点にとどまることができず，遷移状態を飛び越えてしまう可能性がある．

[†1] 熱エネルギーが豊富な状態では，遷移状態を越える反応が反対側からも起こり，複数の構造が共存する**熱平衡状態**になる．熱平衡状態では，エネルギーの低いものほど存在する割合が大きいため，「**熱力学的に安定**」であるといわれる．熱的安定性と熱力学的安定性では微妙に意味が異なるので注意する必要がある．

また，振動のエネルギーが十分大きくなくても，**トンネル効果**という現象で，遷移状態を越えた構造に変化する可能性もある[†1]．宇宙空間を漂う低温の星間分子の安定性には，このような零点振動の効果やトンネル効果が非常に重要である．

● 12.3　HOMO-LUMO 相互作用とフロンティア軌道

空軌道と電子対の反応はつねに起こるとは限らず，その起こりやすさはいくつかの条件に依存している．

通常の状態では基底状態にあるので，空軌道のエネルギー準位は高く，電子対のエネルギー準位は低く，空軌道と電子対のエネルギーにはかなりの差がある．この差が大きいと反応しにくく，小さいほど反応しやすい．すべてが電子対になっていて不対電子がない分子では，空軌道の一番低いものが LUMO であり，電子対の一番高いものが HOMO であるから，**図 12.2** に示すように，LUMO と HOMO を組み合わせた場合が一番エネルギーの差が小さい．したがって，表 12.2 のパターン (4) の形の空軌道と電子対の間の反応は，HOMO-LUMO 相互作用に支配されていると考えることができる．これを **HOMO-LUMO の原理**という．

ここで，HOMO は LUMO に対して電子対を提供し，HOMO の高い物質は相手に電子を与えやすいので，**電子供与体**という．これ

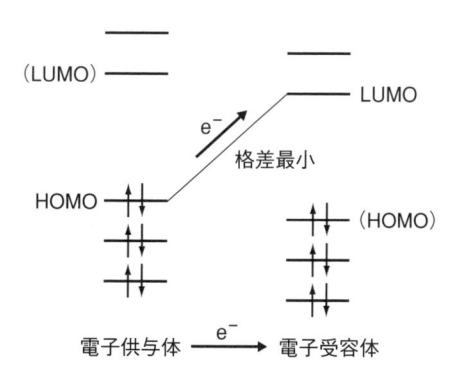

図 12.2　HOMO-LUMO 相互作用と電子 (e^-) の移動

[†1] マクロの世界では，エネルギーが足りないとポテンシャルの壁（または山）の向こう側へ乗り越えることはできないが，ミクロの世界では，不確定性原理による量子効果が働くため，エネルギーが足りなくても壁の中をすり抜ける（トンネルを通る）確率がある．トンネル効果で透過する確率は，障壁の高さが低く厚さが薄いほど大きくなる．

に対し，LUMOの低い物質は電子を受け入れやすいので，**電子受容体**という．HOMOが高いほど電子供与性が強く，LUMOが低いほど電子受容性が強い．

HOMOとLUMOの特別な反応性に注目する反応理論に，福井謙一の**フロンティア軌道論**がある[†1]．不対電子の軌道も反応性が高いので，これを**半占軌道**（SOMO）と呼び，HOMO，LUMO，SOMOを**フロンティア軌道**と呼んでほかの軌道と区別する．これらのフロンティア軌道の電子密度が分子骨格のどの部分で大きいか（分子軌道に含まれる原子軌道の係数の大小）に注目して，フロンティア軌道論が発展した．

フロンティア軌道論では，HOMO-LUMOの原理に第8章で学んだ「エネルギー差の原理」が反映されており，また，分子軌道の電子波の大きい部分と関連して「重なりの原理」が反映されている[†2]．

◉ 12.4 化学的安定性

化学的安定性は何に支配されているのか，まとめておこう．すでに学んだことから，不対電子をもつとラジカルとして反応しやすく，HOMOが高いと電子供与体として反応しやすく，LUMOが低いと電子受容体として反応しやすいから，化学的安定性の条件は次のようにまとめることができる．

[化学的安定性の条件]
 (1) 不対電子をもたない．
 (2) HOMOが十分に低く電子を供与しない．
 (3) LUMOが十分に高く電子を受容しない．

通常，化学的に安定で反応しないためには，これらの三つの条件が必要であり，どれか一つでも破れると反応性が生じる．ただし，たいへん面白いことに，以上の3条件のどれかが破れて反応性が出そうになっても，次の条件 (4) が成り

[†1] 福井謙一は，フロンティア軌道に着目して化学反応の量子論を展開し，1981年，ノーベル化学賞を受賞した．

[†2] フロンティア軌道論は近似的な理論であるが，軌道間相互作用の量子論的特徴に基づいた合理性を備えている．最近は，より厳密で定量性に優れた非経験的量子化学計算が普及し，それに基づく反応理論が発展している．

立つと反応性が抑制され，化学的安定性が保たれることがある．

[立体保護効果（化学的安定性確保の切り札）]

(4) 不対電子・HOMO・LUMO が反応の攻撃から立体的に保護されている．

図 12.3 に示すトリフェニルメチルラジカルは，不対電子をもつ遊離基であるにもかかわらず，反応性が低い．それは，中心の炭素原子上にある不対電子が三つのフェニル基に立体的に囲まれて保護され，その**立体保護効果**によって周囲から攻撃されないためである．条件 (1)～(3) に反していて反応性がありそうでも，条件 (4) のために，攻撃してくる物質との軌道間相互作用が立体的に邪魔されると，反応性は生じない．つまり，(4) は化学的安定性の十分条件を与える．この立体保護効果は，かさ高い置換基をもつ有機化合物や錯体などでよく見られるが，原子の場合は全体がむき出しなのでこの効果はない．

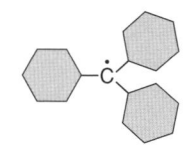

図 12.3　トリフェニルメチルラジカル

[貴ガスの化学的安定性と反応性]

ここで貴ガスの化学的安定性について考えてみよう．よく「貴ガスの電子配置は特別に安定である」といわれる．その量子論的根拠は，上記の化学的安定性の必要条件に基づいて，次のようにまとめることができる．

(1) 不対電子をもたない．

(2) HOMO が低すぎて電子を供与しにくい．

(3) LUMO が高すぎて電子を受容しにくい．

これらの条件のうち (1) を満たす原子は，18 族の貴ガスの原子と 2 族や 12 族の原子などごくわずかしかなく，ほかのほとんどの原子は不対電子をもつ．なお，2 族や 12 族の原子は，昇位によって容易に不対電子をもちうるが，貴ガスの場合はその可能性がない．貴ガスが (2) の特徴をもつことは，イオン化エネルギーの周期性から明らかであろう．貴ガスが (3) の特徴をもつことも，電子親和力の周期性から理解できるであろう．

He，Ne，Ar などの貴ガス原子は，通常，上記の 3 条件を満たすので，極めて

反応性が低くほとんど反応しない．しかし面白いことに，これらの条件のどれか一つでも破れると，貴ガス原子といえども反応性を示す．

貴ガスのイオンや励起原子（He*，Ne*，Ar*など：*印は励起されていることを示す）では，条件(1)～(3)がすべて破れるので，次のように反応する．

$$He^+ + He \rightarrow He_2^+ \quad (イオン分子反応)$$
$$Ar^* + F \rightarrow (ArF)^* \quad (エキシマー生成)$$
$$He^* + Ar \rightarrow He + Ar^+ + e^- \quad (ペニングイオン化)$$

イオン分子反応で生じるHe_2^+については，表 12.3 でもふれた．エキシマー (excimer) は，励起原子と基底状態の原子からできる励起 2 量体 (excited dimer) のことで，$(ArF)^*$のほか，$(KrF)^*$，$(XeF)^*$，$(KrCl)^*$，$(XeCl)^*$，$(XeO)^*$などがレーザーに応用されている．貴ガスの励起原子 He* (19.820 eV)，Ne* (16.716 eV)，Ar* (11.548 eV) は，それぞれカッコ内に付記した非常に高い励起エネルギーをもち，励起状態にとどまる時間（寿命）が長いのでメタステーブルアトム (metastable atom, 第 6 章コラム参照）と呼ばれ，上層大気中や放電プラズマ中のイオン化反応などで重要な働きをしている．

また，貴ガス原子のイオン化エネルギーは，周期表で原子番号の近い原子と比べて一般に大きくなっているが，He (24.6 eV) > Ne (21.6 eV) > Ar (15.8 eV) > Kr (14.0 eV) > Xe (12.1 eV) の順に減少するので，Kr や Xe では上記の (2) の条件が成立しなくなる．たとえば，Xe 原子のイオン化エネルギー (12.1 eV) は水素原子のイオン化エネルギー (13.6 eV) より小さい．このため，とくに電子を受け取りやすい F 原子や O 原子と反応し，XeF_n ($n = 2, 4, 6$) や XeO_n ($n = 3, 4$) などが合成されている（第 11 章参照）．

[1 電子結合と電子対結合の安定性]

ここで，物理的安定性と化学的安定性の相違を強調しておこう．表 12.2 のパターン (2) や (5) で結合次数が 1/2 の結合（1 電子結合）ができ，物理的には安定するが，生成物に不対電子があるためさらに反応する可能性が高く，化学的に安定とはいえない．これに対し，パターンの (3) や (4) で電子対結合がで

きると，結合次数が 1 なので物理的安定性が増すとともに，不対電子をもたないので化学的安定性も高くなる．とくに不対電子どうしの反応パターン (3) では，最初不対電子があって化学的に非常に不安定であったのが，電子対結合（共有結合）の形成で物理的にも化学的にも安定化する．このため，共有結合の形成が，安定な化合物を生じる過程としてとくに注目される．

コラム

閉殻構造

初歩的な化学の教科書の多くに，「貴ガス原子は閉殻構造をとるので特別に安定である」と書かれている．この表現には，二つ困ったことがある．一つは「閉殻構造」の定義が本によって異なること，もう一つは，「特別に安定」の根拠が示されていないことである．

たいへん不幸なことに，閉殻構造の定義には，以下の三つがある．

(a) 量子数 n で指定される電子殻（K, L, M 等）に最大数の電子が収容された電子配置

(b) 量子数 n と l の組み合わせで指定される $n\mathrm{s}, n\mathrm{p}, n\mathrm{d}$，または $n\mathrm{f}$ 軌道（**副電子殻**または**副殻**という）に最大数の電子が収容された電子配置

(c) 電子数が偶数で，不対電子をもたない電子配置

貴ガスの電子配置は，(b) と (c) を満たしているが (a) は満たしていない．(a) については，He と Ne はよいのだが，Ar 以降の貴ガス原子では最外殻が $(n\mathrm{s})^2(n\mathrm{p})^6$ なので，$n\mathrm{d}$ 軌道や $n\mathrm{f}$ 軌道には電子が収容されていないからである．(b) や (c) ならすべての貴ガス原子が満たしているが，この条件は Be, Mg, Ca などの 2 族の原子も満たすので，貴ガスだけが「特別」ということにはならなくなってしまう．量子化学計算で開殻系というときには，(c) を満たさない系を指すので，閉殻構造の定義を (a) や (b) と思っていると，量子化学計算を行うときに混乱する恐れがある．

「特別に安定」の根拠が示されていない問題については，「貴ガスは反応性が低い」と書いてあるだけで，理由が欠落した本も同様（同罪？）である．HOMO-LUMO

の原理など量子論の成果に基づけば，貴ガスの化学的安定性の根拠を示すことは難しくないが，十分に説明されている本は多くない．

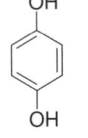

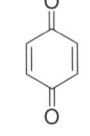

~~~~~~

演習問題

12.1 次の (1)～(5) の反応の生成物の結合次数を求めよ．
(1) $Li^+ + H$ (2) $Na + H$ (3) $Li^- + H^+$ (4) $Ar + He^+$ (5) $H^+ + F^-$

12.2 次の (1)～(6) を，遊離基 (ラジカル) とそうでないものに分けよ．
(1) Cl (2) Ne (3) CN (4) CO (5) 一重項 CH_2 (6) 三重項 CH_2

12.3 次の (1)～(6) を，電子供与性の強いものと電子受容性の強いものに分類せよ．
(1) $AlCl_3$ (2) BF_3 (3) NH_3 (4) CO (5) H^+ (6) CN^-

12.4 単体の分子は，単原子分子より二原子分子の方が多いのはなぜか．

12.5 基底状態の原子の反応性が価電子に支配される理由を説明せよ．

12.6 不対電子をもたないものの反応では，同種のものどうしより，種類の違うものどうしの方が一般に反応しやすい．なぜか．

12.7 水素と塩素の混合ガスに，塩素を解離させる光をほんの一瞬当てただけで爆発的に反応する．なぜか．

12.8 どちらも紫外線の領域でしか光を吸収しないため無色である電子供与体と電子受容体を混ぜ合わせると着色することが多い．たとえば，ヒドロキノン (1,4-ジヒドロキシベンゼン) $HO-C_6H_4-OH$ と p-ベンゾキノンをベンゼンに溶かして混ぜ合わせると，溶液が鮮烈な赤色に変わる．その理由を説明せよ．

第13章
結合の組換えと反応の選択性

化学反応は，一つの結合の形成や解離だけでなく，複数の結合の形成や解離が連動して結合の組換えが進行することもある．本章では，複数の結合が関係する結合組換え機構の例として環状付加反応を取り上げ，その仕組みを解き明かす．また，反応の進む方向が複数ありそうな場合に，そのどれかを選択的に起こすことができれば反応制御に役立つ．反応の選択性をどのように制御できるのか，例をいくつか取り上げ，その仕組みを学ぶ．

● 13.1 環状付加反応

化学反応は，原子どうしの間で新しい結合ができるだけでなく，分子どうしが出会って結合の組換えが起こることもある．ここでは，結合の組換えの例として，不飽和炭化水素どうしの付加反応で環状生成物を与える**環状付加反応**を取り上げる．

炭素原子間のC=C結合の電子対が1組解放され，それぞれが不対電子として振舞えば，新たに2組の単結合をつくることができると考えられる．たとえば，代表的な不飽和炭化水素であるエチレンやブタジエンを取り上げると，**図13.1**のような付加反応 (a) と (b) が予想される．(a) は**ディールス-アルダー反応**として実際に知られているが，(b) は特別に熱や光を加えない限り進行しない．このような違いはなぜ起こるのか，また，(a) でC原子を6個含む六員環がどのようにして形成されるのか，その量子論的仕組みを探ってみよう．

エチレンとブタジエンは不対電子をもたないので，それらのHOMOとLUMOが反応に関係すると考えられる．エチレンのHOMOとLUMOは，**図13.2**に示すように，C原子のsp^{2}混成に参加しない2p軌道（C2p）間の相互作用で生じるπ軌道である．HOMOはπ_bで，隣り合うC2p軌道どうしの位

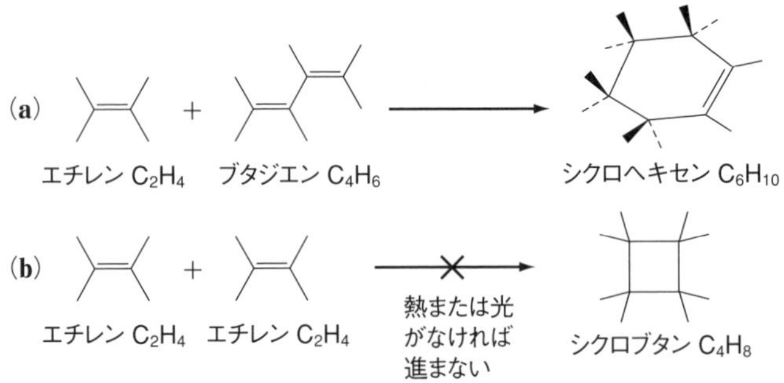

(a) エチレン C_2H_4 + ブタジエン C_4H_6 → シクロヘキセン C_6H_{10}

(b) エチレン C_2H_4 + エチレン C_2H_4 —×→ シクロブタン C_4H_8 （熱または光がなければ進まない）

図 13.1 不飽和炭化水素の付加反応

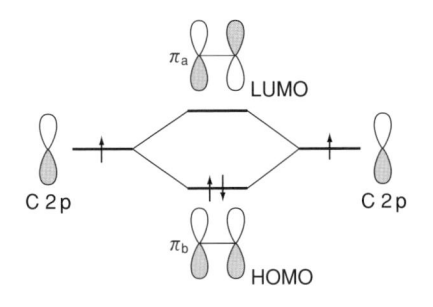

図 13.2 エチレンの HOMO と LUMO

相がそろった結合性の軌道である．LUMO は π_a で，C 2p 軌道どうしの逆位相の重なりでできた反結合性の軌道である．

ブタジエンは，2 組の C=C 二重結合が C–C 単結合でつながれた構造をもち，それには trans 形と cis 形の異性体がある．π 電子共役系として隣り合う炭素原子間の関係では，両者に違いはない．しかし付加反応を考えると，あとで詳しく見るように，反応の相手であるエチレンの軌道との立体的な重なりは，cis 形ではうまくかみ合うが，trans 形ではうまくいかない．trans 形の方がエネルギーが低く安定であるが，単結合周りの回転が熱運動で可能であり，cis 形への変換はかなり容易に起こる．このため，以下の議論は cis 形のブタジエンを想定して進める．

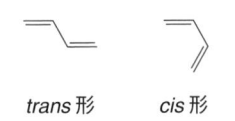

trans 形　　cis 形

ブタジエンの HOMO と LUMO は，図 13.3 に示すように，2 組のエチレン型 π 軌道ユニット間の軌道間相互作用によって組み立てることができる[†1]．1 組目の π 軌道ユニットは通常の C=C 結合距離の C2-C3 とし，その π 軌道の形とエネルギー準位を左に示す．2 組目の π 軌道ユニットは通常の結合距離

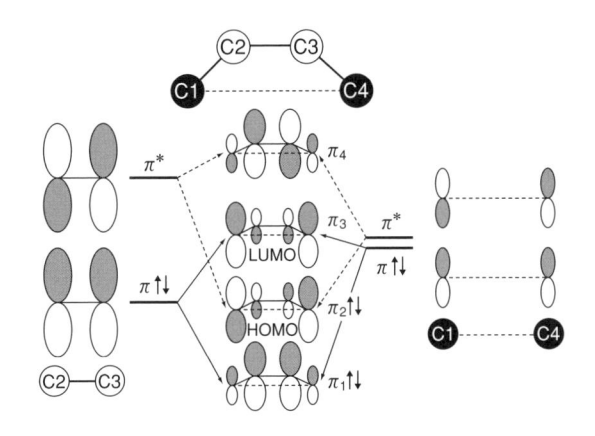

図 13.3 ブタジエンの HOMO と LUMO

の 2 倍以上離れた C1-C4 とし，図の右に示す．図の中央・上に示したように，C1 と C2 の間および C3 と C4 の間に，それぞれ π 型の重なりを導入する．このように 2 組のエチレン型 π 軌道ユニット間で相互作用させてブタジエンの π 軌道を組み立てると，図 13.3 の中央に示すように，新しい軌道とエネルギー準位が得られる．

一番安定な π_1 は，C2-C3 ユニットの結合性 π 軌道が主成分となり，これに C1-C4 ユニットの結合性 π 軌道が，C1-C2 間および C3-C4 間において，両方とも結合的に（同位相で）相互作用して少し混じって形成される．このため π_1 は，C1 から C4 まで全体的に位相がそろっており，結合性の高い軌道である．

下から 2 番目の π_2 は，各エチレンユニットの π^* どうしの組み合わせで，C1-C2 間および C3-C4 間がどちらも結合的に相互作用したもので，より低い方の C1-C4 ユニットの π^* 軌道の方が主成分になり，これがブタジエンの HOMO である．ここで，HOMO の電子分布は C1 から C4 までの分子骨格の両端で広

[†1] ブタジエンの分子軌道を組み立てるやり方はいろいろある．第 3 章で学んだ一次元の箱の中の粒子を応用する方法もあるが，ここではエチレン型ユニットを 2 組使うやり方を取り上げる．エチレン型ユニットとして，同じサイズのものを直列に並べてもよいが，ここでは，できあがる軌道の形がなるべく容易に導かれるように，CC 原子間の長さが異なる長短 2 組のエチレン型ユニットを用いてブタジエンの π 軌道を組み立てる．

がりが大きくなっていることに注意する必要がある．軌道の広がりが大きいほど，大きな軌道の重なりをもたらすため相互作用が大きくなり，結合の形成に有利だからである．

C2-C3 ユニットと C1-C4 ユニットの間の反結合的相互作用が，結合性の π 軌道どうしで起こると π_3 ができ，反結合性の π^* 軌道どうしで起こると π_4 ができる．π_3 と π_4 はどちらも電子が入らない空軌道であるが，低い方の π_3 が LUMO になる．ここで，この LUMO の主成分は，相互作用する結合性 π 軌道ユニットのうち，より高い方の C1-C4 ユニットの方になっていて，分子の端の部分の軌道のふくらみが大きくなっていることに注意する必要がある．

ブタジエンは，HOMO も LUMO も分子骨格の両端で軌道の広がりが大きくなっており，このため π 電子が分布する領域の両端で反応しやすくなっていることが確認された．

これで準備が整ったので，エチレンとブタジエンの間の HOMO-LUMO 相互作用について考えよう．ブタジエン（C1-C4）とエチレン（C5-C6）との HOMO と LUMO の組み合わせは 2 通りあるが，エネルギー差が同じになるので[†1]，どちらの場合も同程度の相互作用をするから，両方とも考慮する必要がある．その相互作用の様子を **図 13.4** に示す．

各 MO 全体の位相（符号）は任意にとってよい（全体を -1 倍してもかまわない）ことに注意して，C1-C6 および C4-C5 の間の位相がそろって結合的になるように，図 13.4 ではエチレンとブタジエンの HOMO と LUMO を組み合わせて並べてある．

相互作用の結果，エチレンの HOMO からブタジエンの LUMO へと電子が供与されると（図 13.4 (a)），炭素原子間の結合性の増（＋）減（－）は，C5-C6 では，結合的なところから電子が減るので（－），C1-C6 および C4-C5 は結合

[†1] 不飽和炭化水素の π 軌道を，p 軌道どうしの π 型の重なりで組み立てると，結合性軌道と反結合性軌道の準位がもとの p 軌道の準位と対称的になり，結合性軌道の安定化と反結合性軌道の不安定化の大きさが等しくなる．このことは，エチレンでもブタジエンでも，それぞれの HOMO と LUMO の関係にあてはまる．したがって，一方の HOMO と他方の LUMO とのエネルギー差は，どちらの分子を HOMO にしても同じになる．

13.1 環状付加反応

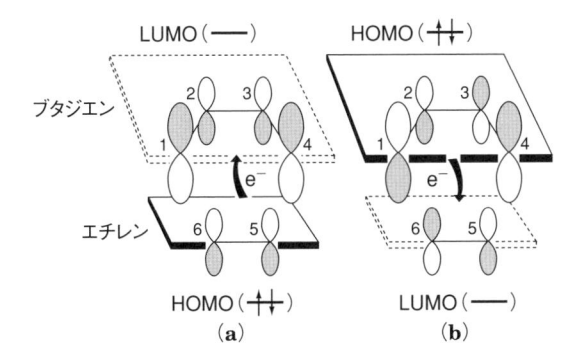

図 13.4 ブタジエンとエチレンの HOMO-LUMO 相互作用による電子の移動

図 13.5 ブタジエンとエチレンの HOMO-LUMO 相互作用による結合性の増減

的なところへ電子が入るので（＋）になる．また，ブタジエンの LUMO 部分に電子が流入するので，反結合的な C1-C2 および C3-C4 では（−），結合的な C2-C3 では（＋）になる．その結果，結合性は次のように変化する．C1-C6 と C4-C5 は結合のなかったところの結合性が ＋ されて単結合になる．C2-C3 は単結合に結合性が ＋ されて二重結合になる．C1-C2, C3-C4, C5-C6 は，二重結合の結合性が − されて単結合に変わる．このような結合性の増減をまとめると**図 13.5** のようになり，シクロヘキセンの環状骨格（図の右端）が形成される．

この効果は，図 13.4(b) で考えてもまったく同じで，2 組の HOMO-LUMO 相互作用は，ぴったり歩調を合わせて矛盾なく（協奏的に）進行する．

これに対し，図 13.1(b) のエチレンどうしの場合はどうであろうか．**図 13.6** に示すように，どのように組み合わせようとしても，一方と他方の HOMO-LUMO の関係を，すべて結合的（同位相）になるようにつじつまを合わせることはできない．これは，HOMO と LUMO の<u>対称が合わない</u>ことによるため**対**

称禁制反応と呼ばれ，容易には進行できない．これに対し，エチレンとブタジエンの場合は，HOMOとLUMOの対称が合うので**対称許容反応**と呼ばれ，容易に進行する．

⚫ 13.2　反応の選択性

　反応生成物の構造が，反応機構の選択性によって決まることがある．これを**反応の選択性**という．それにはいろいろな仕組みがあるが，ここでは前節で学んだディールス-アルダー反応が関連することについて述べる．図13.7に示すように，エチレンのH原子2個がCl原子で置換されたとすると，ディールス-アルダー反応の生成物におけるCl原子の位置は，六員環の6個の炭素原子がつくる平面に対し，同じ側になる．これを**立体選択性**という．このことは，図13.5の反応機構を考えれば容易に理解できる．

　ここで，エチレンやブタジエンに置換基がついたときに，その軌道の形がどのように変化するか，軌道間相互作用に基づいて調べてみよう．

　まず，電子受容性置換基の効果を調べる．図13.8のように，ホルミル基-CHO，シアノ基-CN，ニトロ基-NO_2など，エネルギー的に低いところに空軌道をもつ電子受容性の強い置換基XがエチレンのH原子を置換すると，空軌

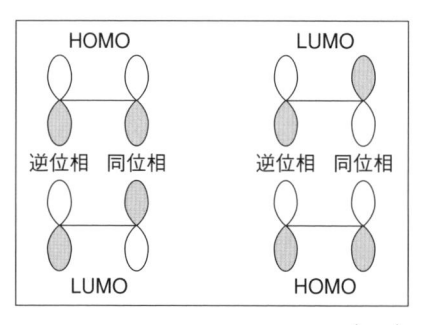

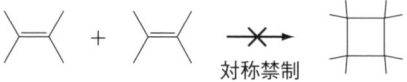

図13.6　エチレンどうしのHOMO-LUMO相互作用

図13.7　エチレン置換体の反応の立体選択性

13.2 反応の選択性

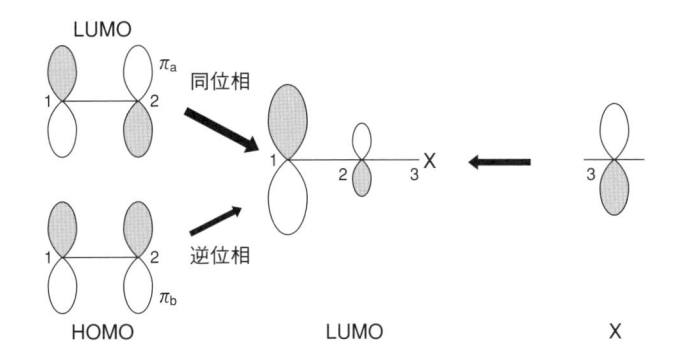

図 13.8 電子受容性置換基 X によるエチレンの LUMO の変化

道と電子対が相手の空軌道と 2 対 1 の軌道間相互作用を行い，その結果できる中間的な安定度の軌道が新しい LUMO になる．つまり，X の p 軌道に対し，元の LUMO が（上から下に）同位相で相互作用するのに対し，元の HOMO は（下から上に）逆位相で混入してくるので，その結果，X から遠い部分 1 で位相がそろって強めあい広がりが増した LUMO ができる．このため，元の LUMO では 1 と 2 の二つの C 原子部分の反応性が同じであったものが，電子受容性の置換基が付くことにより，置換基から遠い部分の反応性が強められることになる．

次に，電子供与性の置換基の効果を調べる．図 13.9 のように，メトキシ基 -OCH_3，フェニル基 -C_6H_5，アミノ基 -NH_2 など，エネルギー的に高いところに電子対をもつ電子供与性の強い置換基 Y が，ブタジエンの端の H 原子を置換すると，空軌道と電子対が相手の電子対と 2 対 1 で相互作用し，その結果できる中間の安定度の軌道が新しい HOMO になる．つまり，Y の p 軌道に対し，元の HOMO が（下から上に）逆位相で相互作用するのに対し，元の LUMO は（上から下に）同位相で混入してくるので，その結果，Y から遠い部分 1 で位相がそろって強め合い広がりが増した HOMO ができる．このため，元の HOMO では 1 と 4 の C 原子部分の反応性が同じであったものが，電子供与性の置換基が付くことにより，置換基から遠い部分の反応性が強められることになる．

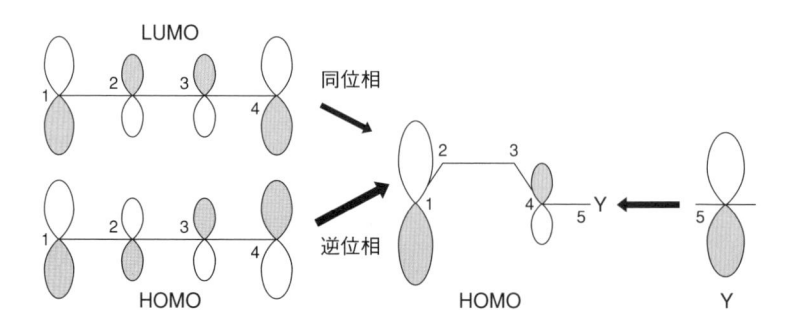

図 13.9 電子供与性置換基 Y によるブタジエンの HOMO の変化

このように，置換基効果で反応性の高い部分の位置が変化すると，反応性はどう変わるだろうか．図 13.8 と図 13.9 のように，修正を受けた HOMO-LUMO の相互作用によって，生成物の選択性が生まれる．たとえば，メトキシブタジエン (A) とアクロレイン (B) を反応させると，**図 13.10** のように，シクロヘキセンのオルト付加物 (C) のみが選択的に生成し，メタ位に置換基をもつ付加物 (D) は生成しない．

なぜそうなるかの謎は，すでに学んだことを応用すると，意外なほど簡単に解きほぐされる．すなわち，軌道間の相互作用の大きさが重なりの原理に支配されていることに基づいて，非常に明快に説明することができる．

HOMO-LUMO 相互作用の大きさは，重なりの原理に支配されているため，それぞれの分子軌道の係数の絶対値，とくに相互作用する原子 (**反応サイト**) の係数の絶対値を掛け合わせた値の大きさに依存する．環状付加反応では，相互作用する原子どうしの組み合わせが 2 か所あるので，その 2 か所の反応サイトの係数の絶対値の積を足し合わせた結果がどれだけ大きいかで，反応のしやすさが

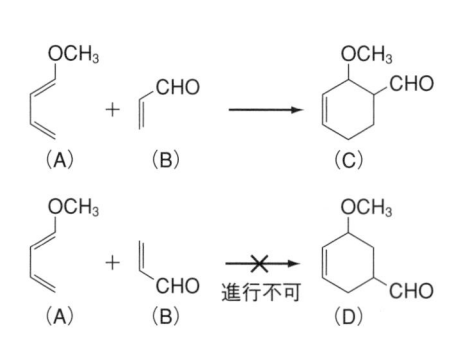

図 13.10 環状付加反応の配向選択性

支配される.

そこで，HOMO の反応サイトの係数の絶対値を a と b，LUMO の反応サイトの係数の絶対値を c と d として考察を進めてみよう．いま，HOMO-LUMO 相互作用に関係する反応サイトの係数の絶対値が，(A) では $a > b$，(B) では $c > d$ であるとする．可能な組み合わせは，大きいものどうし小さいものどうしの I (ac, bd) と，それぞれ大と小が交互になった II (ad, cb) の2通りなので，この両者の重なりの大きさを比べる必要がある．重なりの程度は，係数の絶対値の積に比例するから，2か所の重なりの大きさ（積）の和をとると，

$$I\,(ac, bd) = ac + bd$$
$$II\,(ad, cb) = ad + cb$$

となり，両者を比較するために差をとって計算すると，

$$I\,(ac, bd) - II\,(ad, cb) = (ac + bd) - (ad + cb) = (a - b)(c - d) > 0$$

となる．最初に仮定したように，$a > b$，$c > d$ であるから，$I - II$ は正になり，I の方が II よりも軌道の重なり（軌道間の相互作用）が大きいことが示された.

つまり，<u>軌道間相互作用が2か所で連動するときは，軌道の広がりの大きいものどうし小さいものどうしが相互作用する組み合わせが優先される</u>．その結果，図 13.10 の上下二つの可能性のうち，上段のように組み合わされた反応だけが優先され，生成物における置換基の配向が選択される．これを**配向選択性**という．このように，置換基をうまく導入することによって，反応生成物の構造を，量子論に基づいて制御することができる.

● 13.3 電子環状反応

反応生成物を制御することは，非常に魅力的なことである．置換基による制御は化学的な反応制御であるが，熱や光を利用する物理的反応制御も，反応物を変えずに外的条件を操作するだけでできるので，たいへん面白い.

ブタジエンのように二重結合と単結合が交互に並んだ不飽和炭化水素は π 電子共役系であり，π 電子共役系化合物の両端に σ 結合ができると，閉環して環状化合物ができる．また，その逆に環状化合物が開環する反応もある．閉環

反応や開環反応は π 電子共役系に特徴的なものであり，両者を併せて**電子環状反応**という．

電子環状反応には，熱反応と光反応で，同じ反応物から出発しても生成物の構造がガラリと違うものになるという興味深い現象がみられる．その例として，ブタジエンの両端の C1 と C4 のそれぞれにメチル基を置換基として導入して得られる 1,4-ジメチルブタジエンの閉環反応を調べてみよう．メチル基の場合は，置換基の作用があまり強くないので，ブタジエンの π 軌道をそのまま用いて考察を進めていこう．

まず，熱の作用で閉環する場合（**熱閉環反応**）を考える．この場合，反応の主役を演ずるのは HOMO である．ブタジエンの π 軌道そのものが反応の主役となって結合の仕方が変わるわけであるから，まずは電子が入っていることが必要であり，その中で一番変化しやすいのは HOMO ということになる．図 13.3 で出てきた HOMO の形を念頭におき，C1 と C4 の間に新たに σ 結合ができることを予想しよう．すると，**図 13.11** のように，C1-C2 軸と C4-C3 軸の周りで，どちらも同じ方向に（たとえば，両方とも右回りに）90° 回転すると，C1 と C4 の間で C2p 軌道成分どうしの位相がそろった σ 型の重なりが生じ，σ 結合ができて閉環することがわかる．二つの軸の周りの回転が，この例のように同じ方向で回るとき，**同旋的**という．ブタジエン骨格の熱閉環反応は，このように同旋的に進行する．

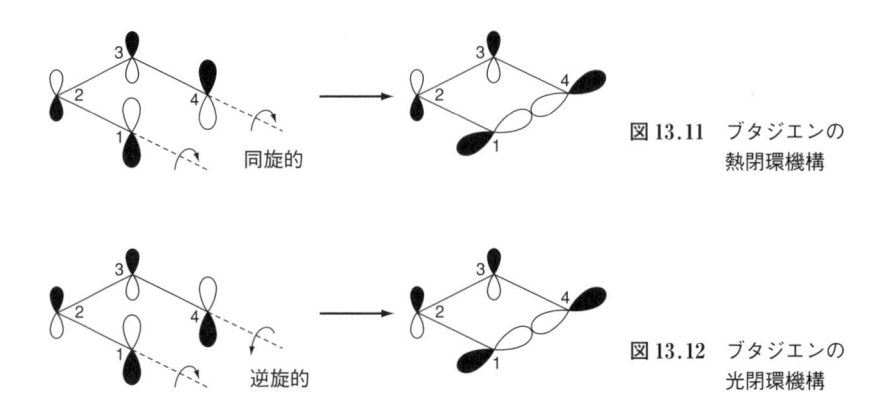

図 13.11　ブタジエンの熱閉環機構

図 13.12　ブタジエンの光閉環機構

次に，光を照射して起こる閉環反応 (**光閉環反応**) を調べてみよう．この場合，光を吸収して HOMO から LUMO へ電子が遷移すると，LUMO が反応の主役に躍り出る．図 13.3 で出てきた LUMO の形を思い出せば，**図 13.12** のように，C1-C2 軸と C4-C3 軸の周りでどちらも逆向き (**逆旋的**) に 90°回転すると，C1-C4 間に σ 結合ができることがわかる．すなわち，ブタジエンの光閉環反応は，逆旋的に進行する．

熱でも光でも，閉環に伴って，C1-C2 と C4-C3 の間の π 型の重なりが失われてこれらの CC 結合は単結合になり，C2 と C3 の間が二重結合になって，四員環で二重結合を一つもつシクロブテン骨格が形成され，1,4-ジメチルシクロブテンができる．

1,4-ジメチルブタジエンの閉環によって生成する 1,4-ジメチルシクロブテンには，**図 13.13** のように 3 種類の異性体がある．すなわち，メチル基が環に対し二つとも同じ側にある I，メチル基が環の上下に一つずつ分離している II または III の 3 種類であり，II と III は互いに光学異性体の関係にある．これらの 3 種の異性体のうちのどれが閉環反応でできるのか，考えてみよう．

出発物質である 1,4-ジメチルブタジエンには，**図 13.14** に示すように 3 種類の異性体が存在する．

これらの三つの異性体 A，B，C のどれから出発するかにより，また，熱によるのか光によるのかによって，生成する 1,4-ジメチルシクロブテンの立体構造が図 13.13 の三つの異性体 I 〜 III のどれになるかが，微妙に分かれる．

上の議論に基づいて，3 種の 1,4-ジメチルブタジエン A，B，C から I 〜 III のどの 1,4-ジメチルシクロブテンが得られるかを整理し，**表 13.1** にまとめて

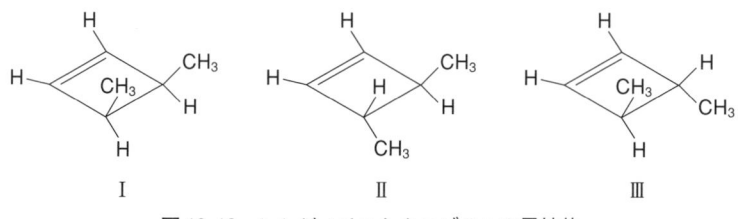

図 13.13　1,4-ジメチルシクロブテンの異性体

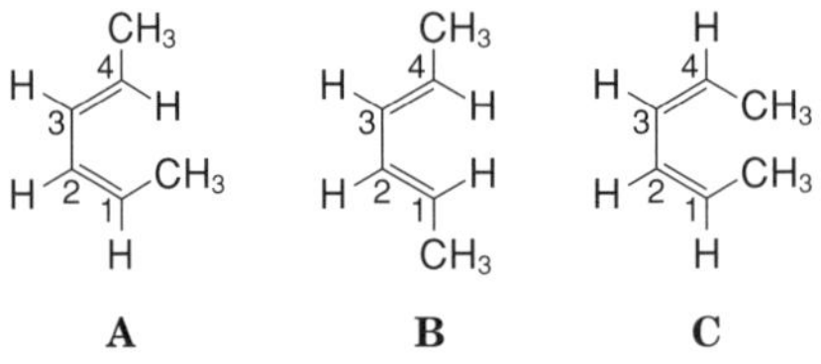

図 13.14 1,4-ジメチルブタジエンの異性体

表 13.1 1,4-ジメチルブタジエンの閉環反応の生成物（I, II, III）の選択性

異性体	熱反応（同旋的）	光反応（逆旋的）
A	I	II, III
B	II, III	I
C	II, III	I

示す.

　Aから出発する熱反応では，同旋的なので，C1-C2軸をC1の側から見て右回りに回すと，C1に付くCH₃基は環の下側に来る．C4-C3軸のC4側から見て同じく右回りに回すと，C4に付くCH₃基は環の下側に来る．したがって，この場合の閉環生成物は，二つのCH₃基が環の同じ側に付いている異性体Iになる.

　Aから出発する光反応では，逆旋的なので，C1-C2軸をC1の側から見て右回りに回すとC1に付くCH₃基は環の下側に来る．一方，C4-C3軸のC4側から見て，こちらは逆向きの左に回すと，C4に付くCH₃基は環の上側に来る．したがって，この場合の閉環生成物は，二つのCH₃基が環の上下に分離した異性体IIになる．ここで，回す方向を2か所とも反対向きにしても逆旋的であり，その結果は異性体IIIを与える．実際の反応では，これらの2通りは等しい確率で起こるので，IIとIIIの1対1の混合物が得られることになる.

　反応の出発物質としてBやCを選んだ場合についても，同様に考察を進めると，表13.1に示した結果が得られる.

　以上では，すでに学んだブタジエンのHOMOとLUMOの形を利用して，電子環状反応の機構と生成物の選択性について調べた．環状化合物については，環が四員環のように小さいと隣り合うσ結合の結合角が曲がり過ぎて「ひずみ」があるため，環が形成されても簡単に開環してしまう．π電子共役系の長さがブタジエンより長くなると，σ骨格にひずみがかからなくなるので，閉環した化合物が安定になる.

　ブタジエンよりCC二重結合が一つ多いヘキサトリエンの電子環状反応で

は，HOMO や LUMO の π 電子系の端どうしの位相関係が，ブタジエンのときとはちょうど逆になるため反応機構も逆になり，熱反応が逆旋的に進行し，光反応が同旋的に進行する．

環状付加反応や電子環状反応では，軌道の対称性によって，反応が許容されたり禁止されたりする．図 13.11 に戻って考えると，C2-C3 結合の中点を通り C1-C2 結合に平行な中心軸周りの 180°の回転について，反応の前後で対称性が保存されている．また，図 13.12 では，C2-C3 結合を垂直二等分する面に対して対称的な状態が，反応の前後で保存されている．「反応は軌道の対称性が保存されるように進行する」とする規則を**ウッドワード-ホフマン則**という．一般に，軌道の対称性で許される反応を**対称許容反応**といい，許されない反応を**対称禁制反応**という．化学反応で対称性が決定的要因となることがあるのはたいへん面白い．

● コラム ●

シンメトリーの効力と量子化学

原子や分子の世界で，対称性が決定的な役割を果たすことがある．対称許容反応・対称禁制反応はそのよい例である．そのほかにも，スペクトルの許容遷移・禁制遷移を対称性から判定する選択則というものがあり，分光学でよく用いられている．

対称性を用いると，計算しなくても結果が定性的に予想でき，目の覚めるような快感を体験できる．また，数値を得るために計算を行う場合にも，対称性を利用すると，計算量を大幅に減らすことができ，コストの

シンメトリーの例（折り鶴）

節減につながる．対称性（シンメトリー）は，芸術の世界でも重要であるが，科学の世界では，群論と呼ばれる数学とも関係している．化合物の立体的な形や結晶構造を分類するときに，点群や空間群と呼ばれるものが利用されている．

こうしたことから，化学を学ぶうえで対称性が重要であることは確かなのだが，化合物には特別な対称性をもたないものも少なくない．そのような場合は，対称性に基づく議論が何もできなくなり，せっかく群論を学んだとしても，そのご利益に

はまったく与れなくなってしまう．

　量子化学を使うと，いろいろな物質の性質を直接計算で示すことができる．対称性が利用できるときは，計算せずに結果を予想できることもあるが，特別な対称性をもたない系については，量子化学計算を行うことによって初めてその系の性質がわかることが多い．シンメトリーをもつ場合は別にして，何のシンメトリーももたない物質の性質を調べるとき，量子化学計算が絶大な威力を発揮することになる．

演習問題

13.1 トランスジクロロエチレンとブタジエンの環状付加生成物の立体構造を推定せよ．

トランスジクロロエチレン

13.2 ブタジエンの末端のC原子についているH原子の一つを電子供与性の置換基Xで置き換えたものと，エチレンのH原子の一つを電子受容性の置換基Yで置き換えたもので環状付加反応を起こすと，どのような構造のシクロヘキセン置換体ができるか，構造を推定せよ．

13.3 ブタジエンの炭素骨格（C1-C2-C3-C4）において，HOMO（π_2軌道）の電子対が，三つのCC結合（C1-C2，C2-C3，C3-C4）へどのような寄与をするか，結合的な寄与をするときは（＋），反結合的寄与をするときは（－），結合性に影響しないときは（0）で表せ．LUMO（π_3軌道）にもしも電子対が入ったとすると，三つのCC結合へどのような寄与をするか，（＋），（－），または（0）で表せ．さらに，HOMOからLUMOに電子を1個移動したときの結合性の変化についても同様な考察を行い，各CC結合が伸びるか，それとも縮むか，予想せよ．

13.4 電子供与性置換基であるメトキシ基（-OCH₃）が2位に導入された2-メトキシブタジエンのHOMOの形を推定せよ．次に，アクロレインとの付加反応生成物の構造を推定せよ．

2-メトキシブタジエン　　アクロレイン

13.5 右の構造をもつ1,4-ジクロロブタジエンの熱閉環生成物の構造を推定せよ．

1,4-ジクロロブタジエン

第14章
ポテンシャル表面と化学

　これまでに,量子論の基礎固めをしたうえで,原子の化学的個性の由来を調べ,原子どうしから結合ができる仕組みや結合の組換えが起こる仕組みを解き明かし,いろいろな分子構造や化学反応の例を学んできた.この章では,与えられた原子の組み合わせからどのような化合物ができるか,そして,それらがどのような反応を演じるのか,量子化学計算に基づいてポテンシャル表面を調べることにより,未知の化学を予測する方法について学ぶ.

14.1 化学式,同素体,異性体

　水は H_2O,メタンは CH_4,二酸化炭素は CO_2 というように,各物質がどの元素の原子何個で構成されているかを表す式を**化学式**という.化学式が同じなら構成元素は同じだが,だからといって同じ物質であるとは限らない.

　構成元素が同じでもまったく違う性質を示す例は,一つの元素からなる**単体**でさえ存在する.化学式が C で表される炭素の単体を取り上げると,透明で目もくらむ輝きを放ち何よりも硬いダイヤモンド,真っ黒で軟らかくすべすべして電気を通すグラファイト,ボール状で中に原子を入れることもできるフラーレン,筒の形をしていて軽量ながら強靭な素材となるナノチューブなど,いろいろある.このように,同じ元素の単体でありながら異なる物質を**同素体**という.同素体が生じる理由は,同じ元素の原子どうしでも,結合の仕方がいろいろあるからである.

　化合物では,原子の種類が複数になり,原子どうしが組み合わされてできる立体構造が多様になる.C_2H_6O という化学式で表されるものには,ジメチルエーテル CH_3-O-CH_3 のほかエタノール C_2H_5OH がある.これらは,化学式は同じであるが構造が異なるため,**異性体**と呼ばれる.

異性体が何種類あるかを知るにはどうしたらよいだろうか．実験化学においては，合成して元素分析や構造解析で化学式や分子構造が確認された物質が既知物質として知られており，文献を調べれば既知物質となっている異性体が何種類あるかがわかる．しかし，未知の異性体がほかに存在するかもしれない．通常行われる実験では，実験者の興味が優先され，安定なものが優先的に取り出されるため化学的に不安定なものは見逃されやすい．また，通常の実験条件では進まない反応もあり，それによる見落としも起こり得る．

分子模型を使って異性体を探すのはそれほど難しいことではなく，現在はコンピュータで系統的に調べることができる．しかし，分子模型では，前提となる結合モデルからはずれるものは探索できない．

実験や経験に基づくやり方ではなく，波動方程式を解いて異性体を求めることはできないだろうか．近年，量子化学計算の精度が急速に向上し，新化合物の存在を実験より先に理論計算で予測することが可能になってきた．

量子化学計算法としてよく用いられているおもな方法は，分子軌道法（MO法）と密度汎関数法（DFT法）[†1]である．MO法やDFT法で量子化学計算を行うには，そのための計算プログラムと計算機が必要である．量子化学計算プログラムには，市販のGaussianやMolproのほか，無償で入手可能なGamessなどがある．計算機には，大型計算機センターか，研究者用の計算サーバを用いる場合が多いが，パソコンで量子化学計算を行うケースも増えてきている．

量子化学計算では，分子の構造や反応をどのようにして計算するのだろうか．そのやり方を調べてみよう．

◉14.2 平衡構造の探索

第12章でふれたように，ポテンシャル表面の極小点が，原子集団の物理的安定構造，すなわち**平衡構造**（equilibrium structure，以下本書では，先頭の2文

[†1] エネルギーが電子密度という関数の関数（汎関数）であることに着目してDFT法が誕生し，波動関数をSCF法で決めるハートリー-フォック法より計算コストが小さいため，1990年代からよく用いられるようになった．

14.2 平衡構造の探索

字をとって EQ と略記する）[†1] を与える（図 14.1）．多原子分子では，ポテンシャル表面上の EQ のそれぞれが，個々の異性体に相当する．

二原子分子のように変数が一つしかない場合は，EQ を求めるのは簡単である．原子核間距離を R とし，R を徐々に大きくしながらポテンシャル曲線を求め，その極小点を決めればよい．三原子以上になると，問題は急に複雑になる．すでに学ん

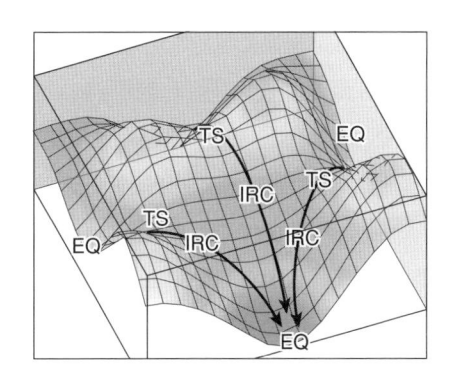

図 14.1 ポテンシャル表面
EQ：平衡構造，TS：遷移状態，IRC：固有反応座標

だように，分子内の原子核の相対的位置関係を決める座標（基準座標）の数は，非直線分子で $3N-6$，直線分子で $3N-5$ であるから，$N=3$ の場合は $3N-6=3$ か $3N-5=4$ となり，三次元または四次元のポテンシャル表面上の極小点を探す問題になる．つまり，多原子系のポテンシャル表面上の EQ を探す問題は，多変数関数の極小点を探す問題である．大変残念なことに，多変数関数のすべての極小点を有限な手間で確実に見つけ出す数学的な一般解法は知られていない．

ポテンシャル表面全体の極小点の探索はひとまず後回しにして，<u>任意の 1 点からその近くの極小点を探す</u>ことを考えてみよう．そのように問題を限定すると，うまい方法がある．いま斜面に立っていて，そこから谷底を目指すとき，どうすればよいか．誰でも傾斜の一番急な方向（最大傾斜線の方向）に下って行くであろう．<u>ポテンシャル表面上の任意の点から，最大傾斜線に沿って下って行き，極小点を探す方法</u>を**最急降下法**という．最急降下法を用いると，通常一つの極小点（EQ）にたどりつくが，斜面を下り続けて無限に遠くへ行く可能

[†1] 平衡構造と呼ばれるのは，その点から多少ずれても，ポテンシャルの谷底に引き戻そうとする復元力が働くので，熱振動が大きくなり過ぎない限り，つねにその付近の構造に保たれるからである．

性もある．無限に遠くへ行くことは，原子の集団がばらけて解離することに相当するので，通常の結合距離（長くても数 nm 以下）をはるかに越えてしまったら，それ以上は追いかけずに**解離経路**（dissociation channel，以降本書では DC と略記する）とみなせばよい．

最急降下法を用いると，量子化学計算によって分子構造を求めることができる．通常，およその分子構造を（類似化合物の構造などを参考にして）推定し，その構造を出発点（**初期構造**）としてポテンシャル表面上の極小点を求める．このように，初期構造を仮定して原子の集団の構造を求める量子化学計算を，**構造最適化**という．任意の初期構造から出発して構造最適化を用いると，平衡構造（EQ）か解離経路（DC）のいずれかに到達する．

未知の分子構造を見つけるには，いろいろな初期構造を仮定して，構造最適化を繰り返せばよい．初期構造を多数必要とする場合によく使われる方法に，**サンプリング法**がある．一定の規則もしくはコンピュータで発生させた乱数によってサンプリング点を導入し，それを構造最適化の初期構造にするのである．ただし，違う初期構造から出発しても同じ EQ に達することもあり，ポテンシャル表面上に存在する EQ を全部みつけるのは，一般に簡単ではない．初期構造を増やすと計算時間がかかり，しかも，どれだけ時間をかけても調べ尽くしたかどうかの保証は得られないからである．

ここで，座標変数の数に対し，サンプリング点の数がどうなるか，考えておこう．一定間隔の格子点（**図 14.2**）で規則的にサンプリングするとして，1 変数当たり 100 点の格子を考えると，座標変数の数が 3 なら，点の総数は $100 \times 100 \times 100 = 100$ 万点になる．さらに，漏れがなくなるようにと，1 変数当たり 1000 点の格子にすると，わずか 3 変数の場合でもサンプリング点の総数は $1000 \times 1000 \times 1000 = 10$ 億点にもなってしまう．1 点 1 秒で計算できるとしても，10 億秒 = 31.7 年となり，計算が実施できたとしても，計算機や人間の寿命が心配になる．

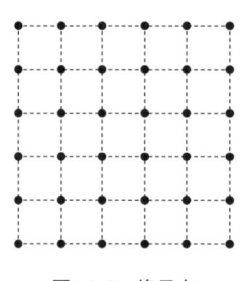

図 14.2 格子点

14.3 遷移状態の探索

　一つのポテンシャル表面上に EQ が複数あれば，それらは同じ化学式をもち，互いに構造が異なるので異性体である．各異性体の構造は極小点になっているから，それらの構造を結ぶ反応経路の途中には必ず峠のような点，すなわち**遷移状態**（transition state，以下 TS と略記する）が存在する（図 14.1）．TS は，反応経路に沿って考えると極大点になっているが，反応経路と直交する方向については極小点になっている．このように，1 方向に沿って極大で，それと直交するすべての方向に沿って極小となる点は，乗馬で使う馬の鞍に似ているので，**鞍点**と呼ばれる（**図 14.3**）．

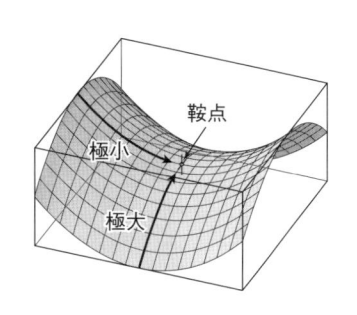

図 14.3 鞍点（遷移状態）

　ポテンシャル表面上の TS は，化学的に非常に重要である．なぜかというと，一つの構造から別の構造へ変化させるために加えなければいけないエネルギーが最も少なくて済む反応経路を与えるからである．TS と EQ のエネルギーの差は，反応の**活性化エネルギー**に相当する．熱エネルギーの作用で反応が進行するとき，活性化エネルギーが小さいほど反応速度が大きくなる．したがって，エネルギーの低い TS を探すことが非常に重要である．

　EQ の探索と違って，TS の探索は一般に難しい．EQ の場合には，どの点から出発しても，最大傾斜線に沿って降りて行けば，解離しない限り必ず一つの EQ に到達する．これに対し，任意の点から TS に到達することは簡単でない．EQ の探索では最大傾斜線に沿って下降するが，その逆に最大傾斜線に沿って登坂するとどうだろうか．残念ながら，任意の点から最大傾斜線に沿って登って行くと山の尾根のようなところに行くか，どんどん登り続けて量子化学計算で扱えないほど高いエネルギーのところに行ってしまう．なぜそうなるかの理由は，TS と EQ を結ぶ最大傾斜線の特徴にある．

　TS では，反応経路に沿って下る方向は二つしかない．そのどちらかに沿って最大傾斜線を降りて行くと，解離経路（DC）に入ることもあるが，そうでな

ければ EQ にたどり着く．つまり，最急降下法を用いると，TS から反応経路をたどって DC または EQ へ到達できる．TS から最大傾斜線をたどって得られる反応経路を**固有反応座標** (intrinsic reaction coordinate，以下 IRC と略記する) という[†1]．

ここで，IRC からほんの少しだけ外れた点を通る最大傾斜線がどこに行くか考えてみよう．下向きにはその IRC の下端の EQ に着くが，上向きにはその IRC の上端の TS には着かない．このため，計算誤差があっても下向きには問題なく EQ へ到達できるが，上向きには少しでも誤差があると IRC からどんどんはずれてしまい TS には到達しない．このような大きな違いが出るのは，EQ 付近では多数の最大傾斜線が一つの EQ に収束するのに対し，TS 付近では IRC そのものにぴったり重なった最大傾斜線一つだけが TS を通り，それ以外は TS とは離れた場所に行ってしまうからである．したがって，最大傾斜線に沿って登坂して TS に到達するのは，ほとんど不可能である．

最大傾斜線はポテンシャルの 1 次微分の性質であるが，TS の特徴はむしろ 2 次微分の方にある．TS の数学的特徴を思い出してみると，反応経路に沿って極大で，直交する方向には極小になっている．つまり，2 次微分を考えると，反応経路に沿って負 (上に凸) で，直交する方向に正 (下に凸) になっている．そこで，ポテンシャル表面の 2 次微分 (変数の数が F なら，$F \times F$ 次元の行列であり，**ヘッシアン行列**と呼ばれる) を求め，一つの方向の 2 次微分だけが負になるという条件に注目し，その方向に沿ってポテンシャル表面を登り，直交する方向ではエネルギーが下がるようにすると，TS にたどりつくと予想される．2 次微分を利用して TS を見つけ出す方法がいろいろ工夫されている．ただし，一方向のみ 2 次微分が負になる領域 (TS 領域という) に入らないと機能しないから，そのような領域をうまく見つけ出すことが TS 探索のキーポイントになる．

[†1] 福井謙一が反応経路として IRC を最初に定義した．IRC は**エネルギー最小経路** (minimum energy path) とも呼ばれる．

14.4 反応経路網の探索

　一つの化学式のポテンシャル表面上には，いくつかの EQ や TS や DC が存在し，それらが反応経路で結ばれている．ここで，一つの EQ に着目してみよう．EQ の周囲はどうなっているであろうか．EQ につながる反応経路としては，EQ－DC か EQ－TS のどちらかであり，それらは 1 種類とは限らない．EQ－DC は，解離生成物の反応経路にまで踏み込まなければ，そこでおしまいである．一方，EQ－TS の方は，TS を経由してその先の DC または EQ に達する．別の EQ に達すれば，その EQ の周りにも EQ－DC や EQ－TS の反応経路が開ける．すると，EQ－TS を通じて，反応経路の網の目が広がっていくと考えられる．すなわち，DC はそこで行き止まりになるので省略し，EQ と TS の関係だけを模式的に表すと，一つの化学式の反応経路網は，**図 14.4** のようになるであろう．つまり，EQ－TS－EQ を介して，多数の EQ と TS を含む反応経路網が得られるはずである．したがって，各 EQ の周囲の反応経路を探索する方法があれば，各化学式の反応経路網の全体像を量子化学計算に基づいて構築することができる．すでに述べたように，TS 探索が一般に困難であるため，このような反応経路網の全面的探索は，3 原子を越えると不可能とされていたが，最近，これが可能になった．その方法の概要については，出版社の web サイトを参照されたい．以下では，反応経路網の探索が可能になったことによる研究成果のいくつかを紹介する．

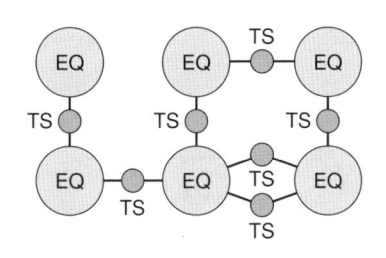

図 14.4　反応経路網　EQ：平衡構造，TS：遷移状態

14.5 H_2CO_2 の反応経路網

　量子化学計算に基づいて調べられた反応経路網の実例を，**図 14.5** に示す．これは，H_2CO_2 の反応経路網である．13 種類の EQ と 30 種類の TS の構造が球棒モデルで示されている．O と C は球の中の元素記号で示し，H は小さな球

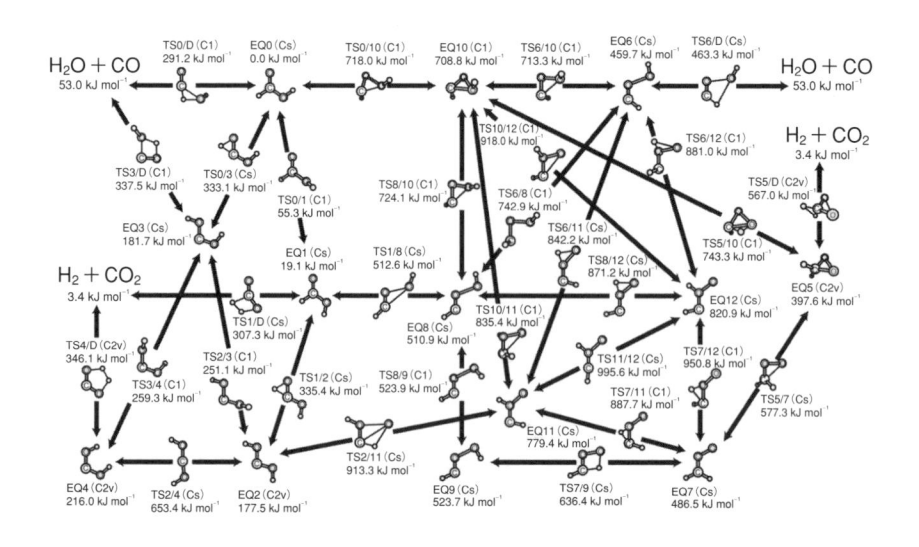

図 14.5　H_2CO_2 の反応経路網

で表し元素記号は省略されている．結合は 2 本線で，通常の結合距離より明らかに長い原子間は 1 本線で，示されている．各構造には，後で述べる規則に従って EQn または TS$n/m$ の形式のラベルがつき，エネルギーの高さが kJ mol^{-1} 単位で示されている．解離経路については，解離生成物が化学式で示され，解離エネルギーが付記されている．

　左上の EQ0 と左側中段の EQ1 が，ギ酸 HCOOH の二つの異性体で，EQ0 が H_2CO_2 の最も安定な化合物である．各構造のエネルギーは，この EQ0 を基準とした相対値で示されている．平衡構造である各 EQ は，エネルギーの低いものから順に番号付けされており，ギ酸の異性体である EQ1 は，EQ0 の次に安定な化合物である．各構造の記号の右のカッコ内に示された Cs[†1] などの記号は，構造の対称性を表すものである．ギ酸の二つの異性体 EQ0 と EQ1 は，遷移状態 TS0/1 で結ばれている．図 14.5 では，各 TS は隣の構造で番号付け

[†1]　Cs は面対称で，図 14.5 の例では，全原子が同一面内にある．C2v は，二等辺三角形と同じ対称性で，2 回回転軸とその軸を含む鏡映面をもつ．C1 はまったく対称性をもたない．

されており，EQnとEQmの間のTSはTSn/mと表されている（DCのときは「D」がついている）．

水と一酸化炭素が反応して水素と二酸化炭素が生じる次の反応は，**水性ガスシフト反応**と呼ばれ，有機工業化学で非常に重要な反応である．

$$H_2O + CO \rightleftarrows H_2 + CO_2$$

図14.5によると，水性ガスシフト反応は，いくつかの反応ルートで可能であることがわかる．そのうち，一番低い活性化エネルギーで進行するのは，ギ酸の二つの異性体EQ0とEQ1を経由する次のルートである．

$H_2O + CO \rightleftarrows TS0/D \rightleftarrows EQ0 \rightleftarrows TS0/1 \rightleftarrows EQ1 \rightleftarrows TS1/D \rightleftarrows H_2 + CO_2$

このほか，不対電子を二つもつ炭素（**カルベン**という）を含むEQ3を経由する経路も，それほどエネルギーが高くないので無視できないことがわかる．

図14.5の右上にも水性ガスシフト反応と関係しそうな解離経路がある．しかし，エネルギーを見るとギ酸付近のTSが$300\,\mathrm{kJ\,mol^{-1}}$程度以下であるのに対し，右上のTSは$450\,\mathrm{kJ\,mol^{-1}}$以上ありかなり高いため，実際にはほとんど関係しそうにない．図14.5で，EQ0やEQ1より右側はO$-$O結合をもつ過酸化物になっていて，エネルギー的に高く不安定である．過酸化物領域にあるEQ5はジオキシランと呼ばれる酸化剤である．

● 14.6 不斉合成の遷移状態の探索

量子化学計算で反応経路網を探索すると，有用な触媒反応の遷移状態を調べることができ，反応や触媒の設計に応用できる．

ここでは，野依良治らによって開発された**不斉合成触媒**の一つであるRuHCl-BINAPの反応機構を調べてみよう．**不斉合成**とは，光学活性な生成物を制御する合成法である．乳酸$CH_3-C^*H(OH)-COOH$や，アミノ酸の一つであるアラニン$CH_3-C^*H(NH_2)-COOH$（図14.6）は，四つの置換基が全部異な

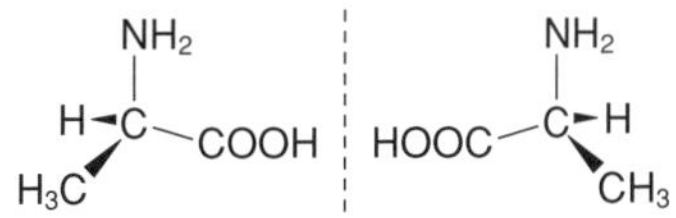

図14.6 D-アラニン（左）とL-アラニン（右）

図14.7　不斉触媒反応サイクル　Me：メチル基

る炭素原子（**不斉炭素**と呼びC^*で表す）をもち，互いに鏡像関係の一対の異性体（**光学異性体**という）があり，それらは光学活性を示す．生命現象に有用なのは，そのうちの一方の光学異性体であり，他方はまったく役に立たないか，場合によっては有害である．このため，光学異性体の一方のみを選択的に合成する不斉合成反応が非常に重要であり，それを効果的に進める触媒は不斉合成触媒と呼ばれている．

RuHCl-BINAP触媒は，図14.7の触媒反応サイクルの左上にある1,3-ジケトンのメチル基（Me）側にあるカルボニル基にH_2が付加する反応の不斉触媒であり，生成物として2種類の光学活性な異性体R体とS体のうち，R体だけを選択的に生成する．この反応サイクルで一番重要なのは(II)で，ここで生成

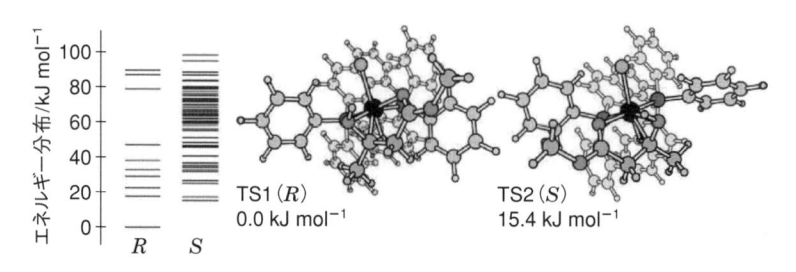

図14.8　不斉触媒の遷移状態のエネルギー分布（左）と下から2番目までのTS1とTS2の構造（右）

物が R 体になるか S 体になるかが決まる．

この反応の (II) の遷移状態として可能な TS の構造を，量子化学計算で系統的に調べ，そのエネルギー分布をみると，図 14.8 に示すように，一番エネルギーが低いのは R 体の TS1 であり，これを 0 kJ mol^{-1} とすると，2 番目に低い S 体の TS2 は TS1 より 15.4 kJ mol^{-1} 高い．このため R 体が 99 % 以上合成されることがわかり，RuHCl-BINAP が非常に優れた不斉触媒であることが理論的に確認された．

14.7 ポテンシャル表面の探索と化学の新世界

2000 年代の初頭までは，ポテンシャル表面を量子化学計算で自動的に探索することはほとんどできなかったが，最近は計算機の性能の向上と探索アルゴリズムの進歩により，ポテンシャル表面の自動探索が急速に進展している．

量子化学計算を行って理論的にポテンシャル表面を調べると，個々の化学式について，(1) どのような化学種（異性体）が存在するか，(2) それらがどのような反応経路で結ばれているか，さらに，(3) それらがどのように分解（解離）するかという，化学において非常に重要な問題の解答を，予備知識なしに手に入れることができ，これまでにまったく知られていない化学の新世界を切り開くことができる．

分解過程（解離過程）の知識 (3) は，その逆向きのプロセスである合成過程の情報を与えてくれる．A→B+C という反応経路が見つかれば，その逆の反応経路 B+C→A が存在し，B と C から A を過不足なく合成できることがわかる．「過不足ない合成」は，資源・環境・エネルギーの問題で非常に重要である．過不足ないということは，原料を無駄なく使い，余計な副産物を生じないことを意味している．化合物を合成する合理的な反応経路を知ることは，資源の節約だけでなく，エネルギーの節約にもつながる．

人類社会は，物質を上手に使いこなすことで発展してきた．量子化学によるポテンシャル表面の探求が進めば，さらに豊かで安心・安全な人類社会を発展させていくことにつながるであろうと期待が膨らむ．

● コラム ●

検索・探索とアルゴリズム

　検索機能を使うと，インターネット上の膨大な情報から，目的とする情報をたやすく手に入れることができる．もしも検索機能がなかったら，なかなか欲しい情報に行きつけず，迷子になりかねない．

　情報検索を効率的に行うために重要なのは，検索の手順（アルゴリズム）である．既知の情報をたくさん集め，目次や索引から効率的にアクセスできるようにすることが情報データベースづくりの腕のみせどころとなっている．

　化学の世界でも，すでに公表されている情報を，検索しやすいようにして，インターネットからアクセスできるデータベースとすることが盛んに進められており，いずれ，いつでもどこでも利用できるようになるであろう．ただし，検索で得られる情報は既知の情報であり，未知の情報は対象外である．

　誰も知らない未知の情報を探し出す作業は，「検索」ではなく「探索」である．よく似た言葉だが，探索は未知情報の発掘を含むため一般に高い効率は望めず，試行錯誤に陥る危険が伴う．運を天に任せたり，神頼みが行われたりもするが，科学的探索作業ではそのアルゴリズムがとくに重要となる．

　いま，みかけ上同一の球 1 mol 中に 1 個だけ性質の異なるものが紛れ込んでいるとしよう．どうやれば手早く異質な球を見つけ出せるだろうか．

　天才的発明家によって特殊なセンサーが開発され，異質なものだけに感応してブザーがなるとするとどうだろう．一つずつ 1 秒で検査すると，運が良ければすぐ見つかるかもしれないが，最悪の場合は全部検査し終わるまでに 6×10^{23} 秒 $\simeq 2 \times 10^{16}$ 年もかかり，宇宙の年齢である 137 億年 $\simeq 1.37 \times 10^{10}$ 年かけても終わらない．しかし，半分を一括して調べることを繰り返すと，最悪でも $2^n > 6 \times 10^{23}$ となる $n = 79$ 回目には検査が終わる．1 回の分割作業と検査に 1 分かかったとしても，全体で 1 時間半もあれば検査が終了する．

　絶対不可能と思われることも，方法の工夫次第で可能になるかもしれない．だから，科学や技術は面白い．

演習問題

14.1 ギ酸 HCOOH の異性体を参考にして，酢酸 CH_3COOH と同じ化学式 $H_4C_2O_2$ で表される異性体を四つ示せ．（量子化学計算を行って調べると，$H_4C_2O_2$ の異性体は100種類以上にもなる．ここでは，O=C-O の骨格をもつものだけ示せばよい．）

14.2 ギ酸 HCOOH は，H_2O と CO もしくは H_2 と CO_2 の組み合わせから，過不足なく合成することができる．酢酸 CH_3COOH を過不足なく合成することができると予想される2分子の組み合わせを，3組以上示せ．

14.3 4原子系のポテンシャル表面の情報を得るために，1変数当たり100個の格子点を導入してサンプリングすることにした．1点の情報を得るための量子化学計算に1秒ずつかかるとすると，全部サンプリングし終わるまでにどれだけの時間がかかるか．

14.4 現在知られている化合物の種類は約5000万種類だという．いま，いずれも二つの原子と結合をつくることができる10種類の原子が鎖状につながった分子を考えると，何通りの分子が可能か．

14.5 本文の図14.5の H_2CO_2 の反応経路網において，次の3種類の反応の起こりやすさを比較せよ．
（A）C-O 結合周りで OH 基が回転する反応
（B）CHO 基の H が C から O に転移して C-O-H ができる反応
（C）C-O 単結合が切れて O-O 結合ができる反応

14.6 H_2O 分子は異性体が存在しないが，遷移状態は一つ存在する．理由を説明せよ．

14.7 一重項メチレンの空軌道にアンモニア分子の非共有電子対が配位すると，アンモニウムイリド H_2C-NH_3 ができる．これに二酸化炭素分子が近付くと，二つの C 原子間に結合ができ，NH_3 部分の H が O 原子に転移すると，最も基本的なアミノ酸分子であるグリシンができる．この反応の中間にできるアンモニウムイリドの構造を推定せよ．また，最終生成物であるグリシン分子の構造を推定せよ．さらに，グリシン分子はアラニン分子と異なり，光学活性を示さないことを説明せよ．

A. 付　　録

ミクロの世界では，いろいろな量が互いに関係式で結ばれている．必然的に数学的知識や公式を知っていると理解しやすくなり，計算問題も解きやすくなる．また，ミクロの世界の振舞いを根本的に理解するためには，物理学の基礎的な知識も重要である．ここでは，量子化学の学習に役立つことを，予備知識があまりなくても身につけられるよう，数学の基礎事項を A.1～A.3 で，物理学の基礎事項を A.4～A.7 で，量子論に関連する補足を A.8～A.12 で，それぞれ解説する．本文の学習と合わせて参照されたい．

● A.1　三角関数と複素数

粒子を理論的に扱うときには，その位置を表すために座標を用いる．ここでは，二次元の平面を考え，図 A.1 のように，位置座標を x と y で表す．このように x と y を用いる直交座標（デカルト座標ともいう）の代わりに，x 軸からの角度 θ と原点からの距離 r を用いて表すこともできる．このように，原点からの距離と角度を使って表す座標を**極座標**という（A.10節）．極座標の r, θ と直交座標の x, y の関係は，三角関数を用いると次のようになる．

$$x = r\cos\theta \qquad y = r\sin\theta$$

図 A.1 において，直角三角形の水平な 1 辺の長さ x を斜辺の長さ r で割った x/r を，**余弦**といい $\cos\theta$ で表す．また，垂直な 1 辺の長さ y を斜辺の長さ r で割った y/r を，**正弦**といい $\sin\theta$ で表す．正弦と余弦の比 $\sin\theta/\cos\theta = y/x$ を，**正接**といい $\tan\theta$ で表す．直角三角形に関する**ピタゴラスの定理**から，$x^2 + y^2 = r^2$ であり，$\cos^2\theta + \sin^2\theta = 1$ が任意の θ について成り立つ．

図 A.1 に示したように，座標 (x, y) は原点からの矢印の先端に相当する．この矢印のように，方向と長さをもつものを一般に**ベクトル**という．

二次元の座標 (x, y) は，複素数と呼ばれるものとも対応している．複素数 z は，一般に，実数の成分 (x) と，**虚数単位 i** に比例する成分 (y) から成り立っており，これを $z = x + iy$ と表すことができる．虚数単位 i は 2 乗すると -1 になる量であり，-1 の平方根 ($i = \sqrt{-1}$) として定義される．

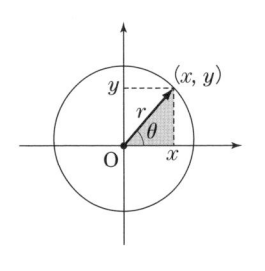

図 A.1　座標とベクトル

A.1 三角関数と複素数

複素数をこのように $z = x + iy$ と表したとき，その複素数に含まれる i を $-i$ に置き換えて得られる複素数を $z^* = x - iy$ と表す．このとき，z^* をもとの複素数 z の**共役複素数**という．一般に共役複素数は，この例のように右肩に * をつけて表す．

複素数 z とその共役複素数 z^* とを掛け合わせた zz^* は，その複素数の絶対値の 2 乗，すなわち $|z|^2$ であり，$z = x + iy$ と $z^* = x - iy$ を使って計算してみると，$|z|^2$ は二つの成分の x と y の 2 乗の和になる．

$$|z|^2 = zz^* = (x+iy)(x-iy) = x^2 + y^2 = r^2$$

これは，図 A.1 においてピタゴラスの定理を表しており，三角関数の公式 $\cos^2\theta + \sin^2\theta = 1$ に相当している．また，r は複素数に対応するベクトルの長さを表している．したがって，複素数をその長さに相当する r で割ると，$z/r = \cos\theta + i\sin\theta$ となる．この式の右辺は，虚数単位 i と角度 θ の積を指数にもつ次のような指数関数になることが知られている．

$$e^{i\theta} = \cos\theta + i\sin\theta \tag{A.1.1}$$

この関係式を**オイラーの式**という．

式 (A.1.1) を θ で微分してみよう．$\cos\theta$ の微分は $-\sin\theta$，$\sin\theta$ の微分は $\cos\theta$ となり，$i^2 = -1$ となることを使うと，右辺の微分は右辺自身の i 倍になる．

$$\frac{de^{i\theta}}{d\theta} = -\sin\theta + i\cos\theta = i^2\sin\theta + i\cos\theta = i(\cos\theta + i\sin\theta) = ie^{i\theta} \tag{A.1.2}$$

結局，$e^{i\theta}$ を θ で微分した結果は，同じ指数関数の i 倍になる．つまり，実数の指数関数の微分の公式 $de^{a\theta}/d\theta = ae^{a\theta}$ と同じになることが確かめられた[†1]．

$e^{i\theta}$ は，図 A.1 の $r=1$ の場合の円周上の点を表し，点の位置は，θ の値によって変化する．$\theta = 0$ では x 軸上にあり，θ が増加するにつれて時計とは反対の向きに回り始め，$\theta = 90°$ すなわち $\theta = \pi/2$ のとき y 軸上に来る．このとき $e^{i\pi/2} = i$ となるので，図 A.1 を複素数にあてはめたときには，x 軸は実数を表し，y 軸は純虚数（虚数単位 i の実数倍）を表す．$\theta = 180°$ すなわち $\theta = \pi$ のときは x 軸の負の部分に来る．さらに回って一周し，$\theta = 360°$ すなわち $\theta = 2\pi$ では，また x 軸上に戻ってくる．つまり，$e^{i\theta}$ は，三角関数と同様に周期的な関数であり，θ が $360°$ (2π) 増加すると再び元に戻

[†1] 微分がそれ自身になる ($de^x/dx = e^x$ となる) 不思議な指数の底 e を求めてみよう．$e^x = 1 + a_1 x + a_2 x^2 + a_3 x^3 + \cdots$ とおき，右辺を x で微分した結果が右辺自身に等しくなることより，$a_1 = 1, 2a_2 = a_1, 3a_3 = a_2, \cdots$ となるから，$a_1 = 1, a_2 = a_1/2, a_3 = a_2/3, \cdots$ となり，$a_3 = (1/2)(1/3)$ が得られ，さらに $a_4 = (1/2)(1/3)(1/4)$ となるから，$a_k = 1/k!$．よって，$e^x = 1 + (1/1!)x + (1/2!)x^2 + (1/3!)x^3 + \cdots$．$x = 1$ を代入すると，$e = 1 + (1/1!) + (1/2!) + (1/3!) + \cdots = 2.71828\cdots$ が得られる．

り，さらに θ が増加すると同じ変化を繰り返す．このため，θ が 2π の整数倍に等しいとき，$e^{i\theta} = 1$ となる．

図 A.1 で $r = 1$ として，x 軸から時計回りに θ だけ回転した点は $e^{i(-\theta)} = \cos(-\theta) + i\sin(-\theta)$ であり，x 軸をはさんで $e^{i\theta} = \cos\theta + i\sin\theta$ とは対称的な位置にくる．すぐにわかることだが，余弦は θ が負になっても x の符号が変わらないので，

$$\cos(-\theta) = \cos\theta \tag{A.1.3}$$

となり，正弦では θ が負になると y が負になるので符号が交代し，

$$\sin(-\theta) = -\sin\theta \tag{A.1.4}$$

となる．このほか，三角関数にはいろいろな公式がある．

三角関数はたいへん便利なものであるが，公式が非常にたくさんあり，覚えていればよいが，忘れてしまったり，勘違いしたりすると，困ったことになる．しかし，オイラーの式 (A.1.1) を覚えていれば，非常に複雑な三角関数の公式でも，かなり簡単に導きだすことができる．一例として，加法定理と呼ばれるものを導いてみよう．

二つの角度を A と B として，e^{iA} と e^{iB} を掛け合わせてみよう．まず，指数の公式 $e^a \cdot e^b = e^{a+b}$ から，

$$e^{iA} \cdot e^{iB} = e^{i(A+B)}$$

つぎに両辺にオイラーの式 (A.1.1) を適用すると，左辺から，

$$\begin{aligned} e^{iA} \cdot e^{iB} &= (\cos A + i\sin A) \cdot (\cos B + i\sin B) \\ &= \cos A \cos B + i\cos A \sin B + i\sin A \cos B + i^2 \sin A \sin B \\ &= \cos A \cos B - \sin A \sin B + i(\cos A \sin B + \sin A \cos B) \end{aligned}$$

となり，右辺から，

$$e^{i(A+B)} = \cos(A+B) + i\sin(A+B)$$

となる．実数部分どうし，虚数部分 (i に比例する部分) どうしを比較すると，

$$\cos(A+B) = \cos A \cos B - \sin A \sin B \tag{A.1.5}$$

$$\sin(A+B) = \cos A \sin B + \sin A \cos B \tag{A.1.6}$$

が得られ，加法定理が導かれた．ここで B を $-B$ で置き換えて，式 (A.1.3) および (A.1.4) を用いると，次の公式も得られる．

$$\cos(A-B) = \cos A \cos B + \sin A \sin B \tag{A.1.7}$$

$$\sin(A-B) = -\cos A \sin B + \sin A \cos B \tag{A.1.8}$$

このほか，オイラーの式 (A.1.1) を利用すると，2 倍角や 3 倍角の公式も，加法定理の場合と同様，簡単に導くことができ，公式を忘れる不安から解放される．

A.2　ベクトルの内積と外積

ベクトルどうしの掛け算には，**内積**（**スカラー積**ともいう）と**外積**（**ベクトル積**ともいう）の2種類がある．どちらも，ベクトルが関係する演算として重要なので，以下にその要点を示す．

空間のベクトル $\vec{A} = (A_x, A_y, A_z)$ と $\vec{B} = (B_x, B_y, B_z)$ の内積は，次式で与えられるように，各成分どうしの積を加え合わせたものに等しい．

$$\vec{A} \cdot \vec{B} = (A_x, A_y, A_z) \cdot (B_x, B_y, B_z) = A_x B_x + A_y B_y + A_z B_z \quad (\text{A.2.1})$$

ここで同じベクトル $\vec{A}$ どうしの内積を考えると，

$$\vec{A} \cdot \vec{A} = A_x A_x + A_y A_y + A_z A_z = A_x^2 + A_y^2 + A_z^2 = A^2 \quad (\text{A.2.2})$$

$$A = \sqrt{\vec{A} \cdot \vec{A}} = \sqrt{A_x^2 + A_y^2 + A_z^2} = |\vec{A}| \quad (\text{A.2.3})$$

と書き表すことができ，$A = |\vec{A}|$ をベクトルの大きさという．大きさが1であるベクトルを**単位ベクトル**という．

ここで，二つのベクトル $\vec{A} = (1, 0, 0)$ と $\vec{B} = (\cos\theta, \sin\theta, 0)$ の内積を考えてみよう．$\vec{A}$ は x 軸方向を向いた単位ベクトル（$|\vec{A}| = A = 1$）であり，$\vec{B}$ は x-y 平面上において x 軸と角度が θ だけずれた方向の単位ベクトルである（$\cos^2\theta + \sin^2\theta = 1$ だから，$|\vec{B}| = B = 1$）．どちらも大きさが1である $\vec{A}$ と $\vec{B}$ の内積を計算すると次式のようになる．

$$\vec{A} \cdot \vec{B} = (1, 0, 0) \cdot (\cos\theta, \sin\theta, 0) = \cos\theta$$

つぎに，$\vec{A}$ を A 倍，$\vec{B}$ を B 倍し，$|\vec{A}| = A$，$|\vec{B}| = B$ として同様に計算すると，

$$\vec{A} \cdot \vec{B} = (A, 0, 0) \cdot (B\cos\theta, B\sin\theta, 0) = AB\cos\theta$$

となる．よって，一般に，二つのベクトルの内積は，次式で表される．

$$\vec{A} \cdot \vec{B} = |\vec{A}||\vec{B}|\cos\theta \quad (\text{A.2.4})$$

二つのベクトルの内積は両者がなす角度 θ の余弦（$\cos\theta$）に比例する．$\theta = \pi/2$ のとき $\cos\theta = 0$ となるから，二つのベクトルどうしが互いに直交するとき（$\theta = \pi/2$ のとき），それらのベクトルの内積は0になる．逆に，大きさが0でない二つのベクトルの内積が0であるとき，それらのベクトルどうしは互いに直交する．

次に，二つのベクトル $\vec{A} = (A_x, A_y, A_z)$ と $\vec{B} = (B_x, B_y, B_z)$ の外積について調べてみよう．$\vec{A}$ と $\vec{B}$ の外積は，次式で定義されるベクトル $\vec{C}$ で与えられる（図 **A.2**）．

$$\vec{C} = \vec{A} \times \vec{B} = |\vec{A}||\vec{B}|\sin\theta\, \vec{e}_\perp \quad (\text{A.2.5})$$

ここで，θ は $\vec{A}$ と $\vec{B}$ に挟まれる角度であり，$\vec{e}_\perp$ は $\vec{A}$ と $\vec{B}$ の両方に垂直な単位ベクトルである．$\vec{A}$ を右手の親指の方向にとり，$\vec{B}$ を人差し指の方向とすると，$\vec{e}_\perp$ と $\vec{C}$ は中指の方向（右ねじが進む方向，図の上方向）を向く．$\vec{C}$ の大きさ $|\vec{C}|$ は，

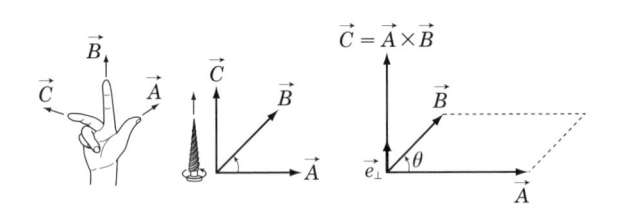

図 A.2　$\vec{A}$ と $\vec{B}$ の外積 $\vec{C}$

$$|\vec{C}| = |\vec{A} \times \vec{B}| = |A||B|\sin\theta \qquad (A.2.6)$$

であり，これは，$\vec{A}$ と $\vec{B}$ がつくる平行四辺形の面積に等しい．

外積は，その定義式から明らかなように，$\vec{A}$ と $\vec{B}$ が同じ方向を向いていると，$\sin\theta = 0$ となり，$\vec{A} \times \vec{B} = 0$ となる．

外積の成分は，次のような行列式を用いると，次のように簡単に表すことができる．

$$\vec{A} \times \vec{B} = \begin{vmatrix} \vec{e}_x & \vec{e}_y & \vec{e}_z \\ A_x & A_y & A_z \\ B_x & B_y & B_z \end{vmatrix}$$

$$= \begin{vmatrix} A_y & A_z \\ B_y & B_z \end{vmatrix} \vec{e}_x + \begin{vmatrix} A_z & A_x \\ B_z & B_x \end{vmatrix} \vec{e}_y + \begin{vmatrix} A_x & A_y \\ B_x & B_y \end{vmatrix} \vec{e}_z \qquad (A.2.7)$$

ここで，$\vec{e}_x, \vec{e}_y, \vec{e}_z$ はそれぞれ x 軸，y 軸，z 軸方向の単位ベクトルである．式 (A.2.7) は，単位ベクトルと外積の二つのベクトルを，3 行 3 列の行列式になるよう，上から下へと順に並べたものであり，行列式を展開するやり方を知っていれば，外積の 3 成分は，それぞれ 2 行 2 列の行列式の形で求められる．2 行 2 列の行列式を展開すると，次の公式が得られる．

$$\vec{A} \times \vec{B} = (A_y B_z - A_z B_y, A_z B_x - A_x B_z, A_x B_y - A_y B_x) \qquad (A.2.8)$$

行列式を展開するときの順序に従って，添え字が $x \to y \to z \to x \cdots$ の順に循環することに注意すると，x 成分はその次の y と z の組み合わせ，y 成分はその次の z と x の組み合わせ，z 成分はその次の x と y の組み合わせになっており，先頭に $-$ が付く項では，組み合わせの順序が逆になっている．このことを覚えておけば，式 (A.2.8) はたやすく書き下すことができる．

● A.3　行列と行列式

次のように**要素**（数または数式）をカッコ内に並べたものを**行列**という．

A.3 行列と行列式

$$\begin{pmatrix} a_1 & a_2 \\ b_1 & b_2 \end{pmatrix}$$

行と列の個数は任意であるが，行または列の個数が，一方は1で他方が2以上の場合は**ベクトル**という．通常，行列の行と列の個数は，どちらも2以上である．行と列の個数が等しい行列は，正方行列と呼ばれる．

行列同様に要素を左右の縦線ではさんだものを，その行列の**行列式**という．上の行列の行列式は次式の左辺のようになるが，その式を**展開**すると次式の右辺のようになる．

$$\begin{vmatrix} a_1 & a_2 \\ b_1 & b_2 \end{vmatrix} = a_1 b_2 - a_2 b_1 \tag{A.3.1}$$

このように，2行2列の行列式の展開は，左上から右下に掛け合わせて符号を＋にし，右上から左下に掛け合わせて符号を－にし，全体を足し合わせる．

一般に，行列式の展開式は，一番上の行の各要素に，その要素を含む行と列を除いて得られる行列式（小行列式）を掛け合わせ，除いた列が左から奇数番目の列なら符号を＋，偶数番目なら符号を－にして総和をとったものになる．たとえば，3行3列の行列式の行に関する展開は次のようになる．

$$\begin{vmatrix} a_1 & a_2 & a_3 \\ b_1 & b_2 & b_3 \\ c_1 & c_2 & c_3 \end{vmatrix} = a_1 \begin{vmatrix} b_2 & b_3 \\ c_2 & c_3 \end{vmatrix} - a_2 \begin{vmatrix} b_1 & b_3 \\ c_1 & c_3 \end{vmatrix} + a_3 \begin{vmatrix} b_1 & b_2 \\ c_1 & c_2 \end{vmatrix} \tag{A.3.2}$$

左辺の行列式の網掛け部分は，a_1 に右下の2行2列の行列式を掛けると右辺の最初の項を与える．以下，右辺第2項は，1行目の a_2 に，2行目以下の第2列を除いた部分の行列式を掛けて－をつけたものであり，右辺第3項は，a_3 に，2行目以下の左から2列目までの行列式を掛けたものである．

さらに，右辺の2行2列の行列式を展開し，符号の正負でまとめると，

$$a_1(b_2 c_3 - b_3 c_2) - a_2(b_1 c_3 - b_3 c_1) + a_3(b_1 c_2 - b_2 c_1)$$
$$= a_1 b_2 c_3 + a_2 b_3 c_1 + a_3 b_1 c_2 - a_1 b_3 c_2 - a_2 b_1 c_3 - a_3 b_2 c_1 \tag{A.3.3}$$

この結果は，下に示すように，2行目以下を縦線の右側に繰り返すように延長し（たとえば2行目は，b_3 の右に左端の b_1 が入り，3行目では，c_3 の右に左端から c_1 と c_2 を入れる），最上段から，右斜めに掛け合わせて符号を＋にすると，$a_1 b_2 c_3 + a_2 b_3 c_1 + a_3 b_1 c_2$ が得られる．また，逆に，2行目と3行目を縦線の左側に延長しておいて，最上段から

左下に掛け合わせて符号を $-$ にすると，$-a_1b_3c_2 - a_2b_1c_3 - a_3b_2c_1$ が得られる．この操作は，慣れてくると，2行目以下を縦線の左右に延長しなくてもできるようになる．

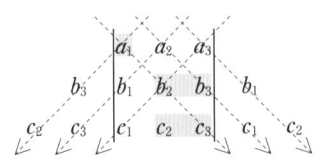

$$\begin{vmatrix} a_1 & a_2 & a_3 \\ b_1 & b_2 & b_3 \\ c_1 & c_2 & c_3 \end{vmatrix}$$

行列式には，次に示す面白い性質がある．

(1) 二行または二列を交換すると，行列式の符号が変わる．
(2) 二行または二列が等しいなら，行列式の値は0になる．
(3) 任意の行または列全体を k 倍すると行列式の値が k 倍になる．
(4) 任意の行または列の定数倍を他の行または列に加えても行列式の値は変化しない．

たとえば (1) は，2行2列の行列式 (A.3.1) を使うと容易に確かめることができる．1行目と2行目 (a と b) を交換すると，右辺の第1項と第2項が入れ替わるので符号が逆転する．また，1列目と2列目 (添え字の1と2) を交換すると，同様に右辺の第1項と第2項が入れ替わるので符号が逆になる．そのほかの性質 (2)〜(4) も容易に確かめることができる．

● A.4　運動エネルギー，位置エネルギー，エネルギー保存則

ニュートンの**運動方程式**によると，質量 m の粒子に力 F が働くと，粒子にはその力の向きに F/m の**加速度**が生じる．粒子が運動する方向を x 軸にとり，粒子の座標を x，時刻を t とすると，ニュートンの運動方程式は次のように表される．

$$m\frac{\mathrm{d}^2 x}{\mathrm{d}t^2} = F \tag{A.4.1}$$

ここで，$\mathrm{d}^2 x/\mathrm{d}t^2$ は加速度であり，粒子の速度 $v = \mathrm{d}x/\mathrm{d}t$ をさらに時刻 t で微分したものに等しい．

粒子が力 F を受けて $\mathrm{d}x$ だけ移動すると，粒子に $F\mathrm{d}x$ のエネルギーが与えられる．このように，力の作用で移動するエネルギーを**仕事**という．仕事を W とすると，W は力を加えられて起こった変化の全体 ($x = x_0, t = t_0$ から $x = x_1, t = t_1$) について，次の積分を行うことによって求められる．

$$W = \int_{x_0}^{x_1} F \mathrm{d}x \tag{A.4.2}$$

(力が一定なら，仕事 W は力 F と移動距離 $s = x_1 - x_0$ の積に等しく，$W = Fs$ とな

る.）ここで，式 (A.4.1) の F を式 (A.4.2) に代入して積分すると，

$$W = \int_{x_0}^{x_1} F \, dx = \int_{x_0}^{x_1} m \frac{d^2 x}{dt^2} \, dx = \int_{t_0}^{t_1} m \frac{d^2 x}{dt^2} \frac{dx}{dt} \, dt$$
$$= \frac{1}{2} m \left[\left(\frac{dx}{dt} \right)^2 \right]_{t_0}^{t_1} = \frac{1}{2} m v_1^2 - \frac{1}{2} m v_0^2 \qquad (A.4.3)$$

となり，よって次の関係式が得られた．

$$W = \int_{x_0}^{x_1} F \, dx = \frac{1}{2} m v_1^2 - \frac{1}{2} m v_0^2 \qquad (A.4.4)$$

ここで，v_0 および v_1 は，それぞれ x_0, t_0 および x_1, t_1 における速度である．つまり，力による仕事 W は，粒子の速度変化をもたらすことがわかる．そこで，

$$\frac{1}{2} m v^2 = K \qquad (A.4.5)$$

を，粒子の**運動エネルギー**と呼ぶ．運動エネルギーは，速度が同じでも質量 m の大きさに比例して大きくなる．また，粒子の運動エネルギー K は，速度が $v=0$ ならば $K=0$ であるが，速度 v の2乗に比例して増加する．

式 (A.4.5) で定義される運動エネルギーを用いて式 (A.4.4) を書き直すと，

$$W = \int_{x_0}^{x_1} F \, dx = K(x_1) - K(x_0) \qquad (A.4.6)$$

となる．すなわち，力の作用で粒子に仕事 W が加えられると，粒子の運動エネルギーが $K(x_0)$ から $K(x_0) + W = K(x_1)$ に変化する．

ここで，加えられる力が位置だけに依存する関数 $U(x)$ を用いて，次式のように表されるものとしよう．

$$F(x) = -\frac{dU(x)}{dx} \qquad (A.4.7)$$

これを式 (A.4.2) に代入して積分すると，次式が得られる．

$$W = \int_{x_0}^{x_1} F(x) \, dx = U(x_0) - U(x_1) \qquad (A.4.8)$$

すなわち，仕事の出入りは $U(x)$ の変化と関係し，$U(x)$ は位置だけで決まるので，**位置エネルギー**と呼ばれる．式 (A.4.7) より，位置エネルギー $U(x)$ が与えられればその微分から位置に依存する力が計算できる．また，式 (A.4.8) から，位置に依存する力 $F(x)$ が与えられれば，それを積分すると位置エネルギー $U(x)$ の変化が計算できる．

位置エネルギー U そのものを決めるには，何らかの基準が必要である．通常，$F =$

0 となるとき $U=0$ となるように基準をとる．式 (A.4.8) の右辺の $U(x_0)$ または $U(x_1)$ のどちらかを 0 とする．

$$\left.\begin{array}{l} U(x_1) = 0 \text{ を基準にする場合：} \quad U(x_0) = \int_{x_0}^{x_1} F(x)\,\mathrm{d}x \\ U(x_0) = 0 \text{ を基準にする場合：} \quad U(x_1) = -\int_{x_0}^{x_1} F(x)\,\mathrm{d}x \end{array}\right\} \quad (\text{A.4.9})$$

クーロン力のように中心からの距離 r の 2 乗に反比例する力の場合には，$r \to \infty$ で力が 0 になるから $U(\infty) = 0$ とするのが合理的であり，式 (A.4.8) で $x_0 = r$, $x_1 = \infty$ とおくと，距離 r での $U(r)$ は次式で与えられる．

$$U(r) = \int_r^\infty F(r)\,\mathrm{d}r \quad (\text{A.4.10})$$

バネのように平衡点 $x=0$ で力が 0 になるときは，$U(0) = 0$ とするのが合理的であり，式 (A.4.8) で $x_0 = 0$, $x_1 = x$ とおくと，距離 x での $U(x)$ は次式で与えられる．

$$U(x) = -\int_0^x F(x)\,\mathrm{d}x \quad (\text{A.4.11})$$

一般の場合に戻って，式 (A.4.6) と式 (A.4.8) の関係を調べると，

$$W = K(x_1) - K(x_0) = U(x_0) - U(x_1) \quad (\text{A.4.12})$$

となるが，これを書き換えると，

$$K(x_0) + U(x_0) = K(x_1) + U(x_1) \quad (\text{A.4.13})$$

となり，K と U の和は位置によらず一定に保たれる．これは，粒子の運動エネルギーと位置エネルギーの和が保存されること，すなわち**エネルギー保存則**を示している．

エネルギー保存則は，位置エネルギーが減少する方向に力が生じることを表す式 (A.4.7) に基づいている．このため，式 (A.4.7) で与えられる力を**保存力**という．なお，式 (A.4.7) の右辺に $-$ の符号がついているのは，位置エネルギーが減少する向きに力が働くからである．重力 (質量をもつ物体間の万有引力)，クーロン力 (電荷間の静電気力)，バネの復元力は，いずれも保存力であり，それらの力は式 (A.4.7) に従って位置エネルギーの微分の -1 倍で与えられ，運動エネルギーと位置エネルギーの和は一定である．

● A.5 力のつり合いと合成

図 A.3 のように，二つの力 $\vec{F}_1$ と $\vec{F}_2$ が同時に点 P に作用しているとしよう．これ

は，綱引きの状況に似ている．$\vec{F}_1$ と $\vec{F}_2$ は互いに反対方向を向いており，力の大きさが等しければ両者はつり合う．力を数式で表すときは，大きさと方向をもつ量であるベクトルを使う．$\vec{F}_1$ や $\vec{F}_2$ がベクトルであることを示すために文字の上に → がついている．この記号を用いると，$\vec{F}_1$ と $\vec{F}_2$ が互いにつり合うことは次式で表される．

$$\vec{F}_1 = -\vec{F}_2 \quad \text{または} \quad \vec{F}_1 + \vec{F}_2 = 0 \tag{A.5.1}$$

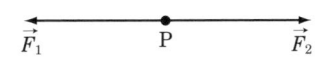

図 A.3 二つの力のつり合い

次に図 A.4 のように，机の上に置かれた箱には，その重心である点 P に対し下向きに重力 $\vec{F}_1$ が働いているが，同時に机に支えられているため，$\vec{F}_1$ とちょうどつり合う力 $\vec{F}_2$ が重力とは反対向きに働いている．このように，一つの物体に大きさが等しく向きが正反対の力が働くとき，一方を「作用」，他方をその「反作用」という．

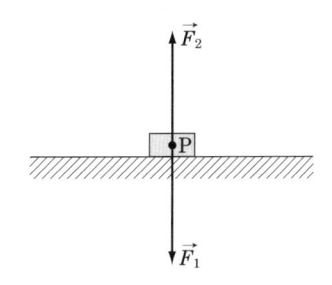

図 A.4 作用・反作用

一般に，物体 A が物体 B に力を働かせると，物体 B から物体 A に大きさが等しく逆向きの力が働く．これを作用・反作用の法則という．

次に，図 A.5 のような三つの力 $\vec{F}_1$, $\vec{F}_2$, $\vec{F}_3$ のつり合いについて考えてみよう．$\vec{F}_1$ とつり合う力は，大きさが同じで逆向きの $-\vec{F}_1$ であるから，$\vec{F}_2$ と $\vec{F}_3$ を合わせた力（合成した力），すなわち $\vec{F}_2$ と $\vec{F}_3$ の**合力**が $-\vec{F}_1$ に等しいはずである．このことを式で表すと，$\vec{F}_1$ とのつり合いについて，

$$\vec{F}_1 - \vec{F}_1 = 0 \tag{A.5.2}$$

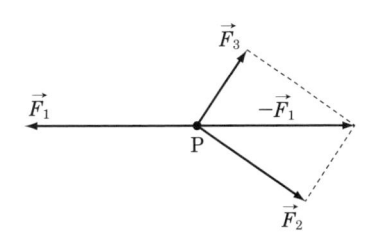

図 A.5 力の合成と合力

となり，また，$\vec{F}_1$ とのつり合いをもたらす $\vec{F}_2$ と $\vec{F}_3$ の合力について，

$$-\vec{F}_1 = \vec{F}_2 + \vec{F}_3 \tag{A.5.3}$$

となる．ここで，図 A.5 の点線で示したように，二つの力の合力は，二つのベクトルを二辺とする平行四辺形の対角線になる．よって，三つの力が全体としてつり合うことは，次式で表される．

$$\vec{F}_1 + \vec{F}_2 + \vec{F}_3 = 0 \tag{A.5.4}$$

関係する力の数が四つ以上でも，合力やつり合いは上と同様に考えてよい．

◉ A.6 円運動と向心力

物体が円周上を一定の速度 v で移動する運動を**等速円運動**という．円周の接線方向につねに同じ速度 v をもつので，接線方向の加速度は 0 である．一方，円の中心方向につねに力 F が働き，そのため物体は円周から外の方向に外れずに円周上を回ることができる．円運動している物体に働く中心方向の力を**向心力**といい，この力で物体に働く加速度を**向心加速度**という．

半径 r，接線方向の速度が v である等速円運動の向心加速度 a を求めてみよう．図 A.6 (a) に示すように，点 P で接線方向に速度 v で運動しているとして，Δt だけ時間が経つと，点 P から円周上を角度 $\omega \Delta t$ だけ（円周に沿って距離 $r\omega \Delta t$ だけ）回転し，速度を表すベクトルの向きも角度が $\omega \Delta t$ だけ変化する．ここで ω は，単位時間当たりの回転角を表す量であり，**角速度**と呼ばれる．円周の接線方向の速度が v であるから，円周上での単位時間当たりの移動距離は v で表され，それを半径 r で割ると単位時間当たりの回転角 ω になり，次式が導かれる．

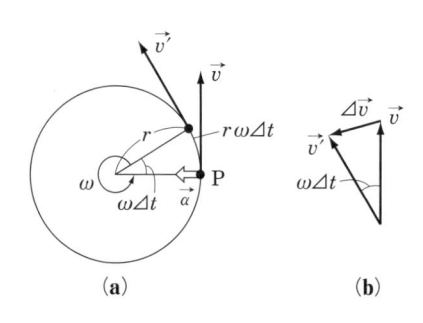

図 A.6 等速円運動の向心加速度

$$\omega = \frac{v}{r} \tag{A.6.1}$$

図 A.6 (a) の点 P において，向心加速度を示すベクトル $\vec{a}$ は円の中心を向いている．この向心加速度 $\vec{a}$ に時間 Δt を掛けたものは，速度を表すベクトルの $\vec{v}$ から $\vec{v'}$ への変化，$\Delta \vec{v} = \vec{v'} - \vec{v}$ を与えるから，

$$\vec{a} \Delta t = \Delta \vec{v} \tag{A.6.2}$$

となる．一方の $\Delta \vec{v}$ の大きさ Δv は，Δt が小さいときは，図 A.6 (b) において，半径が v の円周を角度 $\omega \Delta t$ だけ回転したときの移動距離である $v\omega \Delta t$ に等しいとしてよいから，向心加速度 $\vec{a}$ の大きさを a とすると，

$$a \Delta t = \Delta v = v \omega \Delta t \tag{A.6.3}$$

となり，よって

$$a = v\omega \tag{A.6.4}$$

となる．式 (A.6.1) を用いると次式のように表せる．

$$\text{(等速円運動の向心加速度)} \quad a = \frac{v^2}{r} \quad (\text{A.6.5})$$

これが，等速円運動の向心加速度の大きさである．ニュートンの運動方程式によると，質量が m の物体に加速度 a が働くときの力 F は $F = ma$ で表されるから，等速円運動の向心力 F は次式で与えられる．

$$\text{(等速円運動の向心力)} \quad F = \frac{mv^2}{r} \quad (\text{A.6.6})$$

ひもに錘をつけてグルグル回すとき，錘に対する向心力は，ひもが錘を引く力である．地球を回る人工衛星や月に対する向心力は，地球からの重力（万有引力）である．正の電荷をもつ原子核を中心にして回る電子に対する向心力は，原子核と電子の間のクーロン力である．このように，向心力の原因は違っても，等速円運動の向心力は，どの場合も式 (A.6.6) に従う．

● A.7 運動量と角運動量

静止している物体に飛んできた球が当たると衝撃を受ける．衝撃は球の速度が大きいほど大きく，質量が大きいほど大きい．そこで，質量 m の物体が速度 $\vec{v}$ で運動するとき，m と $\vec{v}$ の積で定義される $\vec{p} = m\vec{v}$ を**運動量**と呼ぶ．三次元空間の運動では，速度 $\vec{v} = (v_x, v_y, v_z)$ は3成分をもつベクトルであるから，運動量 $\vec{p} = (p_x, p_y, p_z)$ も3成分をもつベクトルである．

次に，回転運動に伴う角運動量について調べてみよう．質量 m の粒子が半径 r の円周上を速度 v で回っているときの運動量は $p = mv$ であるが，さらに半径 r を掛けて得られる $pr = mvr$ を，この回転運動の**角運動量**と呼ぶ．より一般的に，運動量ベクトル $\vec{p} = (p_x, p_y, p_z)$ と回転の中心からの位置ベクトル $\vec{r} = (x, y, z)$ を用いると，角運動量ベクトル $\vec{J} = (J_x, J_y, J_z)$ は，次のように $\vec{r}$ と $\vec{p}$ の外積 (A.2節参照) で与えられる．

$$\vec{J} = \vec{r} \times \vec{p} \quad (\text{A.7.1})$$

これをベクトル成分で書き表すと，

$$(J_x, J_y, J_z) = (x, y, z) \times (p_x, p_y, p_z) \quad (\text{A.7.2})$$

となり，外積の公式 (A.2節参照) を用いて計算すると，次のように角運動量ベクトルの成分が求められる．

$$\left.\begin{array}{l} J_x = yp_z - zp_y \\ J_y = zp_x - xp_z \\ J_z = xp_y - yp_x \end{array}\right\} \quad (\text{A.7.3})$$

A.8 演算子,固有値,固有関数

A.1節の式 (A.1.2) より,$e^{i\theta}$ を θ で微分すると,$de^{i\theta}/d\theta = ie^{i\theta}$ となる.この結果をさらに θ で微分して,$e^{i\theta}$ の 2 次微分を求めると次のようになる.

$$\frac{d^2 e^{i\theta}}{d\theta^2} = i^2 e^{i\theta} = -e^{i\theta}$$

そこで,$F = e^{i\theta}$ とおいてみると,F を θ で 2 度微分した結果がその関数 F の -1 倍に等しいという関係式になる.

$$\frac{d^2 F}{d\theta^2} = -F$$

つまりこの関係式は,関数 F に 2 次微分という数学的操作を加えているので,

$$\frac{d^2}{d\theta^2} F = -F$$

のように書き表すこともできる.このような数学的操作を**演算**といい,演算を表す記号を**演算子**という.また,微分の演算を含むこのような方程式を**微分方程式**という.

演算子を A で表すとき,演算子であることを明確にするために,文字 A の上に^(ハットと読む)をつける.演算子 $\hat{A}$ を関数 F に作用させた結果が,上の微分方程式と同様に,関数 F に比例し,比例係数が a であるとしよう.

$$\hat{A}F = aF$$

このとき,関数 F を演算子 $\hat{A}$ の**固有関数**といい,定数 a を**固有値**という.また,このように,演算子を固有関数に掛ける(演算する)と,(固有値)×(固有関数)になることを表す式を**固有方程式**という.

固有方程式は,量子論ではとくに重要である.量子論に出てくる「固有値」は,測定値として可能な値を示し,量子論ではこのような方程式を解くことによって,実際に測定する値がどのようなものになり得るかが決まる.

A.9 確率,分布,平均

図 A.7 のように,測定される値 x の頻度が広がりをもって分布しているとき,その分布を表す関数を**分布関数**という.図のような分布関数は,統計でよく現れる**正規分布**と呼ばれるもので,次式の $D(x)$ のように,指数が変数 x の 2 乗に比例し,比例係数 α の値が大きいほど分布の広がりが小さく,逆に,α の値が小さいほど分布の幅は広くなる.

$$D(x) = A e^{-\alpha x^2}$$

このような分布を考えるとき,全体に対する割合を問題にすることが多いので,し

ばしば，分布関数を積分した結果がちょうど 1 になるように分布関数の比例係数 A を**規格化**する．

$$\text{規格化：} \int_{-\infty}^{\infty} D(x)\,\mathrm{d}x = 1$$

規格化された分布関数は，確率を示すものなので**確率密度**と呼ばれる．

確率密度を用いると，測定値 x の**平均値** $\langle x \rangle$ は次式で与えられる[†1]．

$$\langle x \rangle = \int_{-\infty}^{\infty} D(x)\, x\,\mathrm{d}x$$

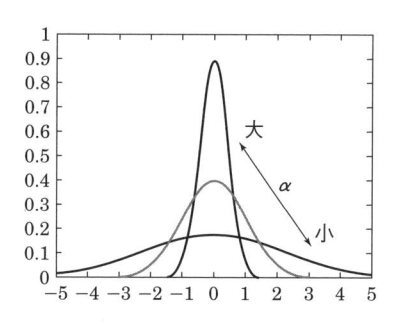

図 A.7 正規分布 α が小さいほど分布の幅が広がる．

また，x の任意の関数 $F(x)$ の平均値 $\langle F \rangle$ は，次式で求められる．

$$\langle F \rangle = \int_{-\infty}^{\infty} D(x)\, F(x)\,\mathrm{d}x$$

量子論には，このような確率密度を表す関数や積分が頻繁に出てくる．

● A.10　極座標のラプラシアンと体積要素

量子化学の様々な問題解決のため，波動方程式を解く際に通常の直交座標 (x, y, z)（より詳しくは**直交直線座標系**という）を使うよりも，距離 r と角度が関係する**極座標**の方が，解きやすくなったり，得られた結果が理解しやすくなったりすることがよくある．そこで，ここでは，二次元および三次元の極座標を用いて波動方程式を解く際に重要な公式や関係式について調べ，その結果をまとめておく．

[†1] このことは，次のように測定値から平均値を求める操作を考えてみると理解することができる．測定値 x を，$x_1, x_2, x_3, \cdots$ のようにいくつかに区分し，そのそれぞれの観測回数が n_i であったとすると，x の平均値 $\langle x \rangle$ は，x_i に回数 n_i を掛けて和をとり，全回数 $\sum_i n_i$ で割ればよく，次式で表される．

$$\langle x \rangle = \frac{\sum_i n_i x_i}{\sum_i n_i} = \sum D_i x_i$$

ここで D_i は x_i が観測される割合であり，次式で与えられる．

$$D_i = \frac{n_i}{\sum_i n_i}$$

すなわち x の平均値 $\langle x \rangle$ は，x_i にそれが観測される割合を重みとして掛けて総和をとったものに等しい．x_i が連続的になれば，$D_i x_i$ の代わりに $D(x) x$ とおいて（x に確率密度 D を掛けて）積分すればよい．

二次元の平面上の点の直交座標 (x, y) と，距離 r と角度 θ を用いる極座標 (r, θ) の間には，A.1 節でも扱ったように次の関係がある．

$$x = r\cos\theta \quad \text{(A.10.1)} \qquad y = r\sin\theta \quad \text{(A.10.2)}$$

三次元空間の直交座標 (x, y, z) に対しても，距離 r と二つの角度 θ と φ を用いる三次元の極座標 (r, θ, φ) を，図 **A.8** のように導入することができる．

$$x = r\sin\theta\cos\varphi \quad \text{(A.10.3)}$$
$$y = r\sin\theta\sin\varphi \quad \text{(A.10.4)}$$
$$z = r\cos\theta \quad \text{(A.10.5)}$$

波動方程式に含まれるラプラシアン（∇^2 または Δ）は，極座標ではどのように表されるであろうか．また，体積要素 $d\tau$ も，規格化条件など積分の計算をするときに必要になるので，極座標を使うとどうなるのか知っておく必要がある．

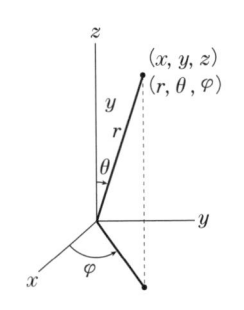

図 A.8 三次元の極座標

異なる座標を使ったとき，数式がどのような形に書き換えられるかは，変数変換の問題であり，高校の数学でも出てくるが，より一般的には，大学の数学で習うことが多い．変数が複数あるとき偏微分（記号 ∂）を使うが，微分のやり方は，注目している変数について 1 変数の場合の微分（記号 d）とまったく同じ操作をするだけであり，特別に面倒なことはない．

極座標は，大学レベルの数学で，**曲線座標系**の一つとして出てくる．ふつうの直交座標系 (x, y, z) では，座標原点から離れても各座標の向きが変化しないが，一般の曲線座標系では向きが変わっていく．直交座標では，任意の点で座標軸どうしの方向が互いに直交している．これと同じように，任意の点で曲線座標軸どうしが互いに直交しているものを**直交曲線座標系**という．よく出てくる二次元や三次元の極座標は，直交曲線座標系に属している．

三次元の直交曲線座標 (u_1, u_2, u_3) と直交直線座標 (x, y, z) の関係の一般公式をまとめておこう．証明は，微分演算とベクトルを知っていればできることであるが，詳細は数学の本の中の曲線座標系やベクトル解析などについての記述にゆずることにする (p.218 の参考書参照)．

座標系が変わったとき，一方の座標系での変化が他方ではどれだけの変化になるのかを換算する必要が生じる．その換算係数に相当するのは，次式で与えられるスケール因子 g_i である．

$$g_i = \sqrt{\left(\frac{\partial x}{\partial u_i}\right)^2 + \left(\frac{\partial y}{\partial u_i}\right)^2 + \left(\frac{\partial z}{\partial u_i}\right)^2} \quad \text{(A.10.6)}$$

A.10 極座標のラプラシアンと体積要素

このスケール因子を用いると，i 番目の直交曲線座標 u_i に沿って du_i だけ変化させたとき，直交直線座標 (x, y, z) の空間で実際にどれだけの変化が起こるかが $g_i du_i$ で表される．

よって，体積要素 $d\tau = dxdydz$ は，直交曲線座標系では次式で表される．

$$d\tau = (g_1 du_1)(g_2 du_2)(g_3 du_3) = g_1 g_2 g_3 du_1 du_2 du_3 = J du_1 du_2 du_3 \tag{A.10.7}$$

$$J = g_1 g_2 g_3 \tag{A.10.8}$$

ここで J は**ヤコビアン**と呼ばれるもので，変数を変換して積分するときに忘れてはならない重要な量である．直交曲線座標 (u_1, u_2, u_3) を用いると，規格化条件は次のようになる．

$$\begin{aligned}\int |\Psi|^2 d\tau &= \iiint |\Psi(u_1, u_2, u_3)|^2 J du_1 du_2 du_3 \\ &= \iiint |\Psi(u_1, u_2, u_3)|^2 g_1 g_2 g_3 du_1 du_2 du_3 \\ &= 1 \end{aligned} \tag{A.10.9}$$

$J = g_1 g_2 g_3$ は定数とは限らないので，積分の外に出すことはできず，被積分関数の一部になることに注意する必要がある．

次に，ラプラシアンは，直交直線座標系では，各座標の 1 次微分を要素とするベクトル $\nabla = (\partial/\partial x, \partial/\partial y, \partial/\partial z)$ の内積 $\nabla \cdot \nabla = \nabla^2$ で，$\Delta = \nabla^2 = \partial^2/\partial x^2 + \partial^2/\partial y^2 + \partial^2/\partial z^2$ で表される．これに対し，直交曲線座標系では，ヤコビアン J とスケール因子 g_i が複雑に関係した次の形になる．

$$\Delta = \frac{1}{J} \sum_i \left\{ \frac{\partial}{\partial u_i} \left(\frac{J}{g_i^2} \frac{\partial}{\partial u_i} \right) \right\} \tag{A.10.10}$$

（二次元の極座標 (r, θ) の $d\tau$ と Δ）

座標間の関係式 (A.10.1)-(2) より，

$$\frac{\partial x}{\partial r} = \cos\theta, \qquad \frac{\partial x}{\partial \theta} = -r\sin\theta$$

$$\frac{\partial y}{\partial r} = \sin\theta, \qquad \frac{\partial y}{\partial \theta} = r\cos\theta$$

となり，スケール因子を計算すると，

$$g_r = \sqrt{\left(\frac{\partial x}{\partial r}\right)^2 + \left(\frac{\partial y}{\partial r}\right)^2} = \sqrt{(\cos\theta)^2 + (\sin\theta)^2} = 1$$

$$g_\theta = \sqrt{\left(\frac{\partial x}{\partial \theta}\right)^2 + \left(\frac{\partial y}{\partial \theta}\right)^2} = \sqrt{(-r\sin\theta)^2 + (r\cos\theta)^2} = r\sqrt{(\sin\theta)^2 + (\cos\theta)^2} = r$$

となる．以上より，ヤコビアンは次のように計算される．
$$J = g_r g_\theta = 1 \cdot r = r \qquad (A.10.11)$$
よって，二次元の極座標の体積要素は次式で与えられる．
$$d\tau = J \, dr \, d\theta = r \, dr \, d\theta \qquad (A.10.12)$$
ラプラシアンの計算は少し面倒であるが，次のようになる．

$$\begin{aligned}
\Delta &= \frac{1}{J}\sum_i \left\{\frac{\partial}{\partial u_i}\left(\frac{J}{g_i^2}\frac{\partial}{\partial u_i}\right)\right\} \\
&= \frac{1}{J}\left[\left\{\frac{\partial}{\partial r}\left(\frac{J}{g_r^2}\frac{\partial}{\partial r}\right)\right\} + \left\{\frac{\partial}{\partial \theta}\left(\frac{J}{g_\theta^2}\frac{\partial}{\partial \theta}\right)\right\}\right] \\
&= \frac{1}{r}\left[\left\{\frac{\partial}{\partial r}\left(\frac{r}{1^2}\frac{\partial}{\partial r}\right)\right\} + \left\{\frac{\partial}{\partial \theta}\left(\frac{r}{r^2}\frac{\partial}{\partial \theta}\right)\right\}\right] \\
&= \frac{1}{r}\left[\left\{\frac{\partial}{\partial r}\left(r\frac{\partial}{\partial r}\right)\right\} + \left\{\frac{\partial}{\partial \theta}\left(\frac{1}{r}\frac{\partial}{\partial \theta}\right)\right\}\right] \\
&= \frac{1}{r}\frac{\partial}{\partial r}\left(r\frac{\partial}{\partial r}\right) + \frac{1}{r^2}\frac{\partial}{\partial \theta}\frac{\partial}{\partial \theta} \\
&= \frac{1}{r}\frac{\partial}{\partial r}\left(r\frac{\partial}{\partial r}\right) + \frac{1}{r^2}\frac{\partial^2}{\partial \theta^2}
\end{aligned}$$

ここで最後の式の第1項は，このままでもよいが，r についての左側の微分演算 $\partial/\partial r$ を右側の $(r\partial/\partial r)$ に演算すると $\partial/\partial r + r\partial^2/\partial r^2$ になるから，前にある $1/r$ を掛けると $(1/r)\partial/\partial r + \partial^2/\partial r^2$ になる．したがって，二次元の極座標のラプラシアンの公式として，次の二つの表現が得られた．

$$\Delta = \frac{1}{r}\frac{\partial}{\partial r}\left(r\frac{\partial}{\partial r}\right) + \frac{1}{r^2}\frac{\partial^2}{\partial \theta^2} \quad \text{または} \quad \Delta = \frac{1}{r}\frac{\partial}{\partial r} + \frac{\partial^2}{\partial r^2} + \frac{1}{r^2}\frac{\partial^2}{\partial \theta^2}$$
$$(A.10.13)$$

(三次元の極座標 (r, θ, φ) の $d\tau$ と Δ)

座標間の関係式 (A.10.3)-(5) より，

$$\frac{\partial x}{\partial r} = \sin\theta\cos\varphi, \qquad \frac{\partial x}{\partial \theta} = r\cos\theta\cos\varphi, \qquad \frac{\partial x}{\partial \varphi} = -r\sin\theta\sin\varphi$$

$$\frac{\partial y}{\partial r} = \sin\theta\sin\varphi, \qquad \frac{\partial y}{\partial \theta} = r\cos\theta\sin\varphi, \qquad \frac{\partial y}{\partial \varphi} = r\sin\theta\cos\varphi$$

$$\frac{\partial z}{\partial r} = \cos\theta, \qquad \frac{\partial z}{\partial \theta} = -r\sin\theta, \qquad \frac{\partial z}{\partial \varphi} = 0$$

となる．スケール因子を計算すると，

A.10 極座標のラプラシアンと体積要素

$$g_r = \sqrt{\left(\frac{\partial x}{\partial r}\right)^2 + \left(\frac{\partial y}{\partial r}\right)^2 + \left(\frac{\partial z}{\partial r}\right)^2} = \sqrt{(\sin\theta\cos\varphi)^2 + (\sin\theta\sin\varphi)^2 + (\cos\theta)^2}$$

$$= \sqrt{(\sin\theta)^2\{(\cos\varphi)^2 + (\sin\varphi)^2\} + (\cos\theta)^2} = \sqrt{(\sin\theta)^2 + (\cos\theta)^2}$$

$$= 1$$

$$g_\theta = \sqrt{\left(\frac{\partial x}{\partial \theta}\right)^2 + \left(\frac{\partial y}{\partial \theta}\right)^2 + \left(\frac{\partial z}{\partial \theta}\right)^2}$$

$$= \sqrt{(r\cos\theta\cos\varphi)^2 + (r\cos\theta\sin\varphi)^2 + (-r\sin\theta)^2}$$

$$= r\sqrt{(\cos\theta\cos\varphi)^2 + (\cos\theta\sin\varphi)^2 + (\sin\theta)^2} = r\sqrt{(\cos\theta)^2 + (\sin\theta)^2}$$

$$= r$$

$$g_\varphi = \sqrt{\left(\frac{\partial x}{\partial \varphi}\right)^2 + \left(\frac{\partial y}{\partial \varphi}\right)^2 + \left(\frac{\partial z}{\partial \varphi}\right)^2}$$

$$= \sqrt{(-r\sin\theta\sin\varphi)^2 + (r\sin\theta\cos\varphi)^2 + (0)^2} = r\sqrt{(\sin\theta)^2}$$

$$= r\sin\theta$$

となる．以上より，ヤコビアンは次のように計算される．

$$J = g_r g_\theta g_\varphi = 1 \cdot r \cdot r\sin\theta = r^2\sin\theta \tag{A.10.14}$$

また，体積要素は次のようになる．

$$d\tau = Jdrd\theta d\varphi = r^2\sin\theta \, drd\theta d\varphi \tag{A.10.15}$$

ラプラシアンは，丁寧に計算していけば次のようになる．

$$\Delta = \frac{1}{J}\sum_i \left\{\frac{\partial}{\partial u_i}\left(\frac{J}{g_i^2}\frac{\partial}{\partial u_i}\right)\right\}$$

$$= \frac{1}{J}\left[\left\{\frac{\partial}{\partial r}\left(\frac{J}{g_r^2}\frac{\partial}{\partial r}\right)\right\} + \left\{\frac{\partial}{\partial \theta}\left(\frac{J}{g_\theta^2}\frac{\partial}{\partial \theta}\right)\right\} + \left\{\frac{\partial}{\partial \varphi}\left(\frac{J}{g_\varphi^2}\frac{\partial}{\partial \varphi}\right)\right\}\right]$$

$$= \frac{1}{r^2\sin\theta}\left[\left\{\frac{\partial}{\partial r}\left(r^2\frac{\sin\theta}{1^2}\frac{\partial}{\partial r}\right)\right\} + \left\{\frac{\partial}{\partial \theta}\left(r^2\frac{\sin\theta}{r^2}\frac{\partial}{\partial \theta}\right)\right\} + \left\{\frac{\partial}{\partial \varphi}\left(r^2\frac{\sin\theta}{(r\sin\theta)^2}\frac{\partial}{\partial \varphi}\right)\right\}\right]$$

$$= \frac{1}{r^2\sin\theta}\left[\left\{\frac{\partial}{\partial r}\left(r^2\sin\theta\frac{\partial}{\partial r}\right)\right\} + \left\{\frac{\partial}{\partial \theta}\left(\sin\theta\frac{\partial}{\partial \theta}\right)\right\} + \left\{\frac{\partial}{\partial \varphi}\left(\frac{1}{\sin\theta}\frac{\partial}{\partial \varphi}\right)\right\}\right]$$

$$= \frac{1}{r^2}\left[\left\{\frac{\partial}{\partial r}\left(r^2\frac{\partial}{\partial r}\right)\right\} + \left\{\frac{1}{\sin\theta}\frac{\partial}{\partial \theta}\left(\sin\theta\frac{\partial}{\partial \theta}\right)\right\} + \left\{\frac{1}{\sin^2\theta}\frac{\partial}{\partial \varphi}\frac{\partial}{\partial \varphi}\right\}\right]$$

$$= \frac{1}{r^2}\left[\left\{\frac{\partial}{\partial r}\left(r^2\frac{\partial}{\partial r}\right)\right\} + \left\{\frac{1}{\sin\theta}\frac{\partial}{\partial \theta}\left(\sin\theta\frac{\partial}{\partial \theta}\right)\right\} + \left\{\frac{1}{\sin^2\theta}\frac{\partial^2}{\partial \varphi^2}\right\}\right]$$

ここでルジャンドリアン Λ は次式で与えられるから次式のようになる．

$$\Lambda = \frac{1}{\sin\theta}\frac{\partial}{\partial \theta}\left(\sin\theta\frac{\partial}{\partial \theta}\right) + \frac{1}{\sin^2\theta}\frac{\partial^2}{\partial \varphi^2} \tag{A.10.16}$$

三次元の極座標のラプラシアンは次式で与えられることが導かれた．

表 A.1　極座標の体積要素とラプラシアン

	二次元の極座標 (r, θ)	三次元の極座標 (r, θ, φ)
体積要素 $d\tau$	$d\tau = r\,dr\,d\theta$	$d\tau = r^2 \sin\theta\,dr\,d\theta\,d\varphi$
ラプラシアン Δ	$\Delta = \dfrac{1}{r}\dfrac{\partial}{\partial r}\left(r\dfrac{\partial}{\partial r}\right) + \dfrac{1}{r^2}\dfrac{\partial^2}{\partial \theta^2}$	$\Delta = \dfrac{1}{r^2}\dfrac{\partial}{\partial r}\left(r^2\dfrac{\partial}{\partial r}\right) + \dfrac{\Lambda}{r^2}$
	または	または
	$\Delta = \dfrac{1}{r}\dfrac{\partial}{\partial r} + \dfrac{\partial^2}{\partial r^2} + \dfrac{1}{r^2}\dfrac{\partial^2}{\partial \theta^2}$	$\Delta = \dfrac{\partial^2}{\partial r^2} + \dfrac{2}{r}\dfrac{\partial}{\partial r} + \dfrac{\Lambda}{r^2}$

Λ はルジャンドリアンで　$\Lambda = \dfrac{1}{\sin\theta}\dfrac{\partial}{\partial \theta}\left(\sin\theta\dfrac{\partial}{\partial \theta}\right) + \dfrac{1}{\sin^2\theta}\dfrac{\partial^2}{\partial \varphi^2}$

$$\Delta = \frac{1}{r^2}\frac{\partial}{\partial r}\left(r^2\frac{\partial}{\partial r}\right) + \frac{\Lambda}{r^2} \tag{A.10.17}$$

なお，第 1 項の r についての微分 $\partial/\partial r$ のうち左側のものをその右の $r^2\partial/\partial r$ に演算すると $r^2\partial^2/\partial r^2 + 2r\partial/\partial r$ となるから，これに一番左にある $1/r^2$ を掛けると $\partial^2/\partial r^2 + (2/r)\partial/\partial r$ となるので，三次元の極座標のラプラシアンは次のように表すこともできる．

$$\Delta = \frac{\partial^2}{\partial r^2} + \frac{2}{r}\frac{\partial}{\partial r} + \frac{\Lambda}{r^2} \tag{A.10.18}$$

(曲線座標の公式の参考書)

マージナー・マーフィー 著，佐藤次彦・国 宗直 訳『物理と化学のための数学 I（改訂版）』共立全書 501，共立出版 (1959).

阿部龍蔵 著『量子力学入門』岩波全書，岩波書店 (1980).

● A.11　角運動量成分の演算子の極座標表示

角運動量は，3 成分 J_x, J_y, J_z をもつベクトルであり，座標 (x, y, z) と運動量 (p_x, p_y, p_z) の間には次の関係がある（A.7 節参照）．

$$J_x = yp_z - zp_y, \quad J_y = zp_x - xp_z, \quad J_z = xp_y - yp_x \tag{A.11.1}$$

式 (A.11.1) に含まれる運動量成分に，第 2 章に出てきた運動量成分の演算子の公式

$$\hat{p}_x = -i\hbar\frac{\partial}{\partial x}, \quad \hat{p}_y = -i\hbar\frac{\partial}{\partial y}, \quad \hat{p}_z = -i\hbar\frac{\partial}{\partial z} \tag{A.11.2}$$

を適用すると，角運動量成分の演算子が得られる．

A.11 角運動量成分の演算子の極座標表示

$$\hat{J}_x = y\hat{p}_z - z\hat{p}_y = -i\hbar \left(y\frac{\partial}{\partial z} - z\frac{\partial}{\partial y} \right)$$

$$\hat{J}_y = z\hat{p}_x - x\hat{p}_z = -i\hbar \left(z\frac{\partial}{\partial x} - x\frac{\partial}{\partial z} \right) \qquad (A.11.3)$$

$$\hat{J}_z = x\hat{p}_y - y\hat{p}_x = -i\hbar \left(x\frac{\partial}{\partial y} - y\frac{\partial}{\partial x} \right)$$

これを三次元の極座標 (r, θ, φ) で表すと，次のようになることを示そう（$\cot\theta = 1/\tan\theta$）．

$$\hat{J}_x = -i\hbar \left(-\sin\varphi \frac{\partial}{\partial \theta} - \cot\theta \cos\varphi \frac{\partial}{\partial \varphi} \right)$$

$$\hat{J}_y = -i\hbar \left(\cos\varphi \frac{\partial}{\partial \theta} - \cot\theta \sin\varphi \frac{\partial}{\partial \varphi} \right) \qquad (A.11.4)$$

$$\hat{J}_z = -i\hbar \frac{\partial}{\partial \varphi}$$

そのためには，式 (A.11.3) に含まれる $\partial/\partial x, \partial/\partial y, \partial/\partial z$ を極座標 (r, θ, φ) で表す必要がある．任意の関数 $F(r, \theta, \varphi)$ を x で微分すると，r, θ, φ が x に依存しているため，次式が一般に成り立つ．

$$\frac{\partial F}{\partial x} = \frac{\partial F}{\partial r}\frac{\partial r}{\partial x} + \frac{\partial F}{\partial \theta}\frac{\partial \theta}{\partial x} + \frac{\partial F}{\partial \varphi}\frac{\partial \varphi}{\partial x} \qquad (A.11.5)$$

したがって，任意の関数 F に対する微分演算子は次のようになる．

$$\frac{\partial}{\partial x} = \frac{\partial r}{\partial x}\frac{\partial}{\partial r} + \frac{\partial \theta}{\partial x}\frac{\partial}{\partial \theta} + \frac{\partial \varphi}{\partial x}\frac{\partial}{\partial \varphi} \qquad (A.11.6)$$

同様に

$$\frac{\partial}{\partial y} = \frac{\partial r}{\partial y}\frac{\partial}{\partial r} + \frac{\partial \theta}{\partial y}\frac{\partial}{\partial \theta} + \frac{\partial \varphi}{\partial y}\frac{\partial}{\partial \varphi} \qquad (A.11.7)$$

$$\frac{\partial}{\partial z} = \frac{\partial r}{\partial z}\frac{\partial}{\partial r} + \frac{\partial \theta}{\partial z}\frac{\partial}{\partial \theta} + \frac{\partial \varphi}{\partial z}\frac{\partial}{\partial \varphi} \qquad (A.11.8)$$

である．ここで，極座標 (r, θ, φ) を直交座標 (x, y, z) で微分した $\partial r/\partial x$ などを求める必要がある．それには，r と x, y, z の間に成り立つピタゴラスの定理や $\tan\theta$ および $\tan\varphi$ と x, y, z に関する以下の関係を用いるとよい．

$$r^2 = x^2 + y^2 + z^2 \qquad (A.11.9)$$

$$\tan^2\theta = \frac{x^2 + y^2}{z^2} \qquad (A.11.10)$$

$$\tan\varphi = \frac{y}{x} \tag{A.11.11}$$

また，三次元の極座標の定義より次式が導かれる．

$$x = r\sin\theta\cos\varphi, \quad y = r\sin\theta\sin\varphi, \quad z = r\cos\theta \tag{A.11.12}$$

式 (A.11.9) の両辺を x で微分すると

$$2r\frac{\partial r}{\partial x} = 2x \qquad \text{よって,} \qquad \frac{\partial r}{\partial x} = \frac{x}{r}$$

となり，同様に式 (A.11.9) を y や z で微分すると，

$$\frac{\partial r}{\partial y} = \frac{y}{r}, \qquad \frac{\partial r}{\partial z} = \frac{z}{r}$$

となる．ここで得た式に式 (A.11.12) を用いると次式のようになる．

$$\frac{\partial r}{\partial x} = \sin\theta\cos\varphi, \quad \frac{\partial r}{\partial y} = \sin\theta\sin\varphi, \quad \frac{\partial r}{\partial z} = \cos\theta \tag{A.11.13}$$

今度は式 (A.11.10) を x, y, z で微分すると，

$$\frac{2\tan\theta}{\cos^2\theta}\frac{\partial\theta}{\partial x} = \frac{2x}{z^2}$$

$$\frac{2\tan\theta}{\cos^2\theta}\frac{\partial\theta}{\partial y} = \frac{2y}{z^2}$$

$$\frac{2\tan\theta}{\cos^2\theta}\frac{\partial\theta}{\partial z} = -\frac{2(x^2+y^2)}{z^3}$$

となり，ここで式 (A.11.12) を用いると次式が導かれる．

$$\frac{\partial\theta}{\partial x} = \frac{\cos\theta\cos\varphi}{r}, \quad \frac{\partial\theta}{\partial y} = \frac{\cos\theta\sin\varphi}{r}, \quad \frac{\partial\theta}{\partial z} = -\frac{\sin\theta}{r} \tag{A.11.14}$$

同様にして，式 (A.11.11) を x, y, z で微分して式 (A.11.12) を用いると，

$$\frac{\partial\varphi}{\partial x} = -\frac{\sin\varphi}{r\sin\theta}, \quad \frac{\partial\varphi}{\partial y} = \frac{\cos\varphi}{r\sin\theta}, \quad \frac{\partial\varphi}{\partial z} = 0 \tag{A.11.15}$$

であり，式 (A.11.13)-(15) を式 (A.11.6)-(8) に代入すると，以下の式のようになる．

$$\frac{\partial}{\partial x} = \sin\theta\cos\varphi\frac{\partial}{\partial r} + \frac{\cos\theta\cos\varphi}{r}\frac{\partial}{\partial\theta} - \frac{\sin\varphi}{r\sin\theta}\frac{\partial}{\partial\varphi} \tag{A.11.16}$$

$$\frac{\partial}{\partial y} = \sin\theta\sin\varphi\frac{\partial}{\partial r} + \frac{\cos\theta\sin\varphi}{r}\frac{\partial}{\partial\theta} + \frac{\cos\varphi}{r\sin\theta}\frac{\partial}{\partial\varphi} \tag{A.11.17}$$

$$\frac{\partial}{\partial z} = \cos\theta\frac{\partial}{\partial r} - \frac{\sin\theta}{r}\frac{\partial}{\partial\theta} \tag{A.11.18}$$

式 (A.11.16)-(18) を式 (A.11.3) に代入し，さらに x, y, z に式 (A.11.12) を代入して整理すると，角運動量成分の演算子の極座標による表式 (A.11.4) が導かれる[†1]．

● A.12 角運動量演算子の固有方程式

角運動量の成分の演算子は次式で与えられる（A.11 節参照）．

$$
\left.\begin{aligned}
\hat{J}_x &= y\hat{p}_z - z\hat{p}_y = -i\hbar\left(y\frac{\partial}{\partial z} - z\frac{\partial}{\partial y}\right) \\
\hat{J}_y &= z\hat{p}_x - x\hat{p}_z = -i\hbar\left(z\frac{\partial}{\partial x} - x\frac{\partial}{\partial z}\right) \\
\hat{J}_z &= x\hat{p}_y - y\hat{p}_x = -i\hbar\left(x\frac{\partial}{\partial y} - y\frac{\partial}{\partial x}\right)
\end{aligned}\right\} \quad (\text{A}.12.1)
$$

またこれらの式は，極座標 (r, θ, φ) を用いると次のように表される（A.11 節）．

$$
\left.\begin{aligned}
\hat{J}_x &= -i\hbar\left(-\sin\varphi\frac{\partial}{\partial \theta} - \cot\theta\cos\varphi\frac{\partial}{\partial \varphi}\right) \\
\hat{J}_y &= -i\hbar\left(\cos\varphi\frac{\partial}{\partial \theta} - \cot\theta\sin\varphi\frac{\partial}{\partial \varphi}\right) \\
\hat{J}_z &= -i\hbar\frac{\partial}{\partial \varphi}
\end{aligned}\right\} \quad (\text{A}.12.2)
$$

ここで，$\cot\theta = \cos\theta/\sin\theta$ である．式 (A.12.2) を用いて丁寧に計算すると，角運動量演算子の 2 乗 $\hat{J}^2$ は，ルジャンドリアン Λ と次の関係にあることが導かれる．

[†1] 式 (A.11.16)-(18) の左辺の 2 乗の和は，ラプラシアン $\Delta = (\partial/\partial x)^2 + (\partial/\partial y)^2 + (\partial/\partial z)^2 = \partial^2/\partial x^2 + \partial^2/\partial y^2 + \partial^2/\partial z^2$ を与える．したがって，式 (A.11.16)-(18) の 2 乗の和から，ラプラシアンの極座標による表式を得ることができる．その計算は非常に長くなるので省略し，式 (A.11.18) の 2 乗の計算結果だけ示すと次のようになる．

$$\frac{\partial^2}{\partial z^2} = \cos^2\theta\frac{\partial^2}{\partial r^2} + \frac{\sin^2\theta}{r}\frac{\partial}{\partial r} + \frac{2\cos\theta\sin\theta}{r^2}\frac{\partial}{\partial \theta} - \frac{\cos\theta\sin\theta}{r}\frac{\partial^2}{\partial r\partial\theta} - \frac{\cos\theta\sin\theta}{r}\frac{\partial^2}{\partial \theta\partial r} + \frac{\sin^2\theta}{r^2}\frac{\partial^2}{\partial \theta^2}$$

ここで，$\partial^2/\partial r\partial\theta$ や $\partial^2/\partial\theta\partial r$ を含む項が出てくることに注意する必要がある．このような項が出てくるのは，演算子はなんらかの関数に作用させるので，その関数に微分の対象となる変数が含まれている可能性があるからである．たとえば，関数 f を右側に補って次の計算を行ってみるとよい．

$$\frac{\partial}{\partial r}\left(\frac{\sin\theta}{r}\frac{\partial}{\partial \theta}\right)f = -\frac{\sin\theta}{r^2}\frac{\partial f}{\partial \theta} + \frac{\sin\theta}{r}\frac{\partial^2 f}{\partial r\partial\theta}$$

ここで，関数 f に r が含まれ得ることを考慮しないと最後の項は出てこない．

$$\hat{J}^2 = \hat{J}_x^2 + \hat{J}_y^2 + \hat{J}_z^2 = -\hbar^2 \Lambda \tag{A.12.3}$$

球面調和関数 $Y_{J,m}(\theta, \varphi)$ が Λ の固有関数で，次式を満たすことを使うと，

$$\Lambda Y_{J,m}(\theta, \varphi) = -J(J+1)\, Y_{J,m}(\theta, \varphi) \tag{A.12.4}$$

球面調和関数が $\hat{J}^2$ の固有関数であることを示す次式が得られる．

$$\hat{J}^2 Y_{J,m}(\theta, \varphi) = J(J+1)\, \hbar^2 Y_{J,m}(\theta, \varphi) \tag{A.12.5}$$

次に角運動量の z 成分の演算子 $\hat{J}_z = -i\hbar\, \partial/\partial\varphi$ について，次式が成り立つことを示そう．

$$\hat{J}_z Y_{J,m}(\theta, \varphi) = m\hbar\, Y_{J,m}(\theta, \varphi) \tag{A.12.6}$$

第 4 章の剛体回転子のところで行った議論から，球面調和関数は，θ に依存する部分と φ に依存する部分の積の形になっている．

$$Y(\theta, \varphi) = \Theta(\theta)\, \Phi(\varphi) \tag{A.12.7}$$

そのうち φ に依存する関数 Φ は，次の形の微分方程式に従う．

$$\frac{\partial^2 \Phi}{\partial \varphi^2} = -m^2 \Phi \tag{A.12.8}$$

式 (A.12.8) の形の微分方程式は，第 3 章の一次元の箱の中の粒子のところで出てきたものと同じ形であり，規格化は別にして，

$$\Phi(\varphi) = e^{im\varphi} \tag{A.12.9}$$

となることがわかる．つまり，

$$Y(\theta, \varphi) = \Theta(\theta)\, e^{im\varphi} \tag{A.12.10}$$

であり，この両辺に $\hat{J}_z = -i\hbar\, \partial/\partial\varphi$ を乗じると，

$$\hat{J}_z Y(\theta, \varphi) = -i\hbar \frac{\partial}{\partial \varphi} \Theta(\theta)\, e^{im\varphi} = -i^2 m\hbar\, \Theta(\theta)\, e^{im\varphi} = m\hbar\, Y(\theta, \varphi)$$

となる．よって，式 (A.12.6) が導かれた．

参 考 書

原田義也『量子化学（上）（下）』裳華房（2007）．

真船文隆『量子化学 基礎からのアプローチ』化学同人（2008）．

中田宗隆『量子化学 —基本の考え方 16 章』東京化学同人（1995）．

中田宗隆『量子化学 II —分光学理解のための 20 章』東京化学同人（2004）．

中田宗隆『量子化学 III —化学者のための数学入門 12 章』東京化学同人（2005）．

大野公一『量子物理化学』東京大学出版会（1989）．

大野公一『量子化学』化学入門コース，岩波書店（1996）．

大野公一『量子化学演習』化学入門コース，岩波書店（2000）．

大野公一・山門英雄・岸本直樹『図説 量子化学 —分子軌道への視覚的アプローチ』化学サポートシリーズ，裳華房（2002）．

武次徹也・平尾公彦『早わかり 分子軌道法』化学サポートシリーズ，裳華房（2003）．

藤川高志・朝倉清高『化学のための数学』化学サポートシリーズ，裳華房（2004）．

米澤貞次郎・永田親義・加藤博史・今村 詮・諸熊奎冶『三訂 量子化学入門（上）（下）』化学同人（1983）．

中田宗隆『化学結合論』物理化学入門シリーズ，裳華房（2012）．

原田義也『化学熱力学』物理化学入門シリーズ，裳華房（2012）．

演習問題略解

第1章 量子論の誕生

1.1 ウィーンの変位則 $\lambda T = $ 一定 より，$4000 \times (453 + 273)/3600 = 807$ K，$807 - 273 = 534$ ℃．

1.2 シュテファンの法則より T^4 に比例するから，$(1.20)^4 = 2.07$ 倍．

1.3 $\nu = c/\lambda = 2.998 \times 10^8/1.00 \times 10^{-7} = 3.00 \times 10^{15}$ s^{-1}．

1.4 $h\nu = hc/\lambda = 6.626 \times 10^{-34} \times 2.998 \times 10^8/6.00 \times 10^{-7} = 3.11 \times 10^{-19}$ J．

1.5 $1 \, \text{eV} = 1.6022 \times 10^{-19}$ J $= hc/\lambda$，$\lambda = 6.626 \times 10^{-34} \times 2.998 \times 10^8/1.6022 \times 10^{-19}$ J $= 1.240 \times 10^{-6}$ m $= 1240$ nm（この結果は，nm 単位の波長と eV 単位の光子のエネルギーの積の値が 1240 nm eV になることを示しており，覚えておくと換算が簡単になる．）

1.6 アインシュタインの光電効果の公式より，$16.80 \, \text{eV} = 21.22 \, \text{eV} - W$，よって，$W = 4.42$ eV．また，$1 \, \text{eV} = 1.6022 \times 10^{-19}$ J にアボガドロ定数を掛けると，$(1.6022 \times 10^{-19} \, \text{J}) \times (6.0221 \times 10^{23} \, \text{mol}^{-1}) = 96.486$ kJ mol^{-1}，よって，$W = 4.42 \times 96.486 = 426$ kJ mol^{-1}．

1.7 限界振動数の光子のエネルギーが仕事関数の大きさ 4.26 eV に等しい．問題 1.5 の結果を利用すると，（限界波長）$= 1240/4.26 = 291$ nm．

1.8 リュードベリの公式の整数が小さいほど波長が短くなるから，ライマン系列の最長波長スペクトル線の整数の組は $m = 1$，$n = 2$．$1/\lambda = R(1/m^2 - 1/n^2) = R(1/1^2 - 1/2^2) = 3R/4$，よって，$\lambda = 4/3R$．$R = 1.09737 \times 10^7$ m^{-1} を用いると，$\lambda = 1.22 \times 10^{-7}$ m $= 122$ nm．

1.9 本文の式 (1.14) を $Z = 2$ の He$^+$ に適用する．基底状態（$n = 1$）から電子を取り除くのに必要なエネルギーは，$-E_1 = W(\text{He}^+) = Z^2 \times W(\text{H}) = 2^2 \times 13.60 = 54.40$ eV．

1.10 ライマン α 線は，水素原子の $n = 2$ の状態からその下にある $n = 1$ の状態への遷移である．この遷移で出る光子のエネルギーは，本文の式 (1.22) より，$h\nu = hc/\lambda = W(1/1^2 - 1/2^2)$，$W = 13.60$ eV を用いて右辺を eV 単位で計算し，$h\nu = 13.60 \times 3/4 = 10.2$ eV．$n = 2$ の状態の電子の光電効果を考えると，その状態の仕事関数（イオン化エネルギー）は $-E_2 = -(-W/2^2) = 3.4$ eV．よって，この光電子のエネルギーは，$10.2 - 3.4 = 6.8$ eV．

第2章 波動方程式

2.1 波数は波長に反比例する．cm^{-1} 単位の波数を x，m 単位の波長を λ とし，単位の違いに注意すると $x = 1/100\lambda$，$\lambda\nu = c$ を用いると $x = \nu/100\,c$，振動数 ν は周波数に等しいから，$x = 2.40 \times 10^9/(100 \times 3.00 \times 10^8) = 0.0800\,\mathrm{cm}^{-1}$．

2.2 周期 T は振動数 ν の逆数に等しい．$\lambda\nu = c$ を用いると，$T = 1/\nu = \lambda/c = 3.00 \times 10^{-5}/(3.00 \times 10^8) = 1.00 \times 10^{-13}\,\mathrm{s}$．

2.3 本文の式 (2.6) より，
$$\lambda = h/\sqrt{2meV} = 6.626 \times 10^{-34}/\sqrt{(2 \times 9.109 \times 10^{-31})(600 \times 1.602 \times 10^{-19})} = 5.01 \times 10^{-11}\,\mathrm{m} = 50.1\,\mathrm{pm}.$$
（600 eV の 400 分の 1 の 1.50 eV で計算すると，この結果の $\sqrt{400} = 20$ 倍になり，ちょうど 1.00 nm になる．）

2.4 本文の式 (2.24) に $U = (1/2)kx^2$，$\Delta = \partial^2/\partial x^2$ を代入すると $\hat{H} = -\hbar^2/2m\,\partial^2/\partial x^2 + (1/2)kx^2$．

2.5 本文の式 (2.24) に，$m = M$，$U = 0$，$\Delta = \partial^2/\partial x^2 + \partial^2/\partial y^2$ を代入すると，$\hat{H} = -\hbar^2/2M\,(\partial^2/\partial x^2 + \partial^2/\partial y^2)$．

2.6 定常状態の波動方程式は $\hat{H}\psi(x, y, z) = E\psi(x, y, z)$，本文の式 (2.24) に，$U = -Ze^2/4\pi\varepsilon_0 r$，$\Delta = \partial^2/\partial x^2 + \partial^2/\partial y^2 + \partial^2/\partial z^2$ を代入すると，
$$-\frac{\hbar^2}{2m}\left(\frac{\partial^2}{\partial x^2} + \frac{\partial^2}{\partial y^2} + \frac{\partial^2}{\partial z^2}\right)\psi(x, y, z) - \frac{Ze^2}{4\pi\varepsilon_0 r}\psi(x, y, z) = E\psi(x, y, z)$$

2.7 $\iint |\Psi(x, y)|^2\,\mathrm{d}x\mathrm{d}y = 1$ （積分の範囲は，x，y ともに $-\infty$ から $+\infty$）

2.8 オイラーの式 $\mathrm{e}^{i\theta} = \cos\theta + i\sin\theta$ の両辺を θ で微分する．与えられた $\cos\theta$ および $\sin\theta$ の微分の公式および $i^2 = -1$ になることに注意して式変形を進めると，
$$\frac{\mathrm{d}\mathrm{e}^{i\theta}}{\mathrm{d}\theta} = \frac{\mathrm{d}\cos\theta}{\mathrm{d}\theta} + \frac{i\mathrm{d}\sin\theta}{\mathrm{d}\theta} = -\sin\theta + i\cos\theta = i(\cos\theta + i\sin\theta) = i\mathrm{e}^{i\theta}$$

$$\frac{\mathrm{d}^2\mathrm{e}^{i\theta}}{\mathrm{d}\theta^2} = \frac{\mathrm{d}}{\mathrm{d}\theta}(i\mathrm{e}^{i\theta}) = i^2\mathrm{e}^{i\theta} = -\mathrm{e}^{i\theta}$$

2.9 $|\mathrm{e}^{iA}|^2 = \mathrm{e}^{iA}(\mathrm{e}^{iA})^* = \mathrm{e}^{iA}\mathrm{e}^{-iA} = \mathrm{e}^{iA-iA} = \mathrm{e}^0 = 1$ となるから，$|\mathrm{e}^{iA}\phi(x)|^2 = |\phi(x)|^2$ であり，$\int |\mathrm{e}^{iA}\phi(x)|^2\,\mathrm{d}x = \int |\phi(x)|^2\,\mathrm{d}x = 1$ となる．

2.10 ϕ_1，ϕ_2 ともに $\hat{H}\phi = 3\phi$ を満たすので，$\Psi = A\phi_1 + B\phi_2$ も $\hat{H}\Psi = 3\Psi$ を満たす．
$\hat{H}\Psi = \hat{H}(A\phi_1 + B\phi_2) = \hat{H}A\phi_1 + \hat{H}B\phi_2 = A\hat{H}\phi_1 + B\hat{H}\phi_2 = 3A\phi_1 + 3B\phi_2$
$= 3(A\phi_1 + B\phi_2) = 3\Psi$

第3章 箱の中の粒子

3.1 零点エネルギーは $E_1 = h^2/8mL^2$．$L = 1\,\mathrm{cm} = 10^{-2}\,\mathrm{m}$ の場合について J 単位で

計算すると，$E_1 = (6.626 \times 10^{-34}\,\mathrm{J\,s})^2/8 \times (9.109 \times 10^{-31}\,\mathrm{kg})(10^{-2}\,\mathrm{m})^2 = 6.02 \times 10^{-34}\,\mathrm{J}$．eV に換算すると，$E_1 = 6.02 \times 10^{-34}\,\mathrm{J}/(1.602 \times 10^{-19}\,\mathrm{J\,eV^{-1}}) = 3.76 \times 10^{-15}\,\mathrm{eV}$．$L = 1\,\mathrm{nm} = 10^{-9}\,\mathrm{m}$ の場合は，1 cm より7桁小さいから，L の逆数の2乗に比例する E_1 は14桁大きくなり，$E_1 = 3.76 \times 10^{-1}\,\mathrm{eV} = 0.376\,\mathrm{eV}$ となる．（マクロの世界の箱の中の電子の零点エネルギーは小さすぎて観測の対象にならないが，ナノのレベルのミクロの世界の箱の中の電子の零点エネルギーは，ほぼ電子ボルトのオーダーであり，無視できない．）

3.2 零点エネルギーは粒子の質量に反比例するから，電子と比べて 1840 倍の質量をもつ陽子の場合，前問の 1 nm の場合と比べて，E_1 は 1840 分の 1 になり，$E_1 = (0.376\,\mathrm{eV})/1840 = 2.0 \times 10^{-4}\,\mathrm{eV}$．（電子では，零点エネルギーが問題になる場合でも，陽子や中性子の零点エネルギーは，通常，無視できる．）

3.3 $E = h^2/8ML^2 (n_x^2 + n_y^2)$．$(n_x^2 + n_y^2)$ の値の小さい順に，$1^2 + 1^2 = 2$，$2^2 + 1^2 = 1^2 + 2^2 = 5$（2重に縮重），$2^2 + 2^2 = 8$．

3.4 $\hat{H}\Psi = E\Psi$ が成り立つとき，$\hat{H}' = \hat{H} + a$ とすると，$\hat{H}'\Psi = (\hat{H} + a)\Psi = \hat{H}\Psi + a\Psi = E\Psi + a\Psi = (E + a)\Psi$ となり，エネルギー固有値は $E + a$ になる．すなわち，位置エネルギーが $U = 0$ から $U = a (a > 0)$ に変わると，エネルギーが a だけ高くなる（a が負のときは低くなる）．（この結果は一次元の箱に限らず一般に成り立つ．）

3.5 長さ L の箱の中の粒子の波動関数は，$\phi_n(x) = \sqrt{2/L}\sin(n\pi x/L)$．

$$\langle x \rangle = \int_0^L \sqrt{\frac{2}{L}}\sin\left(\frac{n\pi x}{L}\right) x \sqrt{\frac{2}{L}}\sin\left(\frac{n\pi x}{L}\right) \mathrm{d}x = \frac{L}{2}$$

$$\langle x^2 \rangle = \int_0^L \sqrt{\frac{2}{L}}\sin\left(\frac{n\pi x}{L}\right) x^2 \sqrt{\frac{2}{L}}\sin\left(\frac{n\pi x}{L}\right) \mathrm{d}x = \frac{L^2}{3} - \frac{L^2}{2n^2\pi^2}$$

$$\Delta x = \sqrt{\langle x^2 \rangle - \langle x \rangle^2} = L\sqrt{\frac{1 - 6/n^2\pi^2}{12}}$$

（平均値 $\langle x \rangle$ は n によらないが，$\langle x^2 \rangle$ は n に依存し，Δx は n が小さいほど小さい．）

3.6
$$\langle p \rangle = \int_0^L \sqrt{\frac{2}{L}}\sin\left(\frac{n\pi x}{L}\right)\left(-i\hbar\frac{\partial}{\partial x}\right)\sqrt{\frac{2}{L}}\sin\left(\frac{n\pi x}{L}\right)\mathrm{d}x = 0$$

$$\langle p^2 \rangle = \int_0^L \sqrt{\frac{2}{L}}\sin\left(\frac{n\pi x}{L}\right)\left(-i\hbar\frac{\partial}{\partial x}\right)^2\sqrt{\frac{2}{L}}\sin\left(\frac{n\pi x}{L}\right)\mathrm{d}x = 2mE_n = \frac{n^2h^2}{4L^2}$$

$$\Delta p = \sqrt{\langle p^2 \rangle - \langle p \rangle^2} = \frac{nh}{2L}$$

(平均すると，左右の方向の運動量が互いに打ち消し合うので，$\langle p \rangle = 0$ となる．Δp は n に比例して大きくなる．)

3.7 $\Delta x \Delta p = (L\sqrt{(1-6/n^2\pi^2)/12})(nh/2L) = nh\sqrt{(1-6/n^2\pi^2)/12}/2$. $\Delta x \Delta p$ は n が大きいほど大きくなり，$n = 1$ のとき最小で $\hbar/2$ より大きく，不確定性原理を満たしている．

3.8 $E_n = n^2h^2/8mL^2$, $\Delta E = E_{n+1} - E_n = h\nu$, $c = \nu\lambda$ より，$\lambda = 8cmL^2/(2n+1)h$. $n = 4$，$L = 1.00$ nm および定数の値を代入すると，$\lambda = 366$ nm ($n = 4$ のオクタテトラエンのスペクトルの実測波長は 304 nm. n が増すと L が大きくなり，波長はどんどん長くなる．)

3.9 本文の一次元の箱と比べて，箱の長さは同じで区間が $(0 \leq x \leq L)$ から $(-L/2 \leq x \leq L/2)$ に変わっただけであるから，エネルギー固有値は同じになる．$E_n = n^2h^2/8mL^2$ ($n = 1, 2, 3, \cdots$) 一方，波動関数は，x 軸に沿って $-L/2$ だけ平行移動すればよいので，$\phi_n(x) = \sqrt{2/L}\sin(n\pi x/L - n\pi/2)$ となる．波動関数の形の特徴は図 3.2 と同様であるが，この場合は箱の中央が原点なので，n が奇数のとき，ϕ は cos の形になって原点で値をもち原点に粒子が現れる確率がある．n が偶数のとき，ϕ は sin の形になり原点での値は 0 で原点が節になる．

3.10 波動方程式の中の定数部分をまとめて $8\pi^2 mEr^2/h^2 = n^2$ とおくと，解くべき微分方程式は $d^2\phi(\theta)/d\theta^2 = -n^2\phi(\theta)$．本文の式 (3.7) と同じ形なのでその解は $\phi(\theta) = ae^{in\theta} + be^{-in\theta}$．これが周期境界条件 $\phi(\theta) = \phi(\theta + 2\pi)$ を満たすためには n は整数でなければならない．もう一つの条件である規格化条件から，$\int_0^{2\pi}|\phi(\theta)|^2 d\theta = 1$. n を定義した式から，エネルギーは，$E = n^2h^2/8\pi^2 mr^2$, $n = 0, 1, 2, \cdots$. $n = 0$ の場合，$\phi(\theta) = 1/\sqrt{2\pi}$, $n \neq 0$ の場合，a と b は独立なので 2 重に縮重した波動関数，$\phi_1(\theta) = ae^{in\theta}$, $\phi_2(\theta) = be^{-in\theta}$ として，それぞれ規格化すると，$\phi_1(\theta) = (1/\sqrt{2\pi})e^{in\theta}$, $\phi_2(\theta) = (1/\sqrt{2\pi})e^{-in\theta}$.

第 4 章　振動と回転

4.1 $(1/2)mv^2 = (28.0 \times 10^{-3}$ kg mol$^{-1}) \times (500$ m s$^{-1})^2/2 = 3500$ J mol$^{-1} = 3.50$ kJ mol^{-1}. 1 eV $= 1.602 \times 10^{-19}$ J は，$(1.602 \times 10^{-19}$ J$) \times (6.02 \times 10^{23}$ mol$^{-1}) = 96.5$ kJ mol^{-1} だから，$(1/2)mv^2 = 3.50/96.5$ eV $= 0.0363$ eV $= 36.3$ meV. (これは分子の熱運動 (並進運動) のエネルギーの大きさを表す．第 12 章で学ぶ分子の熱的安定性の議論に重要である．)

4.2 $\int_{-\infty}^{\infty}|\psi(x)|^2 dx = \int_{-\infty}^{\infty}|Ne^{-ax^2}|^2 dx = N^2\int_{-\infty}^{\infty}e^{-2ax^2} dx = N^2(\pi/2a)^{1/2} = 1$. よって，$N = \sqrt[4]{2a/\pi}$.

4.3 $\nu = (1/2\pi)\sqrt{k/\mu}$ より，違いは換算質量 μ の平方根の逆数の比になる．水素の同位体の質量比を質量数の比で近似すると，$\mu(^1\mathrm{H}_2)/\mu(^2\mathrm{H}_2) = \{1/(1/1+1/1)\}/\{1/(1/2+1/2)\} = 1/2$．よって，$\nu(^2\mathrm{H}_2) = 4400/\sqrt{2} = 3111\,\mathrm{cm}^{-1}$．（精密には各同位体の質量を用いる．$m(^1\mathrm{H}) = 1.00782503\,\mathrm{u}$，$m(^2\mathrm{H}) = 2.0141018\,\mathrm{u}$，u は ^{12}C 原子の質量の 1/12 を単位とする**原子質量単位**．）

4.4 2個の原子を結ぶ方向を x 軸とし，質量 m_1 の原子が x_1 に，質量 m_2 の原子が x_2 にあるとすると，重心 X は，$X = (m_1 x_1 + m_2 x_2)/(m_1 + m_2)$．2原子間の距離 $r = |x_1 - x_2|$ と各原子の重心からの距離 $r_1 = |x_1 - X|$，$r_2 = |x_2 - X|$ の関係は，$r_1 = m_2 r/(m_1 + m_2)$，$r_2 = m_1 r/(m_1 + m_2)$．よって，$I = m_1 r_1^2 + m_2 r_2^2 = m_1 m_2 r^2/(m_1 + m_2)$．ここで $\mu = 1/(1/m_1 + 1/m_2) = m_1 m_2/(m_1 + m_2)$ を用いると，$I = \mu r^2$．

4.5 二原子分子の回転スペクトルの間隔は $\hbar^2/I$ であるから，慣性モーメント $I = \mu r^2$ の逆数の比を求めればよいが，r は等しいので，換算質量 μ の逆数の比を求める．同位体の質量は質量数に比例するとして計算すると，

$$\frac{\mu(^2\mathrm{H}^{35}\mathrm{Cl})}{\mu(^1\mathrm{H}^{35}\mathrm{Cl})} = \frac{1/(1/2+1/35)}{1/(1/1+1/35)} = \frac{72}{37} = 1.95$$

（回転スペクトルの間隔は，$^1\mathrm{H}^{35}\mathrm{Cl}$ が $^2\mathrm{H}^{35}\mathrm{Cl}$ のおよそ2倍になる．各同位体の質量を用いて計算するとより精密な値が得られ，1.944倍になる．）

4.6 （i）$\iint |N|^2 \sin\theta\,\mathrm{d}\theta\,\mathrm{d}\varphi = N^2 \int \sin\theta\,\mathrm{d}\theta \int \mathrm{d}\varphi = N^2[-\cos\theta]_0^\pi \cdot [1]_0^{2\pi} = N^2\{1-(-1)\}(2\pi) = 4\pi N^2 = 1$，よって，$N = \sqrt{1/4\pi}$．
（ii）$\iint |N\cos\theta|^2 \sin\theta\,\mathrm{d}\theta\,\mathrm{d}\varphi = N^2 \int \cos^2\theta \sin\theta\,\mathrm{d}\theta \int \mathrm{d}\varphi = N^2[-(1/3)\cos^3\theta]_0^\pi \cdot [1]_0^{2\pi} = N^2\{1/3-(-1/3)\}(2\pi) = (4\pi/3)N^2 = 1$，よって，$N = \sqrt{3/4\pi}$．
（iii）$\iint |N\sin\theta\,\mathrm{e}^{\pm i\varphi}|^2 \sin\theta\,\mathrm{d}\theta\,\mathrm{d}\varphi = N^2 \int \sin^3\theta\,\mathrm{d}\theta \int \mathrm{d}\varphi = N^2 \int \sin\theta(1-\cos^2\theta)\,\mathrm{d}\theta \cdot \int \mathrm{d}\varphi = N^2[-\cos\theta + (1/3)\cos^3\theta]_0^\pi \cdot [1]_0^{2\pi} = N^2(2-2/3)(2\pi) = (8\pi/3)N^2 = 1$，よって，$N = \sqrt{3/8\pi}$．

4.7 回転準位間の遷移エネルギーは，$\Delta E = E_{J+1} - E_J = (J+1)\hbar^2/I$．$J=2$ から $J=1$ の回転遷移で放出される光子のエネルギーは，$h\nu = E_2 - E_1 = 2\hbar^2/I$．よって，$\nu = 2\hbar^2/Ih = h/2\pi^2 I$．上の問題 4.4 より $I = \sum m_i r_i^2$．質量数 M のとき，$m_i = (M \times 10^{-3}\,\mathrm{kg\,mol^{-1}})/(6.022 \times 10^{23}\,\mathrm{mol^{-1}}) = (M/6.022) \times 10^{-26}\,\mathrm{kg}$．OCS は，C 原子が両端の O と S の間にある．S 原子の質量が非常に大きいので，重心 G は，C-S 結合上にあり，重心から C 原子までの距離を r_C とすると，O 原子と重心の距離は $r_\mathrm{O} = R(\mathrm{O\text{-}C}) + r_\mathrm{C}$，S 原子と重心の距離は，$r_\mathrm{S} = R(\mathrm{C\text{-}S}) - r_\mathrm{C}$．重心の周りのつり合い（回転モーメントのつり合い）を考えると，$12 r_\mathrm{C} + 16 r_\mathrm{O} = M(\mathrm{S})\,r_\mathrm{S}$ が成り立つ．ここで，$M(\mathrm{S})$ は S 原子の質量数である．$R(\mathrm{O\text{-}C}) = 0.116\,\mathrm{nm}$，$R(\mathrm{C\text{-}S}) = 0.156$

nm を用いて計算すると,

$M(S) = 32$ のとき, $r_C = 0.0523$ nm, $r_O = 0.1683$ nm, $r_S = 0.1037$ nm,
$I = \sum m_i r_i^2 = 1.3784 \times 10^{-45}$ kg m^2, $\nu = h/2\pi^2 I = 24.35$ GHz
$M(S) = 34$ のとき, $r_C = 0.0556$ nm, $r_O = 0.1716$ nm, $r_S = 0.1004$ nm,
$I = \sum m_i r_i^2 = 1.4130 \times 10^{-45}$ kg m^2, $\nu = h/2\pi^2 I = 23.76$ GHz

(同位体の精密な質量を用いて計算すると, それぞれ, 24.32592 GHz, 23.73233 GHz)

4.8 電気量 Q の電荷は, x 軸の正の向きに, バネの復元力 $-kx$ に加えて, 電場 ε により $Q\varepsilon$ の力を受けるから, 両者合わせると $F(x) = -kx + Q\varepsilon$, $x = 0$ で位置エネルギー $U(x) = 0$ になるように基準をとると,

$$U(x) = \int_0^x -F(x)\,dx = \int_0^x -(-kx + Q\varepsilon)\,dx = \left[\frac{1}{2}kx^2 - Q\varepsilon x\right]_0^x$$
$$= \frac{1}{2}kx^2 - Q\varepsilon x = \frac{1}{2}k\left(x - \frac{Q\varepsilon}{k}\right)^2 - \frac{Q^2\varepsilon^2}{2k}$$

となる. ここで, 座標原点を平行移動して $X = x - Q\varepsilon/k$ とすると,

$$U(X) = \frac{1}{2}kX^2 - \frac{Q^2\varepsilon^2}{2k}$$

これは, バネの力の定数が k の調和振動子であり, その固有振動数 $\nu = (1/2\pi)\sqrt{k/M}$ は, 電場がないときと等しい. $X = 0$ で位置エネルギーが $-Q^2\varepsilon^2/2k$ であるが, これは, 振動の量子数 n に依存する $h\nu(n+1/2)$ に付け加わって全体のエネルギーを単に引き下げるだけである (第3章演習問題 3.4 参照). よって, 電場のもとでのエネルギー準位は,

$$E_n = h\nu\left(n + \frac{1}{2}\right) - \frac{Q^2\varepsilon^2}{2k} \quad (n = 0,\ 1,\ 2,\ \cdots)$$

4.9 剛体回転子の波動方程式は,

$$-\frac{\hbar^2}{2I}\left\{\frac{1}{\sin\theta}\frac{\partial}{\partial\theta}\left(\sin\theta\frac{\partial}{\partial\theta}\right) + \frac{1}{\sin^2\theta}\frac{\partial^2}{\partial\varphi^2}\right\}\Psi = E\Psi$$

計算しやすいように, 先頭の定数部分を右辺に移動すると,

$$\left\{\frac{1}{\sin\theta}\frac{\partial}{\partial\theta}\left(\sin\theta\frac{\partial}{\partial\theta}\right) + \frac{1}{\sin^2\theta}\frac{\partial^2}{\partial\varphi^2}\right\}\Psi = -\frac{2IE}{\hbar^2}\Psi \quad ①$$

波動方程式を満たすかどうかには, 規格化の定数は関係しないので省略すると, $Y_{2,0} = (3\cos^2\theta - 1)$, $Y_{2,\pm 1} = \sin\theta\cos\theta\, e^{\pm i\varphi}$. これらを, ① の左辺の Ψ に代入して計算する. $Y_{2,0}$ は φ を含まないので θ に関する微分を含む左の項の右側部分から順に演算すると, (① の左辺) $= \dfrac{1}{\sin\theta}\dfrac{\partial}{\partial\theta}(-6\sin^2\theta\cos\theta) = -6(2\cos^2\theta - \sin^2\theta)$

$$= -6(3\cos^2\theta - 1) = -6\,Y_{2,0}$$

$Y_{2,0}$ は ① を満たし，$2IE/\hbar^2 = 6$, すなわち，$E = 3\hbar^2/I$ を与える．

$Y_{2,\pm1}$ は，まず φ の演算だけ行い，次に θ の演算を進めると，

$$\begin{aligned}
(\text{① の左辺}) &= \frac{1}{\sin\theta}\left\{\frac{\partial}{\partial\theta}\left(\sin\theta\frac{\partial}{\partial\theta}\right)(\sin\theta\cos\theta) - \cos\theta\right\}e^{\pm i\varphi} \\
&= \frac{1}{\sin\theta}\left\{\frac{\partial}{\partial\theta}\sin\theta(\cos^2\theta - \sin^2\theta) - \cos\theta\right\}e^{\pm i\varphi} \\
&= \frac{1}{\sin\theta}\left\{\frac{\partial}{\partial\theta}\sin\theta(1 - 2\sin^2\theta) - \cos\theta\right\}e^{\pm i\varphi} \\
&= \frac{1}{\sin\theta}\left\{\frac{\partial}{\partial\theta}(\sin\theta - 2\sin^3\theta) - \cos\theta\right\}e^{\pm i\varphi} \\
&= \frac{1}{\sin\theta}(\cos\theta - 6\cos\theta\sin^2\theta - \cos\theta)e^{\pm i\varphi} \\
&= -6\sin\theta\cos\theta\,e^{\pm i\varphi} = -6\,Y_{2,\pm1}
\end{aligned}$$

$Y_{2,\pm1}$ は ① を満たし，$2IE/\hbar^2 = 6$, すなわち $E = 3\hbar^2/I$ を与える．よって，$Y_{2,0}$ と $Y_{2,\pm1}$ はともに剛体回転子の波動方程式を満たし，縮重していることが示された．

4.10 調和振動子の基底状態の波動関数は，問題 4.2 の結果を使うと，$\psi_0 = \sqrt[4]{2a/\pi}\,e^{-ax^2}$, ここで，$a = \sqrt{mk}/2\hbar$ である．

$$\langle x \rangle = \int \psi_0^* x \psi_0 \, dx = \sqrt{\frac{2a}{\pi}} \int x e^{-2ax^2} dx = 0$$

この積分が 0 になるのは，被積分関数が奇関数なので，$-\infty$ から $+\infty$ まで積分すると，積分範囲の正の部分と負の部分とがちょうど相殺するからである．

$$\langle x^2 \rangle = \int \psi_0^* x^2 \psi_0 \, dx = \sqrt{\frac{2a}{\pi}} \int x^2 e^{-2ax^2} dx$$

ここで，部分積分の公式 $\int uv' \, dx = [uv] - \int u'v \, dx$ を用いると，$u = x$, $v = -e^{-2ax^2}$ として

$$\begin{aligned}
\langle x^2 \rangle &= \sqrt{\frac{2a}{\pi}}\frac{1}{4a}\left\{\int x(4ax)e^{-2ax^2}dx\right\} = \sqrt{\frac{2a}{\pi}}\frac{1}{4a}\left\{[-xe^{-2ax^2}]_{-\infty}^{\infty} + \int e^{-2ax^2} dx\right\} \\
&= 0 + \sqrt{\frac{2a}{\pi}}\frac{1}{4a}\sqrt{\frac{\pi}{2a}} = \frac{1}{4a}
\end{aligned}$$

$$\Delta x = \sqrt{\langle x^2 \rangle - \langle x \rangle^2} = \sqrt{\frac{1}{4a} - 0} = \frac{1}{2\sqrt{a}}$$

一方，

$$\langle p \rangle = \sqrt{\frac{2a}{\pi}} \int e^{-ax^2}\left(-i\hbar \frac{\partial}{\partial x}\right) e^{-ax^2} dx = 2ai\hbar \sqrt{\frac{2a}{\pi}} \int x e^{-2ax^2} dx = 0$$

この積分が 0 になるのは，$\langle x \rangle$ の場合と同様である．

$$\langle p^2 \rangle = \sqrt{\frac{2a}{\pi}} \int e^{-ax^2}\left(-i\hbar \frac{\partial}{\partial x}\right)^2 e^{-ax^2} dx = 2a\hbar^2 \sqrt{\frac{2a}{\pi}} \int (1 - 2ax^2) e^{-2ax^2} dx$$

$$= 2a\hbar^2 (1 - 2a\langle x^2 \rangle) = 2a\hbar^2 \left(1 - \frac{1}{2}\right) = a\hbar^2$$

$$\Delta p = \sqrt{\langle p^2 \rangle - \langle p \rangle^2} = \sqrt{a\hbar^2 - 0} = \sqrt{a}\,\hbar$$

よって，

$$\Delta x \Delta p = \frac{1}{2\sqrt{a}} \sqrt{a}\,\hbar = \frac{\hbar}{2}$$

第 5 章　水素原子

5.1　M 殻の軌道とその (n, l, m) :

3s $(3, 0, 0)$

3p $(3, 1, 1)$, $(3, 1, 0)$, $(3, 1, -1)$

3d $(3, 2, 2)$, $(3, 2, 1)$, $(3, 2, 0)$, $(3, 2, -1)$, $(3, 2, -2)$

5.2　主量子数が n の電子殻に可能な l の値は，$0, 1, \cdots, n-1$ の n 通りあり，それぞれの l に可能な m の値は $-l, -l+1, \cdots, l-1, l$ の範囲の $2l+1$ 通りあるから，$(2l+1)$ を $l = 0, 1, \cdots, n-1$ 範囲で寄せ集めれば，主量子数が n の電子殻の軌道の総数が得られる．

$$\sum_{l=0}^{n-1} (2l+1) = \frac{2n(n-1)}{2} + n = n^2$$

5.3　R に Ne^{-ar} を代入し，次式の両辺が恒等的に等しくなるように E, l, a を定める．

$$-\frac{\hbar^2}{2mr^2}\left\{\frac{d}{dr}\left(r^2 \frac{d}{dr}\right) - l(l+1)\right\} Ne^{-ar} = \left(E + \frac{Ze^2}{4\pi\varepsilon_0 r}\right) Ne^{-ar}$$

左辺の微分演算を行うと，$d/dr(r^2 d/dr) e^{-ar} = d/dr(-ar^2 e^{-ar}) = (a^2 r^2 - 2ar) e^{-ar}$，よって，

$$-\frac{\hbar^2}{2m}\{a^2 - 2a/r - l(l+1)/r^2\} = E + \frac{Ze^2}{4\pi\varepsilon_0 r}$$

r の値によらず両辺が恒等的に等しくなるためには，

$(r \text{ の } 0 \text{ 次})$ $\quad -\dfrac{a^2\hbar^2}{2m} = E \quad$ ①

$(r \text{ の } -1 \text{ 次})$ $\quad \dfrac{a\hbar^2}{m} = \dfrac{Ze^2}{4\pi\varepsilon_0} \quad$ ②

$(r \text{ の } -2 \text{ 次})$ $\quad l(l+1) = 0 \quad$ ③

①② より, $E = -\dfrac{mZ^2e^4}{8\varepsilon_0^2 h^2}$

③ より, $l = 0$

② より, $a = \dfrac{mZe^2}{4\pi\varepsilon_0\hbar^2}$

($l = 0$ なので s 軌道に相当. ボーア半径 $a_0 = \varepsilon_0 h^2/\pi m e^2$ を用いると, $a = Z/a_0$ となる. N は規格化条件で決まる. 問題 5.6 参照.)

5.4 $W = me^4/8\varepsilon_0^2 h^2$ に与えられた定数の値を代入して計算すると, $W = 13.6057$ eV となるから, 小数 2 桁目まででは, $W = 13.61$ eV となる. (原子核を固定する近似を止めて, 厳密に陽子と電子の相対運動を考え, 電子の質量 m の代わりに, 陽子と電子の換算質量 $\mu = 1/(1/m + 1/M)$ (M は陽子の質量で, $M = 1.676216 \times 10^{-27}$ kg) を代入して計算すると, $W = 13.59829$ eV となり, 小数 2 桁まででは $W = 13.60$ eV となる.)

5.5 $d_{x^2-y^2}$ 軌道の角度部分は, $(x^2 - y^2)/r^2 = \sin\theta(\cos^2\varphi - \sin^2\varphi)$. x-y 面内では $\theta = \pi/2$, $\sin\theta = 1$ だから, $(\cos^2\varphi - \sin^2\varphi) = (2\cos^2\varphi - 1) = 0$ となる節面を求めればよい. $\cos^2\varphi = 1/2$ だから, $\cos\varphi = \pm 1/\sqrt{2}$. よって, $\varphi = \pi/4, 3\pi/4, 5\pi/4, 7\pi/4$ ($45°, 135°, 225°, 315°$).

5.6 (i) $\displaystyle\int_0^\infty |Ne^{-(Z/a_0)r}|^2 r^2 dr = N^2 \int_0^\infty r^2 e^{-(2Z/a_0)r} dr = N^2 \dfrac{2!}{(2Z/a_0)^3} = 1$, $N = 2\left(\dfrac{Z}{a_0}\right)^{3/2}$

(ii) $\displaystyle\int_0^\infty |Nre^{-(Z/2a_0)r}|^2 r^2 dr = N^2 \int_0^\infty r^4 e^{-(Z/a_0)r} dr = N^2 \dfrac{4!}{(Z/a_0)^5} = 1$, $N = \dfrac{(Z/a_0)^{3/2}}{2\sqrt{6}}$

5.7 $d_{xy} = Y_{2,2^-} = \dfrac{Y_{2,2} - Y_{2,-2}}{\sqrt{2}i} = \sqrt{\dfrac{15}{4\pi}} \dfrac{xy}{r^2}$

$d_{yz} = Y_{2,1^-} = \dfrac{Y_{2,1} - Y_{2,-1}}{\sqrt{2}i} = \sqrt{\dfrac{15}{4\pi}} \dfrac{yz}{r^2}$

$d_{zx} = Y_{2,1^+} = \dfrac{Y_{2,1} + Y_{2,-1}}{\sqrt{2}} = \sqrt{\dfrac{15}{4\pi}} \dfrac{zx}{r^2}$

$$d_{x^2-y^2} = Y_{2,2^+} = \frac{Y_{2,2} + Y_{2,-2}}{\sqrt{2}} = \sqrt{\frac{15}{16\pi}} \frac{x^2 - y^2}{r^2}$$

$$d_{z^2} = Y_{2,0} = \sqrt{\frac{5}{16\pi}} \frac{3z^2 - r^2}{r^2}$$

5.8 $\Psi_{1s} = \Psi_{100} = R_{1,0} Y_{0,0}$, $R_{1,0} = 2(Z/a_0)^{3/2} e^{-(Z/a_0)r}$, $Y_{0,0} = \sqrt{1/4\pi}$
$D_{1s}(r) = r^2 R_{1,0}{}^2 = 4(Z/a_0)^3 r^2 e^{-2(Z/a_0)r}$, $r = 0$ で $D = 0$, $r \to \infty$ で $D \to 0$, $r = a_0/Z$ で
$dD/dr = 4(Z/a_0)^3 r(2 - 2rZ/a_0) e^{-2(Z/a_0)r} = 0$ だから, 水素原子 $(Z = 1)$ の動径分布
のグラフは, 図 5.3 左上のように, $r = a_0$ で極大(最大)を示す.

5.9 2s 軌道では $D_{2s}(r) = r^2 R_{2,0}{}^2$, 2p 軌道では $D_{2p}(r) = r^2 R_{2,1}{}^2$. 表 5.1(問 5.6)を
参照し, 前問同様にしてグラフを求めると, $Z = 1$ の場合, 図 5.3 のようになる.
(D_{2s} の極大は $r = (3 \pm \sqrt{5})a_0$ に現れ, D_{2p} では極大が $r = 4a_0$ に現れる.)

5.10 水素原子の基底状態は 1s だから,

$$\Psi_{1s} = \Psi_{100} = R_{1,0} Y_{0,0}, \quad Y_{0,0} = \sqrt{1/4\pi}, \quad Z = 1 \text{ では}, \quad R_{1,0} = 2(a_0)^{-3/2} e^{-r/a_0}$$

$$\langle r \rangle = \iiint r |\Psi_{1s}(r, \theta, \varphi)|^2 r^2 \sin\theta \, dr d\theta d\varphi$$

$$(r = 0 \sim \infty, \ \theta = 0 \sim \pi, \ \varphi = 0 \sim 2\pi)$$

$$= \int_0^\infty r D_{1s}(r) \, dr = 4 \frac{1}{\sqrt{a_0^3}} \int_0^\infty r^3 e^{-2r/a_0} \, dr = \frac{3}{2} a_0$$

(r の期待値は, ボーア半径より大きく, ボーア半径の 3/2 倍になる.)

第6章 多電子原子

6.1 (i) $[Si] = [Ne](3s)^2(3p)^2$ (ii) $[Fe] = [Ar](4s)^2(3d)^6$
(iii) $[Ag] = [Kr](5s)(4d)^{10}$ (iv) $[Ba] = [Xe](6s)^2$

6.2 0 個 (He, Be, Ne), 1 個 (H, Li, F), 2 個 (C, O), 3 個 (B, N)

6.3 Li < C < H < F < Ne < He

6.4 (1) 2 個の電子が等しい座標をとるので, $q_1 = q_2 = q$ とすると,

$$\Psi(q, q) = \frac{1}{\sqrt{2}} \begin{vmatrix} \phi_1(q) & \phi_2(q) \\ \phi_1(q) & \phi_2(q) \end{vmatrix}$$

$$= \frac{1}{\sqrt{2}} \{\phi_1(q)\phi_2(q) - \phi_1(q)\phi_2(q)\} = 0 \quad \text{よって,} \quad |\Psi(q, q)|^2 = 0$$

(2) は, 付録 A.3 より「二行が等しいなら行列式の値は 0 になる」ことから明らか.

6.5 電子間相互作用を平均的斥力で置き換えて, $\sum_{i>j} e^2/4\pi\varepsilon_0 r_{ij} = \sum_{i=1}^{N} se^2/4\pi\varepsilon_0 r_i$ とし,
$\hat{h}_i = -\hbar^2/2m\Delta_i - \bar{Z}e^2/4\pi\varepsilon_0 r_i$, $\bar{Z} = Z - s$ とおくと, N 電子原子のハミルトニアン

は，

$$\hat{H} = \sum_{i=1}^{N}\left(-\frac{\hbar^2}{2m\Delta_i} - \frac{Ze^2}{4\pi\varepsilon_0 r_i}\right) + \sum_{i=1}^{N}\frac{se^2}{4\pi\varepsilon_0 r_i} = \sum_{i=1}^{N}\left\{-\frac{\hbar^2}{2m\Delta_i} - \frac{(Z-s)e^2}{4\pi\varepsilon_0 r_i}\right\} = \sum_{i=1}^{N}\hat{h}_i$$

ここで，各電子の固有方程式 $\hat{h}_i\phi_i = E_i\phi_i$ を満たす ϕ_i のハートリー積で表された波動関数 $\Psi = \phi_1\phi_2\cdots\phi_N$ を導入し，全電子の $\hat{H}\Psi = E\Psi$ に代入すると，

$$\hat{H}\Psi = \sum_{i=1}^{N}\hat{h}_i\phi_1\phi_2\cdots\phi_N = (\hat{h}_1 + \hat{h}_2 + \cdots + \hat{h}_N)\phi_1\phi_2\phi_3\cdots\phi_N$$
$$= (E_1 + E_2 + \cdots + E_N)\phi_1\phi_2\phi_3\cdots\phi_N$$

よって，有効核電荷模型の N 電子原子のエネルギー E は，個々の電子のエネルギー E_i の和になり，波動関数 Ψ は個々の電子の波動関数 ϕ_i の積の形になることが示された．（ここでは，波動関数にハートリー積を用いたが，スレイター行列式の場合も $\hat{H}\Psi = E\Psi$ を満たすことを示すことができる．）

6.6 最も外側の電子に対する，ほかの電子からの遮蔽効果の寄与を，すべて寄せ集めて遮蔽定数 s を求める．H$(Z=1)$ ではほかに電子がないから s(H) $= 0$，He$(Z=2)$ では同じ 1s を回る電子が 1 個だけなので s(He) $= 1/3$．Li$(Z=3)$ では電子配置が $(1s)^2(2s)^1$ となるので，一番外側の 2s 電子に対し内側に 1s 電子が 2 個あるから，s(Li) $= 1\times 2 = 2$．Be$(Z=4)$ は $(1s)^2(2s)^2$ なので，一番外側の 2s 電子に対し，同じ 2s 電子が 1 個，内側に 1s 電子が 2 個あるから，s(Be) $= 1/3\times 1 + 1\times 2 = 7/3$．B$(Z=5)$ は $(1s)^2(2s)^2(2p)^1$ なので，一番外側の L 殻にある 2s または 2p の電子に対し，同じグループの 2s または 2p 電子が合計 2 個あり，内側に 1s 電子が 2 個あるから，s(B) $= 1/3\times 2 + 1\times 2 = 8/3$．以降，Ne$(Z=10)$ までは，同じ 2s-2p グループの電子が 1 個ずつ増え，それにつれて遮蔽定数への寄与が 1/3 ずつ増えるので，s(C) $= s$(B) $+ 1/3 = 9/3 = 3$，s(N) $= 10/3$，s(O) $= 11/3$，s(F) $= 12/3 = 4$，s(Ne) $= 13/3$．$Z = 11$ の Na から $Z = 18$ の Ar までは，内側に 1s から 2p までの 10 個の電子があり，3s-3p グループの電子が 1 個ずつ増えていくので，$s = 1/3\times(Z-11) + 1\times 10 = (Z-11)/3 + 10$ となる．以上求めた s を用いて $Z-s$ を計算すると，次ページの表が得られる．

6.7 追加された 1 個の電子に対する遮蔽定数 s は，それ以外の Z 個の電子の寄与から求められる．H$(Z=1)$ では電子は 1s に追加されるので，同じ 1s の電子 1 個が遮蔽に寄与し，$s(1) = 1/3$ で，有効核電荷は $Z - s = 1 - 1/3 = 2/3$ となる．次の He$(Z=2)$ では，外側の電子殻の 2s に電子が追加されるから，その電子に対し，内側の 1s 電子 2 個が遮蔽に寄与し，$s(2) = 1\times 2 = 2$ となり，有効核電荷は $Z - s = 2 - 2 = 0$ となる．以降，$Z = 9$ の F までは，2s-2p グループに電子が一つずつ

表 最外殻電子に対する有効核電荷

H						He
1.00						1.67
Li	Be	B	C	N	O	F	Ne
1.00	1.67	2.33	3.00	3.67	4.33	5.00	5.67
Na	Mg	Al	Si	P	S	Cl	Ar
1.00	1.67	2.33	3.00	3.67	4.33	5.00	5.67

(第3周期は第2周期とまったく同じになる．この結果は，元素の周期性，とくにイオン化エネルギーの周期性と密接に関係しており，イオン化エネルギーは周期表の右に行くほど大きくなり，貴ガスのところで最大になることが説明される．)

追加されていくので，$s(Z=2\sim9) = 1/3 \times (Z-2) + 1 \times 2$, $Z-s = (2/3)Z - 4/3$ となり，有効核電荷は，貴ガス (He) が 0 で以降ハロゲン (F) まで，2/3 ずつ増加していく．その次の貴ガス (Ne) になると，有効核電荷は再び 0 に落ち，以降ハロゲン (Cl) まで 2/3 ずつ，第 2 周期と同様に増加する．さらにその次の Ar では，有効核電荷は 0 に落ちる．追加された 1 個の電子に対する有効核電荷を，次の表に示す．

表 追加された1個の電子に対する有効核電荷

H						He
0.67						0.00
Li	Be	B	C	N	O	F	Ne
0.67	1.33	2.00	2.67	3.33	4.00	4.67	0.00
Na	Mg	Al	Si	P	S	Cl	Ar
0.67	1.33	2.00	2.67	3.33	4.00	4.67	0.00

(第3周期は第2周期とまったく同じになる．この結果は，元素の周期性，とくに電子親和力の周期性と密接に関係しており，電子親和力がハロゲンで最大になることが説明される．)

6.8 電子親和力は，1価の陰イオンから電子を取り去るのに必要なエネルギーに等しく，その大きさは，与えられた限界波長をエネルギー (eV) に換算すれば求められる．$1.648\,\mu\text{m} = 1648\,\text{nm}$ を eV に換算すると（第 1 章問題 1.5 参照），$(1240\,\text{nm eV})/(1648\,\text{nm}) = 0.752\,\text{eV}$．

第7章 結合力と分子軌道

7.1 あり得ない．不確定性原理により，電子を2個の陽子の中間に置き続けることが難しいため．

7.2 一定時間後の移動距離は（加速度）＝（力）/（質量）に比例する．電子と陽子の質量比はおよそ$1:1840$である（第3章問題3.2参照）．よって，球場の中央から，電子が球場の半径 $= 184/2 = 92\,\mathrm{m}$ だけ移動して球場の端に達するとき，陽子は $92/1840 = 0.05\,\mathrm{m} = 5\,\mathrm{cm}$ だけしか移動せず球場の中央付近にとどまっている．

7.3 （i）ヒュッケル近似の永年方程式は次のようになる．

$$\begin{vmatrix} \alpha-\varepsilon & \beta \\ \beta & \alpha-\varepsilon \end{vmatrix} = 0$$

これを展開すると，$(\alpha-\varepsilon)^2 - \beta^2 = (\alpha-\varepsilon+\beta)(\alpha-\varepsilon-\beta) = 0$，よって，$\varepsilon = \alpha \pm \beta$ を得る．$\alpha = -11\,\mathrm{eV}$，$\beta = -4\,\mathrm{eV}$ だから，$\varepsilon = -15\,\mathrm{eV}$ または $\varepsilon = -7\,\mathrm{eV}$．

（ii）ヒュッケル近似の分子軌道 $\phi = C_\mathrm{A}\chi_\mathrm{A} + C_\mathrm{B}\chi_\mathrm{B}$ の係数 C_A, C_B を決める連立方程式は，

$$C_\mathrm{A}(\alpha-\varepsilon) + C_\mathrm{B}\beta = 0$$
$$C_\mathrm{A}\beta + C_\mathrm{B}(\alpha-\varepsilon) = 0$$

エネルギーの低い方の解 $\varepsilon = \alpha + \beta$ $(\beta < 0)$ を連立方程式のどちらに代入しても $\beta(C_\mathrm{A} - C_\mathrm{B}) = 0$ が得られ，$\beta \neq 0$ だから $C_\mathrm{A} - C_\mathrm{B} = 0$，$C_\mathrm{A}/C_\mathrm{B} = 1$．

（iii）ヒュッケル近似の分子軌道の規格化条件は，$\int \phi\phi\,\mathrm{d}\tau = C_\mathrm{A}^2 + C_\mathrm{B}^2 = 1$ であるから，これに $C_\mathrm{A}/C_\mathrm{B} = 1$ を代入すると，$2C_\mathrm{A}^2 = 1$，よって，$C_\mathrm{A} = C_\mathrm{B} = 1/\sqrt{2}$．よってエネルギーが低い方の（結合性の）分子軌道は，$\phi = (\chi_\mathrm{A} + \chi_\mathrm{B})/\sqrt{2}$．

7.4 $u(R)$ が極小をもつためには，1次微分が0となる点が存在し，その点での2次微分が正（$u(R)$ が下に凸）でなければならない．

（i）$\mathrm{d}u(R)/\mathrm{d}R = Da/b[-\mathrm{e}^{-b(R-R_0)/a} + b\mathrm{e}^{-(R-R_0)/a}] = 0$ より $\mathrm{e}^{(1-b)(R-R_0)/a} = 1$ となるから，$b = 1$ または $R = R_0$．$b = 1$ は恒等的に $u(R) = 0$ を与えるので不適．よって，$R = R_0$ で1次微分が0．$R = R_0$ での2次微分 $\mathrm{d}^2u(R)/\mathrm{d}R^2$ が正になる条件より，$b(b-1)D/a^2 > 0$．D, a, b は全部正の定数だから，$b > 1$．

（ii）（i）より $u(R)$ は下に凸で $R = R_0$ で極小を与え，平衡核間距離 $R_\mathrm{e} = R_0$．

（iii）$R \to \infty$ で $u(R) \to 0$ になるから $u(\infty) = 0$．$R = R_\mathrm{e} = R_0$ で $u(R_\mathrm{e}) = D$．よって，$D_\mathrm{e} = u(\infty) - u(R_\mathrm{e}) = D$．

（結合エネルギー D_e は，位置エネルギーの極小から結合が完全に切れて無限遠に離れる（解離する）までに必要なエネルギーである．平衡点付近の零点振動の零点エネルギー（zero point energy, ZPE）を考慮すると，観測の対象となる解離エネル

ギー D_0 は，$D_0 = D_e - (\text{ZPE})$ となる．)

第8章 軌道間相互作用

8.1 $\beta = K\alpha/2$，$\varepsilon_a = (\alpha - \beta)/(1 - 1/2) = (2 - K)\alpha$，$\varepsilon_b = (\alpha + \beta)/(1 + 1/2) = (2 + K)\alpha/3$，ここで，$\varepsilon_a - \varepsilon_b = |\alpha|$ に $\alpha < 0$ であることを考慮すると，$\varepsilon_a - \varepsilon_b = -\alpha$ であるから，$\{(2 - K) - (2 + K)/3\} = -1$，$K = 7/4$（この K の値はヒュッケル法を改良した拡張ヒュッケル法で使われている．)

8.2 $\delta = |\alpha_A - \alpha_B|$ より，$\varDelta = [\{(\alpha_A - \alpha_B)^2 + 4\beta^2\}^{1/2} - |\alpha_A - \alpha_B|]/2 = \sqrt{(\delta/2)^2 + \beta^2} - \delta/2$，$\beta = -2\,\text{eV}$ として，各 δ を代入して $\varDelta$ を求める．

(1) $\delta = 0\,\text{eV}$ $\varDelta = 2\,\text{eV} = |\beta|$
(2) $\delta = 2\,\text{eV}$ $\varDelta = \sqrt{1^2 + 2^2} - 1 = 1.24\,\text{eV} < |\beta|$
(3) $\delta = 20\,\text{eV}$ $\varDelta = \sqrt{10^2 + 2^2} - 10 = 0.198\,\text{eV} \ll |\beta|$
(4) $\delta = 200\,\text{eV}$ $\varDelta = \sqrt{100^2 + 2^2} - 100 = 0.020\,\text{eV} \fallingdotseq 0$

($|\beta| = 2\,\text{eV}$ は結合の解離エネルギーの程度である．相互作用する軌道間のエネルギー差 δ が数 eV を越えると軌道エネルギーの変化 $\varDelta$ はかなり小さくなり，価電子と内殻電子の間のように δ が数十 eV 以上離れると $\varDelta$ は無視できるほど小さくなる．)

8.3 求める解離エネルギーを x として熱化学方程式を立てると，$\text{H}_2^+ = \text{H}^+ + \text{H}^+ - x$，与えられたデータより，$\text{H}_2^+ = \text{H} + \text{H}^+ - 16.38\,\text{eV}$，また，水素原子のイオン化エネルギー $13.60\,\text{eV}$ を用いると，$\text{H} = \text{H}^+ - 13.60\,\text{eV}$，以上の3式にヘスの法則を適用すると，$x = 16.38 - 13.60 = 2.78\,\text{eV}$（これは別な方法で実測された値 $2.79\,\text{eV}$ に非常に近い．)

8.4 これは，2対1の軌道間相互作用であり，その永年方程式および展開式は次のようになる．

$$\begin{vmatrix} \alpha_A - \varepsilon & 0 & \beta_{AC} \\ 0 & \alpha_B - \varepsilon & \beta_{BC} \\ \beta_{AC} & \beta_{BC} & \alpha_C - \varepsilon \end{vmatrix} = 0$$

$$f(\varepsilon) = (\alpha_A - \varepsilon)(\alpha_B - \varepsilon)(\alpha_C - \varepsilon) - \beta_{AC}^2(\alpha_B - \varepsilon) - \beta_{BC}^2(\alpha_A - \varepsilon) = 0$$

これに，$\alpha_A = -10\,\text{eV}$，$\alpha_B = -20\,\text{eV}$，$\alpha_C = -12\,\text{eV}$，$\beta_{AC} = \beta_{BC} = -2\,\text{eV}$ を代入すると，

$$f(\varepsilon) = -(\varepsilon^3 + 42\varepsilon^2 + 552\varepsilon + 2280) = 0$$

$f(-20) = -40 < 0$，$f(-12) = 24 > 0$，$f(-10) = 40 > 0$ となるから，$\varepsilon < -20$，$-20 < \varepsilon < -12$，$-10 < \varepsilon$ の各領域に一つずつ解（根）がある．因数定理を利用す

るか，3次方程式の一般解法（カルダノの解法等）を利用して解くと，以下の三つの解 $\varepsilon_a < \varepsilon_m < \varepsilon_b$ が得られる．

$$\varepsilon_a = -8.661\,\text{eV}, \quad \varepsilon_m = -12.846\,\text{eV}, \quad \varepsilon_b = -20.493\,\text{eV}$$

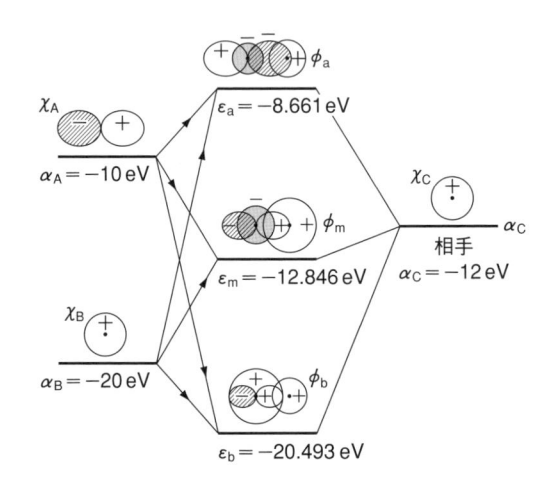

第9章 分子軌道の組み立て

9.1 (1) 1, (2) 2, (3) 2, (4) 0.5, (5) 0.5, (6) 0.5, (7) 2.5, (8) 2.5

9.2 B_2, N_2^+, O_2^+

9.3 NH_3, H_2O, HF, HCl

9.4 問題となる部分の電子配置は，一重項：$(4\sigma)^2(1\pi)^0$　三重項：$(4\sigma)^1(1\pi)^1$
4σ 結合角を閉じる働きが強く，1π は結合角に関係しないから，4σ の電子数が多い一重項の方が結合角が小さい（一重項 ＜ 三重項）．

9.5 電子配置や軌道の性質は，ほぼ同様であるが，価電子軌道が，M 殻（F_2），L 殻（Cl_2），N 殻（Br_2），O 殻（I_2）となるに従い結合距離が大きくなり，原子核から結合電子対までの距離が，この順に遠くなって結合力が弱まるから，解離エネルギーも F_2, Cl_2, Br_2, I_2 の順に小さくなる．

9.6 （ヒント：HF 分子の場合とよく似ている．H−Cl 結合軸を z 軸にとる．Cl 原子の 1s, 2s, 2p は，そのまま分子軌道になって，それぞれに電子対が収容される．Cl 1s が 1σ，Cl 2s が 2σ，Cl $2p_z$ が 3σ となり，残り二つの Cl 2p は 1π となる．Cl 原子の価電子 3s と 3p が（HF の F 2s, F 2p と同様に）H 1s と相互作用する．）

9.7 （ヒント：本文 AH_2 分子の場合と同様に（A を O 原子として）分子軌道を組み

立て，10個（原子番号の総和）の電子を低い方から順に分子軌道に配置すればよい．）

9.8 1π 軌道は結合性に関係しないため最も変化が小さい．4σ 軌道は，二つのH原子間を結合的に結んでいて結合角を閉じる働きがあるので，ここから電子1個が失われると，結合角は開き，変角振動の振動数は低くなる．3σ 軌道は，二つのH原子間が反結合的なので，電子1個が失われると，結合角は閉じ，変角振動の振動数は高くなる．この結果をまとめると，次の表のようになる．

分子軌道	3σ	4σ	1π
結合角	86°	180°	109°
変角振動	1610 cm^{-1}	975 cm^{-1}	1380 cm^{-1}

第10章　混成軌道と分子構造

10.1　$MgCl_2$，$H-C\equiv C-C\equiv N$

10.2　$CH_2=CH-CH=CH_2$，BF_3

10.3　sp^2 混成のC原子2個を含むエチレン C_2H_4 のH原子1個を sp^3 混成のメチル基 -CH$_3$ で置換した構造．（厳密には，メチル基がCC結合軸の周りで回転する自由度をもち，三つのCH結合のうちの一つがエチレン基（ビニル基）のつくる平面内にある2種類の異性体が存在するが，ここでは，そのどちらを答えてもよい．）

10.4　直線状の C=C=C 骨格をもち，$H_2C=C=CH_2$ と表すことができる．末端の CH$_2$ 基は sp^2 混成をとり，エチレンの CH$_2$ と同様に，ほぼ 120° の結合角で C=C 軸と一つの平面を構成するが，反対側の CH$_2$ 基がつくる平面とは互いに垂直の関係になる．C=C=C が直線構造になるのは，中央のC原子が sp 混成をとるからである．

10.5　直線状のアセチレン $H-C\equiv C-H$ の一つのH原子をメチル基 -CH$_3$ で置換した構造．アセチレン骨格部分のC原子2個はどちらも sp 混成をとり，CH$_3$ 基のC原子は sp^3 混成をとる．

10.6　問題 10.4 のアレン $H_2C=C=CH_2$ の末端の CH$_2$ 基の一つを，O原子で置換（等電子置換）すると，平面構造の $H_2C=C=O$ ができる．端の CH$_2$ のC原子は sp^2 混成，中央のC原子は sp 混成をとっている．

10.7　アレン，ケテン（プロピンは，全体の電子数は同じだが，メチル基が9電子系で，OやCH$_2$ の8電子系とは異なっている．CS$_2$ は価電子部分だけを見れば，CO$_2$ と等電子とみなす考え方もあるが，O原子を同族のS原子で置き換えているので，

通常，同族置換とみなす．)

10.8 ネオペンタンは，sp^3 混成によって正四面体構造をとるメタン CH_4 の H 原子を 4 個ともメチル基 $-CH_3$ で置換した構造をもち，C 原子が 5 個とも sp^3 混成をとっている．テトラメチルシランは，C 原子と同族の Si 原子 1 個で，ネオペンタンの中心にある C 原子を同族置換した構造をもつ．(ネオペンタンとテトラメチルシランには 4 個のメチル基があり，各メチル基が中央の原子との結合軸の周りで内部回転を行う自由度があるため，厳密には 4 個のメチル基の内部回転によって多数の異性体が存在するが，ここではそれらの違いは考慮しなくてよい．)

10.9 (1) sp 混成　　$s : p = \left(\dfrac{1}{\sqrt{2}}\right)^2 : \left(\dfrac{1}{\sqrt{2}}\right)^2 = \dfrac{1}{2} : \dfrac{1}{2} = 1 : 1$

sp^2 混成　　$s : p = \left(\dfrac{1}{\sqrt{3}}\right)^2 : 2\left(\dfrac{1}{\sqrt{3}}\right)^2 = \dfrac{1}{3} : \dfrac{2}{3} = \dfrac{1}{3} : \left(\dfrac{1}{6} + \dfrac{1}{2}\right) = 1 : 2$

sp^3 混成　　$s : p = \left(\dfrac{1}{2}\right)^2 : \left\{\left(\dfrac{1}{2}\right)^2 + \left(\dfrac{1}{2}\right)^2 + \left(\dfrac{1}{2}\right)^2\right\} = \dfrac{1}{4} : \left(\dfrac{1}{4} + \dfrac{1}{4} + \dfrac{1}{4}\right) = 1 : 3$

($s : p = n : m$ を $s^n p^m$ と表すと，混成軌道の名称とよく対応することがわかる．)

(2) $\alpha(sp) = \int \phi(sp)^* \hat{h} \phi(sp) \, d\tau = \dfrac{1}{2}\alpha(s) + \dfrac{1}{2}\alpha(p) = \dfrac{\alpha(s) + \alpha(p)}{2}$

$\alpha(sp^2) = \int \phi(sp^2)^* \hat{h} \phi(sp^2) \, d\tau = \dfrac{1}{3}\alpha(s) + \dfrac{2}{3}\alpha(p) = \dfrac{\alpha(s) + 2\alpha(p)}{3}$

$\alpha(sp^3) = \int \phi(sp^3)^* \hat{h} \phi(sp^3) \, d\tau = \dfrac{1}{4}\alpha(s) + \dfrac{3}{4}\alpha(p) = \dfrac{\alpha(s) + 3\alpha(p)}{4}$

(混成軌道のエネルギーは，(1) で調べた s : p で重みづけした加重平均になる．)

第 11 章　配位結合と三中心結合

11.1 $BeCl_2$ が電子受容体 (ルイス酸)，$O(C_2H_5)_2$ が電子供与体 (ルイス塩基) となり，電子対と空軌道の相互作用による配位結合を二組形成して次のように反応する．

$$BeCl_2 + 2\,O(C_2H_5)_2 \rightarrow Cl_2Be[O(C_2H_5)_2]_2$$

$BeCl_2$ は sp 混成で 2 個の Cl 原子と 2 組の σ 結合をつくり，直線構造をとるが，結合軸と垂直な 2 個の p 軌道が空軌道になっている．ジエチルエーテルは水の 2 個の H 原子をエチル基で置換した構造をもち，非共有電子対が 2 組ある．Be 原子は，空軌道 2 個にそれぞれ非共有電子対の供与を受けると，正四面体構造に移行する．エーテルの非共有電子対 2 組は，互いに大きく異なる方向 (水の場合は 104.5°) を向いているため，そのうちの 1 組だけが $BeCl_2$ に配位できる．その結果，Be 原子に

2個のエーテル分子が配位して，ほぼ正四面体構造に近い配位化合物ができる．

11.2 I^- イオンは，貴ガスの電子配置をとり，非共有電子対4組をもつ．その一つは5s軌道に，残り三つは互いに直交する5p軌道に配置されている．この5pの電子対1組と，直線的に両側から，不対電子をもつI原子2個，またはCl原子2個と相互作用すると，三中心二電子結合をつくって直線構造の I_3^- や ICl_2^- が形成される．

11.3 Be–Cl結合の長さが全部同じであることから，Be原子は sp^3 混成をとっていると考えられる．Be原子の価電子2個は，2個のCl原子と電子対結合をつくり，$BeCl_2$ を構成する．このBe原子上には sp^3 混成の2組の空軌道が残る．結合したCl原子は貴ガスの電子配置をとり，結合電子対1組と非共有電子対3組が，Cl原子を中心とする sp^3 混成軌道（正四面体角）の方向に配置される．1組の $BeCl_2$ の2個のCl原子上の非共有電子対各1個が，もう1組の $BeCl_2$ のBe原子上の2組の空軌道と相互作用して，Cl原子2個がBe原子に配位すると，2組の $BeCl_2$ が2組の配位結合（電子対結合）で結ばれる．このとき，2組の $BeCl_2$ がつくる平面どうしは互いに垂直になる．このように，$BeCl_2$ どうしが配位結合を繰り返すと，Beが直線的な鎖状に並び，Cl 2個が互い違いの方向に並んで，$BeCl_2$ の結晶構造の基本単位が構築される．

$$\text{>Be}\!\!<\!\!^{Cl}_{Cl}\!\!>\!\!Be\!\!<\!\!^{Cl}_{Cl}\!\!>\!\!Be\!\!<\!\!^{Cl}_{Cl}\!\!>\!\!Be\!\!<$$

11.4 O原子の基底状態は不対電子2個をもつが，2pの空軌道を1個もつ状態も存在する．この状態のO原子は電子受容体になり，Cl^- の電子対の配位を受けて，ClO^- を生じる．ClO^- のCl原子上には，3組の非共有電子対が残っているので，さらに3個のO原子と配位結合をつくることができ，ClO_2^-, ClO_3^-, ClO_4^- を生じる．（この結果は，ClF, SF_2, PF_3, SiF_4 と等電子系になり，構造も類似する．）

11.5 Xe原子はイオン化エネルギーが小さい（12 eV）ため電子供与性があり，電子受容性のO原子に配位して，前問11.4と同様の化合物をつくる．XeO_3 は正三角錐型，XeO_4 は正四面体型になる．

11.6 TeはOと同族であり，H_2O に似た構造の H_2Te を生じる．H_2Te のH原子をCl原子で置換すると，2組の電子対結合で結ばれた $TeCl_2$ ができ，結合角は水の結合角の $104.5°$ に近くなる．$TeCl_2$ には分子面に垂直なTe 5p軌道に非共有電子対が配置されている．このTe 5p軌道の両側からCl原子2個が接近し三中心二電子結合ができると，図のような $TeCl_4$ 分子が形成される．三中心二電子結合でできるほぼ直線構造のTeCl結合2組は，電子対結合でできるTeCl結合2組より弱くて長い．

11.7

$$H_3C-C\begin{matrix}O\cdots H-O\\O-H\cdots O\end{matrix}C-CH_3$$

酢酸2量体は，上の図のように，直線的な水素結合2組で結ばれている．

(1) OH 伸縮振動は，水素結合の形成で弱くなり，振動数は減少する．

(2) C=O 伸縮振動は，水素結合の形成で弱くなり，振動数は減少する．

(3) C-C=O 変角振動は，水素結合の形成で折れ曲がりにくくなり，振動数は増加する．

11.8 p-ニトロフェノール $O_2N-\langle\bigcirc\rangle-OH$ では，ニトロ基 (NO_2) の O とヒドロキシ基 (OH) の H の間に，分子間水素結合を形成することができる．一方，o-ニトロフェノールでは，ベンゼン環の隣り合う位置にある NO_2 基と OH 基の間で分子内水素結合ができ，分子間では水素結合は形性されない．このため，分子どうしが強く結ばれている p-ニトロフェノールの方が融点が高くなる．

第12章 反応性と安定性

12.1 (1) LiH^+ 0.5　(2) NaH 1　(3) LiH 1　(4) $ArHe^+$ 0.5　(5) HF 1

12.2 遊離基：Cl　CN　三重項 CH_2　　遊離基でないもの：Ne　CO　一重項 CH_2

12.3 電子供与性：NH_3　CO　CN^-　　電子受容性：$AlCl_3$　BF_3　H^+

12.4 18族と2族を除くほかの族の原子はすべて不対電子をもち，原子間に電子対結合をつくるため．

12.5 不対電子をもつと反応性が高く，基底状態の不対電子はすべて価電子である．また，不対電子がなくても価電子と空軌道とでエネルギーの差が小さければ反応性を示すが，その電子対も価電子である．よって基底状態の反応性は価電子に支配される．

(Xe 原子の場合は三中心二電子結合で反応するが，18族の原子の最外殻電子は価電子と呼ばないことになっている．)

12.6 不対電子をもたないものどうしは，電子対と空軌道の組み合わせで反応するため，一方の HOMO と他方の LUMO のエネルギー差が小さいほど反応しやすい．多くの場合，HOMO が高ければ LUMO も高く，HOMO が低ければ LUMO も低い傾向がある．このため，異なる種類の物質を組み合わせた方が，同種の物質どうしより，一方と他方の HOMO と LUMO のエネルギー差が小さくなりやすく，電子対と空軌道の間の反応を起こしやすくなる．（π電子共役系のように，共役系が長くなるほど HOMO-LUMO 間のエネルギー差が小さくなり，電子供与性と電子受容

12.7 塩素に光を当てると，解離して塩素原子 Cl·（不対電子をもつラジカル）が生じ，さらに，Cl· + H_2 → HCl + H·, H· + Cl_2 → HCl + Cl· のように，次々にラジカルが発生する反応が連鎖的に継続され，ひとたびラジカルができると，なかなかラジカルが消滅せず，何度も反応が繰り返されるからである．

12.8 右図に示したように，電子受容体 A のエネルギー準位は電子供与体 D の準位より相対的に低いため，HOMO-LUMO 遷移の間隔は，それぞれの分子内の遷移 a や d と比べて，D の HOMO から A の LUMO への遷移 c の間隔が一番小さくなり，c の遷移が a や d の遷移より長波長に現れる．このため，a や d の遷移が紫外線の領域にあっても，遷移 c が可視光の領域になることがよくあり，ヒドロキノンと p-ベンゾキノンの場合には，これが赤色の領域に現れるため両者を含む溶液が赤色を示す．

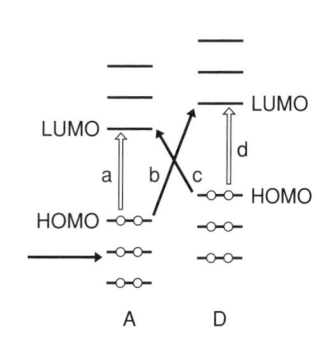

第 13 章 結合の組換えと反応の選択性

13.1

13.2 二重結合の隣に X，さらにその隣に Y が付いたシクロヘキセン置換体ができる．

13.3

	C1-C2	C2-C3	C3-C4
π_2 軌道の結合性への寄与	(+)	(−)	(+)
π_3 軌道の結合性への寄与	(−)	(+)	(−)
HOMO-LUMO 遷移による			
結合性の変化	(−)	(+)	(−)
結合の長さの変化	伸びる	縮む	伸びる

13.4 2-メトキシブタジエンでは，本文の図 13.9 と違って置換基が 3 番目の C 原子の軌道と相互作用するので，置換基の p 軌道と同位相になるためにブタジエンの LUMO の位相が図 13.9 の場合と逆になる．このため，新しくできる HOMO は，4

番目（炭素骨格の端で置換基の隣）のC原子で大きな広がりをもつようになる．これが，アクロレインのCHO基から遠いところが膨らんだLUMO（図13.8）と相互作用して，下図の構造をもつシクロヘキセンの置換体が生じる．

$$H_3CO-\text{◯}-CHO$$

13.5 反応に関係する軌道の形（対称性）は，1,4-ジメチルブタジエンの場合と同じなので，同様に考えることができる．この場合の反応物は図13.14のタイプCに相当し，熱反応なので同旋的になるから，生成物のCl原子2個の位置は，図13.13のⅡまたはⅢになり，四員環の平面の上下に分離する．

第14章 ポテンシャル表面と化学

14.1

（1） H, O を含む構造 / （2） O-H を含む構造

ギ酸 HCOOH は，すべての原子が同一平面上にあるが，C−O 結合に対し，2個のH原子が反対側にある構造 (1) と，同じ側にある構造 (2) の2種類がある．ギ酸のCH結合のH原子を CH_3 基で置き換えると，(1), (2) のそれぞれから1種類ずつ，合わせて2種類の酢酸 CH_3COOH の異性体が得られる．また，ギ酸のOH結合のH原子を CH_3 基で置き換えると，(1), (2) のそれぞれから1種類ずつ，合わせて2種類のギ酸メチル $HCOOCH_3$ の異性体ができる．これらの4種類の分子は，いずれも $H_4C_2O_2$ の化学式で表される異性体であり，O=C−Oの骨格をもつ．

14.2 メタノール CH_3OH ＋ 一酸化炭素 CO
メタン CH_4 ＋ 二酸化炭素 CO_2
ケテン $H_2C=C=O$ ＋ 水 H_2O
グリオキサール $OHC-CHO$ ＋ 水素 H_2
ホルムアルデヒド2分子 HCHO ＋ HCHO

14.3 4原子系のポテンシャル表面の自由度は $3 \times 4 - 6 = 6$ であるから，$100^6 = 10^{12}$ 秒 ≒ 3171 年．

14.4 $10! \div 2 = 1814400$

14.5 EQ と TS のエネルギー差が活性化エネルギーを与えるのでその大きさを比較する．
$(A: 36.2 \sim 77.6 \text{ kJ mol}^{-1}) < (B: 316.3 \sim 333.1 \text{ kJ mol}^{-1}) < (C: 493.5 \sim 735.8$

kJ mol^{-1})

(内部回転は一般に容易．結合の組換えにはかなりのエネルギーが必要になる．H の移動は比較的起こりやすい．)

14.6 H$_2$O は 2 等辺三角形型であるが，直線構造の遷移状態を経て反対側に折れ曲がると，再び同じ 2 等辺三角形型の H$_2$O 分子になる．

14.7 CH$_2$ と NH$_3$ の反応は，BF$_3$ と NH$_3$ の反応 (11.1 節参照) に似ている．この場合，結合を形成すると C 原子は sp^3 混成になり，一つを非共有電子対が占め，残る一つの空軌道に N 原子の非共有電子対が配位し，生成するアンモニウムイリドは右図のような構造になる．

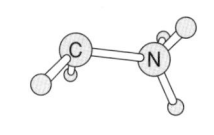

このアンモニウムイリドの C 原子をめがけて，CO$_2$ 分子の C 原子が接近して，C-C 結合ができ，NH$_3$ の一つの H 原子が CO$_2$ 部分の O 原子に引き抜かれると，下図のように，グリシン分子 H$_2$C(NH$_2$)COOH が生成する．この場合，NH$_2$ 基と COOH 基が付いてアミノ酸の骨格の中心となる C 原子は，残り 2 個の置換基がどちらも H 原子であるため，不斉炭素原子ではないので光学活性を示さない．アラニンは，グリシンの C 原子に付いた 2 個の H 原子の一つが CH$_3$ 基で置換された構造をもつため，不斉炭素原子が存在し，光学活性を示す．

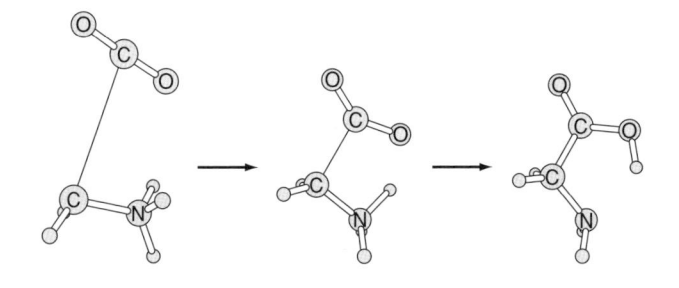

索　引

事項索引

ア
アインシュタイン　4, 14, 28
アルゴリズム　198
α 線　6
α 粒子　6
鞍点　191

イ
イオン化エネルギー　8, 81
イオン化状態　9
異性体　166, 187
位相　13
位置エネルギー　7, 207
一重項状態　129
1対1軌道間相互作用　109, 113
1電子関数　75
1電子結合　108, 170
1電子ハミルトニアン　86, 94

ウ
ウィーンの変位則　1
ウォルシュダイヤグラム　128
ウッドワード-ホフマン則　185
運動エネルギー　4, 207
運動方程式　206
運動量　8, 211
運動量演算子　21

エ, オ
永年方程式　96
エキシマー　170
ESCA　135
SCF法　93, 102
X線光電子分光法　135
XPS　135
エネルギー固有値　26
エネルギー差の原理　110
エネルギー準位　8
エネルギー保存則　4, 208
エネルギー量子　2
MO法　188
エルミート演算子　26
演算　18, 212
演算子　18, 212
オイラーの式　17, 201

カ
開環反応　181
外積　203
回折　22
回転エネルギー準位　53
回転スペクトル　55
回転遷移　55
回転定数　55
回転量子数　53
解離エネルギー　134, 166
解離経路　166, 190
ガウス型軌道　72
ガウス関数　47
化学式　187
化学的安定性　168

角運動量　8, 211, 218
角運動量演算子　54
角運動量成分量子数　54
角運動量量子数　54
角速度　210
拡張ヒュッケル法　99
角度部分　59
確率密度　213
重なり積分　95
重なりの原理　110
重なり領域　112
重ね合わせの原理　93
加速度　206
活性化エネルギー　166, 191
価電子軌道のエネルギー　117
加法定理　202
カルベン　195
換算質量　45
干渉　14
環状付加反応　173
慣性モーメント　52, 57
観測確率　23

キ
規格化　23, 213
規格化条件　23, 65
規格直交関係　37
規格直交系　37
規格直交性　37
基準座標　51, 189
基準振動　51
期待値　26
基底関数　93, 97
基底状態　9

索　引

基底電子配置　142
軌道エネルギー　94
軌道間相互作用　101
軌道半径　8
逆位相　13
逆対称伸縮振動　51
球棒モデル　148
球面調和関数　53, 222
境界条件　23
共鳴積分　95
共役系　146, 181
共役複素数　201
共有結合　122, 142
共有電子対　142
供与結合　151
行列　204
行列式　205
行列式の展開　205
行列式波動関数　76
極座標　46, 200, 213
曲線座標系　214
虚数単位　200
キルヒホフの法則　1
禁制則　78
金属錯イオン　152

ク

空間充填モデル　148
空軌道　78, 94
クーロン積分　95
クーロン力　7, 87
クラッセン　160
クロトー　56

ケ

結合エネルギー　106, 159
結合距離　54

結合次数　131, 162
結合性軌道　107
結合の長さ　54
結合領域　88
結合力　88
限界振動数　4
限界波長　3
原子価　142
原子価状態　143
原子価電子配置　143
原子軌道　61
原子軌道関数　61
原子スペクトル　5
原子線　74
原子模型　6

コ

光学異性体　196
光学活性　196
交換相互作用　79
光子　4
向心加速度　210
向心力　7, 210
構成原理　77
構造最適化　190
光速度　3
剛体回転子　52
光電効果　3
　——の公式　4
光電子　3
光量子　4
光量子説　5
合力　209
固有X線　67
固有関数　25, 212
固有振動数　48
固有値　18, 25, 212
固有反応座標　192

固有方程式　25, 212
孤立電子対　142
混成　139
混成軌道　139
コンプトン効果　14

サ

最外殻　81
最急降下法　189
最高被占軌道　94
最大傾斜線　189
最低空軌道　94
作用　209
作用・反作用の法則　209
三重項状態　129
三中心二電子結合　155
サンプリング法　190
三方両錐型　155

シ

シーグバーン，K.　135
紫外線光電子分光法　136
時間に依存する波動方程式　24
磁気量子数　61
σ型の重なり　101
σ結合　101
仕事　206
仕事関数　4
遮蔽定数　86
周期　13
周期性　80, 81
重心　44
周波数　29
縮重　26
縮重度　26

縮退 26
シュテファンの法則 2
寿命 170
主量子数 60
シュレーディンガー 16
シュレーディンガー方程式 19
昇位 143
昇位エネルギー 143
常磁性 122
初期構造 190
真空の誘電率 68
伸縮振動 51
振動数 13
振動スペクトル 50
振動のエネルギー量子 48
振動の自由度 50
振動量子数 48
振動モード 51
振幅 13

ス
水性ガスシフト反応 195
水素結合 158
水素類似原子 58
スカラー積 203
スケール因子 214
スピン角運動量 74
　——演算子 74
スピン関数 75
スピン軌道関数 75
スピン座標 74
スピン磁気量子数 75
スピン多重度 129
スピン量子数 75
スペクトル公式 6

スペクトル線 5
　——系列 6
スペクトル分析 1
スレイター型軌道 72
スレイター軌道 72
スレイター行列式 76
スレイターの規則 86

セ
正規分布 212
正弦 200
正弦波 13
正四面体型 152
正接 200
静電気力 208
静電遮蔽効果 71
静電定理 90
正八面体型 152
ゼーマン効果 74
絶対温度 1
節面 64
セルシウス温度 2
遷移 10
遷移状態 166, 191
線形結合 93

ソ
相対運動 45
相対座標 45
相対速度 45
速度 206
阻止電圧 4
素電荷 4

タ
対称許容反応 178, 185
対称禁制反応 177, 185
対称伸縮振動 51

対称の合わない重なり 101
体積要素 23, 46, 215
多原子分子 50
多重度 132
多電子原子 70
多電子波動関数 75
単位ベクトル 89, 203
単体 187
断熱近似 92
断熱ポテンシャル 92

チ
力の合成 209
力のつり合い 209
力の定数 46, 48, 49
調和振動子 47
直線分子 50
直交関係 38
直交曲線座標 214
直交曲線座標系 214
直交座標 46, 200, 214, 219
直交性 38
直交直線座標 214
直交直線座標系 213

テ
DFT 法 188
ディールス-アルダー反応 173
定常状態 24
　——の波動関数 25
　——の波動方程式 24
デカルト座標 200
電荷移動化合物 153
電荷移動錯体 153

索引

電気陰性度　83
電気双極子　123
電気双極子モーメント
　123
電気素量　4
電気的極性　111,123
電子雲　66
電子回折　15
電子殻　60,64
電子環状反応　182
電子供与性　152
電子供与体　167
電子受容性　152
電子受容体　168
電子親和力　82
電子スピン　54,74
電子線　29
電子占有数　96,162
電子対　78,94
電子対結合　122,142
電子波　15
電子配置　77,162
電磁波の基本式　3
電子ハミルトニアン　92
電子ボルト　5
電子密度　89

ト

ド・ブロイの関係式　15
同位相　13
等核二原子分子　130
動径部分　59
動径分布関数　66
同旋的　183
等速円運動　210
同族置換　146
同素体　187
等電子系列　147

等電子置換　144
特性X線　67
トンネル効果　167

ナ

内殻　81
内積　203
内部回転　146
波の基本式　3

ニ

二重項状態　130
2対1軌道間相互作用
　115
ニュートンの運動方程式
　206

ネ, ノ

熱的安定性　166
熱閉環反応　182
熱平衡状態　166
熱放射　1
熱力学的安定性　166
野依良治　195

ハ

ハートリー　75,102
ハートリー-フォック法
　93,102
ハートリー積　75
バートレット　160
配位結合　151
配位子　152
配位数　152
π型の重なり　101
π結合　101
配向選択性　181
配座異性体　146

ハイゼンベルク　28
排他原理　78
π電子共役系　146,181
パウリの原理　78
箱の中の粒子　30
波数　29
波長　13
波動　13
波動関数　17
　定常状態の——　25
波動方程式　16
　定常状態の——　24
ハミルトニアン　19
ハミルトン演算子　19
ハミルトン関数　19
バルマー　6,11
バルマー系列　6
反結合性軌道　107
反結合領域　88
反結合力　88
反作用　209
反磁性　122
半占軌道　168
反対称性　76
反応経路網　193
反応サイクル　196
反応サイト　181
反応性　164
反応の選択性　178
万有引力　208

ヒ

光閉環反応　183
非共有電子対　142
非結合性軌道　155
非結合性領域　124
被占軌道　94
ピタゴラスの定理　200

非直線分子 50
微分演算子 18
微分方程式 18, 212
非平面分子 50
ヒュッケル近似 98
ヒュッケル法 99, 108

フ

ファインマン 89
ファンデルワールス分子 134
フェルミ粒子 76
フォック 102
不確定さ 27
不確定性関係 27
不確定性原理 28
福井謙一 168
副殻 171
副電子殻 171
節 36
不斉合成 195
不斉合成触媒 195
不斉炭素 196
不対電子 78
フックの法則 46
物質波 15
物理的安定性 165
プランク定数 2
フロンティア軌道 168
フロンティア軌道論 168
分子回転 44, 54
分子軌道 93, 94
分子軌道法 94, 188
分子構造 44
分子振動 44, 49
分子模型 148
フントの規則 78

分布関数 212

ヘ

閉環反応 181
平均値 213
平衡核間距離 106, 134
平衡構造 166, 188
平衡点 47
並進運動 45
平面正方形型 152
平面分子 50
ベクトル 200
ベクトル積 203
ヘッシアン行列 192
ペニングイオン化 170
変位 13
変角振動 51
変数分離 39
偏微分 18, 214

ホ

方位量子数 60
ボーア 6
ボーアの原子模型 6
ボーアの振動数条件 10
ボーアの量子条件 8
ボーア半径 9
ボース粒子 76
ポーリング 83
保存力 208
ポテンシャル曲線 105
ポテンシャル曲面 165
ポテンシャル表面 165, 188
HOMO 94, 167
HOMO-LUMOの原理 167

マ, ミ

マクロ 1
マリケン 83
ミクロ 1
密度汎関数法 188

メ

メタステーブルアトム 85, 170
面外振動 51
メンデレーエフ 159
面内振動 51

ヤ, ユ, ヨ

ヤコビアン 215
有効核電荷 71
UPS 136
遊離基 164
要素 204
余弦 200

ラ

ライマン系列 12
ラザフォード 6
ラジカル 164
ラプラシアン 20, 46, 215
ラムゼー 160

リ

立体選択性 178
立体配座 146
立体保護効果 169
リュードベリ定数 6
量子化 34
量子化学計算法 188
量子条件 8
量子状態 34

索引

量子数 8,34
量子力学 19
量子論 1,16

ル

ルイス塩基 151
ルイス酸 151
ルジャンドリアン 46,52
LUMO 94,167

レ

励起原子 170
励起状態 9
励起電子配置 142
励起2量体 170
零点運動 34
零点エネルギー 34,48
零点振動 48
連続性の条件 23

物質名索引

ア行

亜塩素酸イオン 160
アクロレイン 180,186
アセチレン 51,144
アミノイオン 137
アミノ基 147,179
アミノ酸 195
アミノラジカル 130
アラニン 195
アルカリ金属元素 81
アルデヒド基 148
アレン 149
アンモニウムイオン 153

アンモニウムイリド 199
イソブタン 147
エタノール 187
エタン 153
エチニル基 148
エチレン 145,148,173
エテニル基 148
塩化ベリリウム 160
塩素酸イオン 160
オキソニウムイオン 153

カ行

過塩素酸イオン 160
過酸化物 195
カルボニル基 148
貴ガス (希ガス) 81,159
ギ酸 194
グリオキサール 145
グリシン 199
ケテン 149

サ行

酢酸 161,199
次亜塩素酸イオン 160
シアノ基 148,178
シアン化水素 148
ジアンミン銀(I)イオン 152
ジエチルエーテル 160
ジオキシラン 195
シクロブタン 174
シクロブテン 183
シクロヘキセン 174
1,4-ジクロロブタジエン 186

1,3-ジケトン 196
ジボラン 156
ジメチルアミン 147
ジメチルエーテル 147,187
1,4-ジメチルシクロブテン 183
1,4-ジメチルブタジエン 182,183
水酸基 147
水素分子イオン 104

タ行

DNA 148
テトラアンミン亜鉛(II)イオン 152
テトラアンミン銅(II)イオン 152
テトラメチルシラン 150
トランスジクロロエチレン 186
トリフェニルメチルラジカル 169
トリメチルアミン 147

ナ行

ニトロ基 178
ニトロフェノール 161
乳酸 195
二硫化炭素 150
ネオペンタン 150

ハ行

ハロゲン 82
ヒドロキシ基 147
ヒドロキノン 172
ビニル基 148

フェニル基　179
ブタジエン　145, 174
フッ化メタン　146
フラーレン　56
フルオロ基　147
プロパン　146
プロピン　149
プロペン　149
ヘキサシアノ鉄(Ⅲ)酸イオン　152

ヘキサトリエン　185
p-ベンゾキノン　172
ボラン　156
ポリエン　43
ホルミル基　148, 178
ホルムアルデヒド　145, 148

マ行
メタン　146

メチル基　146
メチレン　129
メチレン基　145
メトキシ基　179
メトキシブタジエン　180
2-メトキシブタジエン　186

著者略歴

大野 公一(おおの こういち)

1945 年	北海道に生まれる
1968 年	東京大学理学部化学科卒業
1972 年	東京大学教養学部助手
1980 年	東京大学教養学部助教授
1989 年	東京大学教養学部教授
1994 年	東北大学理学部教授
2009 年	東北大学名誉教授　現在に至る

物理化学入門シリーズ　**量子化学**

2012 年 9 月 25 日　第 1 版 1 刷発行
2016 年 2 月 10 日　第 1 版 2 刷発行

検印省略

定価はカバーに表示してあります。

著作者	大 野 公 一
発行者	吉 野 和 浩
発行所	東京都千代田区四番町 8-1 電話　03-3262-9166（代） 郵便番号　102-0081 株式会社　裳　華　房
印刷所	三報社印刷株式会社
製本所	株式会社　松　岳　社

JCOPY 〈(社)出版者著作権管理機構 委託出版物〉
本書の無断複写は著作権法上での例外を除き禁じられています．複写される場合は，そのつど事前に，(社)出版者著作権管理機構（電話03-3513-6969，FAX03-3513-6979，e-mail: info@jcopy.or.jp）の許諾を得てください．

社団法人 自然科学書協会会員

ISBN 978-4-7853-3419-2

Ⓒ 大野公一，2012　　Printed in Japan

――― 各 A5 判 ―――

物理化学入門シリーズ （全 5 巻）

物理化学の最も基本的な題材を選び，それらを初学者のために，できるだけ平易に，懇切に，しかも厳密さを失わないように解説する，2 単位相当の教科書・参考書．

化学結合論
中田宗隆 著　192 頁／本体 2100 円＋税

【目次】1. 原子の構造と性質　2. 原子軌道と電子配置　3. 分子軌道と共有結合　4. 異核二原子分子と電気双極子モーメント　5. 混成軌道と分子の形　6. 配位結合と金属錯体　7. 有機化合物の単結合と異性体　8. π結合と共役二重結合　9. 共有結合と巨大分子　10. イオン結合とイオン結晶　11. 金属結合と金属結晶　12. 水素結合と生体分子　13. 疎水結合と界面活性剤　14. ファンデルワールス結合と分子結晶

化学熱力学
原田義也 著　212 頁／本体 2200 円＋税

【目次】1. 序章　2. 気体　3. 熱力学第1法則　4. 熱化学　5. 熱力学第2法則　6. エントロピー　7. 自由エネルギー　8. 開いた系　9. 化学平衡　10. 相平衡　11. 溶液　12. 電池　付録（数学・力学の基礎）

量子化学
大野公一 著　264 頁／本体 2700 円＋税

【目次】1. 量子論の誕生　2. 波動方程式　3. 箱の中の粒子　4. 振動と回転　5. 水素原子　6. 多電子原子　7. 結合力と分子軌道　8. 軌道間相互作用　9. 分子軌道の組み立て　10. 混成軌道と分子構造　11. 配位結合と三中心結合　12. 反応性と安定性　13. 結合の組換えと反応の選択性　14. ポテンシャル表面と化学　付録（数学・物理学の基礎）

続刊

反応速度論
真船文隆・廣川 淳 共著

化学のための 数学・物理学入門
河野裕彦 著

＊＊＊＊＊＊＊＊＊＊＊＊＊＊＊＊＊＊＊＊＊＊＊＊＊＊＊＊＊＊＊＊＊＊＊＊＊

新・元素と周期律
井口洋夫・井口 眞 共著　310 頁／本体 3400 円＋税

統計熱力学 －ミクロからマクロへの化学と物理－
原田義也 著／360 頁／本体 4200 円＋税

ソフトマターのための 熱力学
田中文彦 著／252 頁／本体 3500 円＋税

化学熱力学（修訂版）
原田義也 著／266 頁／本体 3200 円＋税

光化学 －光反応から光機能性まで－
杉森 彰・時田澄男 共著　242 頁／本体 2800 円＋税

結晶化学 －基礎から最先端まで－
大橋裕二 著／B5・210 頁／本体 3100 円＋税

分子軌道法
廣田 穰 著／242 頁／本体 2900 円＋税

図説 量子化学 －分子軌道への視覚的アプローチ－
大野公一・山門英雄・岸本直樹 共著　120 頁／本体 2000 円＋税

量子化学 －分子軌道法の理解のために－
中嶋隆人 著／240 頁／本体 2500 円＋税

量子化学（上巻）
原田義也 著／474 頁／本体 5000 円＋税

量子化学（下巻）
原田義也 著／484 頁／本体 5200 円＋税

超分子の化学
菅原 正・木村榮一 共編　224 頁／本体 2400 円＋税

裳華房ホームページ　http://www.shokabo.co.jp/　2016 年 2 月現在

化学でよく使われる基本物理定数

量	記 号	数 値
真空中の光速度	c	2.99792458×10^8 m s^{-1}（定義）
電気素量	e	$1.602176565(35) \times 10^{-19}$ C
プランク定数	h	$6.62606957(29) \times 10^{-34}$ J s
	$\hbar = h/(2\pi)$	$1.054571726(47) \times 10^{-34}$ J s
原子質量定数	$m_u = 1$ u	$1.660538921(73) \times 10^{-27}$ kg
アボガドロ定数	N_A	$6.02214129(27) \times 10^{23}$ mol^{-1}
電子の静止質量	m_e	$9.10938291(40) \times 10^{-31}$ kg
陽子の静止質量	m_p	$1.672621777(74) \times 10^{-27}$ kg
中性子の静止質量	m_n	$1.674927351(74) \times 10^{-27}$ kg
ボーア半径	$a_0 = \varepsilon_0 h^2/(8 m_e e^2)$	$5.2917721092(17) \times 10^{-11}$ m
真空の誘電率	ε_0	$8.854187817 \times 10^{-12}$ C^2 N^{-1} m^{-2}（定義）
ファラデー定数	$F = N_A e$	$9.64853365(21) \times 10^4$ C mol^{-1}
気体定数	R	$8.3144621(75)$ J K^{-1} mol^{-1}
		$= 8.2057361(74) \times 10^{-2}$ dm^3 atm K^{-1} mol^{-1}
		$= 8.3144621(75) \times 10^{-2}$ dm^3 bar K^{-1} mol^{-1}
セルシウス温度目盛におけるゼロ点	T_0	273.15 K（定義）
標準大気圧	P_0, atm	1.01325×10^5 Pa（定義）
理想気体の標準モル体積	$V_m = RT_0/P_0$	$2.241968(20) \times 10^{-2}$ m^3 mol^{-1}
ボルツマン定数	$k_B = R/N_A$	$1.3806488(13) \times 10^{-23}$ J K^{-1}
自由落下の標準加速度	g_n	9.80665 m s^{-2}（定義）

数値は CODATA (Committee on Data for Science and Technology) 2010年推奨値.
( ) 内の値は最後の2桁の誤差（標準偏差）．

エネルギーの換算

単 位	J	cal	dm^3 atm
1 J	1	2.39006×10^{-1}	9.86923×10^{-3}
1 cal	4.184	1	4.12929×10^{-2}
1 dm^3 atm	1.01325×10^2	2.42173×10^1	1

単 位	J	eV	kJ mol^{-1}	cm^{-1}
1 J	1	6.24151×10^{18}	6.02214×10^{20}	5.03412×10^{22}
1 eV	1.60218×10^{-19}	1	9.64853×10^1	8.06554×10^3
1 kJ mol^{-1}	1.66054×10^{-21}	1.03643×10^{-2}	1	8.35935×10^1
1 cm^{-1}	1.98645×10^{-23}	1.23984×10^{-4}	1.19627×10^{-2}	1